中华传世藏书 【图文珍藏版】

孝经

[春秋] 孔子等 ⊙ 原著

王书利 ⊙ 主编

第三册

线装书局

《孝经注疏》卷五

圣治章第九

【原文】

邢疏　正义曰：此言曾子闻明王孝治以致和平[①]，因（因此）问圣人之德更有大於孝否。夫子因问而说圣人之治，故以名章，次《孝治》之后。

孝经　曾子曰："敢问圣人之德，无以加於孝乎？"

御注　参闻明王孝理以致和平，又问圣人德教更有大於孝不。

孝经　子曰："天地之性，人为贵。

御注　贵其（在于人）异於万物也。

孝经　人之行，莫大於孝，

御注　孝者，德之本也。

孝经　孝莫大於严父，

御注　万物资始（资始：借以发生、开始）於乾（天），人伦资（以）父为天，故孝行之大，莫过尊严（尊严：尊敬）其父也。

孝经　严父莫大於配天，则周公其人也。

御注　谓父为天，虽无贵贱[②]，然以父配天之礼（参见顺治本第 37 页注①），始自周公，故曰"其人也"。

音义　聖，从壬正，从王非（指"聖"字下面是"壬"而非"王"）。行，下孟反。注同。

周公，名旦，文王之子，武王之弟。

邢疏　正义曰：夫子前说孝治天下，能致灾害不生，祸乱不作，是言德行之大也。将言圣德之广，不过（超过）於孝，无以发端（无以发端：找不到话头开始），故又假（借）曾子之问曰：圣人之德，更有加（超过）於孝乎？"乎"犹"否"也。

夫子承问而释之③曰："天地之性，人为贵。"

性，生也。言天地之所生，唯人最贵也。

人之所行者（所行者：所有的行为中），莫有大於孝行也；孝行之大者，莫有大於尊严其父也；严父之大者，莫有大於以父配天而祭也。

言以父配天而祭之者，则文王之子、成王叔父周公是其人也。

注　"贵其"至"物也"。

正义曰：此依郑注也。夫称贵者，是殊异可重之名。

按《礼运》④曰："人者，五行之秀气⑤也。"

《尚书》曰："惟天地，万物父母；惟人，万物之灵。"是异於万物也。

【注释】

①和平：指社会氛围和人际关系和谐，平顺。

②无贵贱：这里说的无贵贱是说无论身份高低贵贱都是以父为天。

③承问而释之：承接问题然后进行解答。

④《礼运》：《礼记》中的一篇。原文为"故人者，其天地之德、阴阳之交、鬼神之会、五行之秀气也。"

⑤五行之秀气：古人认为金、木、水、火、土这五种物质构成世界万物，五行之秀气意为五行构成的万物之中最美好的。

【原文】

注 "万物"至"父也"。

正义曰：云"万物资始於乾"者，《易》云"大哉乾元（乾元：指'天'），万物资始"是也。

云"人伦资父为天"者，《曲礼》曰："父之仇弗与共戴天①。"

郑玄曰："父者，子之天也；杀己之天，与共戴天，非孝子也。"

杜预《左氏传》②曰："妇人在室（在室：未出嫁）则天父，出则天夫③。"是人伦资父为天也。

云"故孝行之大，莫过尊严其父也"者。尊，谓崇也；严，敬也。父既同天，故须尊严其父，是孝行之大也。

注 "谓父"至"人也"。

正义曰：云"谓父为天，虽无贵贱"者，此将释（诠释）配天之礼，始自周公，故先张（布列）此文。言人无限贵贱，皆得谓父为天也。

云"然以父配天之礼，始自周公，故曰其人也"者，但（只要是）"以父配天"，遍检群经，更无殊说（殊说：另外的说法）。

案：《礼记》："有虞氏尚德，不郊（郊祭）其祖；夏殷始尊祖於郊，无父配天之礼也（参见第38页相关部分），周公大圣而首行之。"礼无二尊，既以后稷配郊天，不可又以文王配之。

五帝，天之别名也。因享明堂，而以文王配之，是周公严父配天之义也，亦所以申（表明）文王有尊祖之礼也。经称"周公其人"，注顺经旨④，故曰始自周公也。

【注释】

①父之仇弗与共戴天：与杀父之仇人不共存于世。戴天：立于天地之间。

②杜预《左氏传》：《左氏传》是《春秋左氏传》的简称。西汉刘歆认为《春秋左氏传》是传《春秋》的，就拿传文去解经，使之互相说明。汉代时《春秋》与《春秋左氏传》本各自单行的，晋代杜预在刘歆、贾逵等前人解释的基础上，把"经"（《春秋》）与"传"（《春秋左氏传》）按纪年合并到一起成为一部《春秋经传集解》。

③天父，天夫：原意指妇女出嫁前以父为天，依靠父亲，出嫁之后以丈夫为天，依靠丈夫。后来所谓"在家从父，出嫁从夫"以致"夫死从子"，都是由此而来。

④注顺经旨：注释顺着经文的本意。

【原文】

孝经　昔者周公郊祀后稷以配天，

御注　后稷，周之始祖也。郊，谓圜丘祀天（参见顺治本第 39 页注①）也。周公摄政（摄政：代国君处理国政），因行郊天之祭，乃尊始祖以配之也。

孝经　宗祀文王於明堂，以配上帝。

御注　明堂，天子布政之宫也。周公因祀五方上帝於明堂，乃尊文王以配之也。

孝经　是以四海之内，各以其职来祭。

御注　君行严配（严配：祭天时以先祖配享）之礼，则德教刑於四海。

海内诸侯，各修其职来助祭也。

孝经 夫圣人之德，又何以加於孝乎？

御注 言无大於孝者。

音义 祀，音"似"。后，音"後"（古"后"无时间排序义，现简化"后""後"通）。稷，官名。后稷，名弃，周公之始祖也（参见顺治本第41页注③）。夫，音"符"。

邢疏 正义曰：前陈（陈述）周公以父配天，因言（因言：连带说）配天之事。

自昔武王既崩（帝王死称'崩'），成王年幼即位，周公摄政因（承袭）行郊天祭礼，乃以始祖后稷配天而祀之。因祀五方上帝①於明堂之时，乃尊其父文王，以配而享之（参见顺治本第38页注②）。尊父祖以配天，崇孝享（崇孝享：尊崇用祭祀）以致敬，是以四海之内有土之君，各以其职贡来助祭也。

既明圣治之义，乃总（归总）其意而答之也。

周公，圣人，首为尊父配天之礼，以极（竭尽）於孝敬之心。则夫圣人之德，又何以加於孝乎？是言无以加也。

注 "后稷"至"配之"

正义曰：云"后稷，周公之始祖也"者。

[按]《周本纪》②云："后稷名弃，其母有邰氏女，曰姜嫄，为帝喾元妃③。出野（出野：出野外）见巨人迹（足迹），心忻然（忻然：喜悦的样子），欲践（踩上去）之。践之而身动如孕者，居期（居期：过一段时间）而生子。以为不祥，弃之隘（狭小的）巷，马牛过者皆辟（退避）不践；徙（迁移）置之林中，适会（逢）山林多人；迁之而弃渠中冰上，飞鸟以其翼覆藉（覆藉：覆盖其上，铺垫其下）之。姜嫄以为神，遂收养。长（出生）之初，欲弃之，因（因此）名曰"弃"。弃为儿（小时候），好种树、

麻、菽。及（等到）为成人，遂好耕农。帝尧（帝尧：帝喾的次子）举（选用）为农师（农师：掌管农事的官），天下得其利，有功。帝舜（帝舜：姓姚，名重华，尧帝的女婿）曰：'弃！黎民阻饥④。尔（你这个）后稷，播时（通"莳"，种植）百谷。'封弃於邰，号曰后稷。"

【注释】

①五方上帝：依据周礼，人们以六辂（马车）祭祀昊天上帝和东、南、西、北、中五方上帝。昊天上帝为自然上帝，即苍天。五方上帝即东方青帝太昊（伏羲氏），南方炎帝（神农氏），中央黄帝（轩辕氏），西方白帝（少昊），北方黑帝（颛顼），为人格化的五位上帝。

②《周本纪》：即《史记》中《本纪》之篇。

③元妃：元妃即原配妻子。

④黎民阻饥：人民生活艰难，食不果腹。阻：艰难。

【原文】

后稷曾孙公刘复修（复修：重操）其业。自后稷至王季，十五世而生文王①，受命作周。

按：《毛诗·大雅·生民》之序曰："生民（生民：人民）尊祖也。后稷生於姜嫄，文、武之功起於后稷，故推以配天焉。"是也。

【注释】

①后稷……十五世而生文王：序列：后稷—不窋—鞠—公刘—庆节—皇仆—差弗—毁隃—公非—高圉—亚圉—公叔祖类—周太王—周王季—周

文王。

云"郊，谓圜丘祀天也"者，此孔传文。祀，祭也。祭天谓之"郊"。

【原文】

《周礼·大司乐》云："凡乐，圜钟为宫，黄钟为角，太蔟为徵，姑洗为羽①。雷（通'擂'）鼓雷鼗（拨浪鼓），孤竹之管②，云和之琴瑟③，云门之舞④。冬日（指冬至日）至，於地上之圜丘奏之。若乐六变，则天神皆降，可得而礼矣。⑤"

【注释】

①圜钟为宫……姑洗为羽：我国古代五声音阶中有"宫、商、角、徵、羽"五个不同音阶名称，类似现在简谱中的1、2、3、5、6。又古乐有十二调式，称"十二律"，即将一个八度分为十二个不完全相同的半音。从低到高依次为：黄钟、大吕、太蔟、夹钟、姑洗、仲吕、蕤宾、林钟、夷则、南吕、无射、应钟。"夹钟"亦名"圜钟"。

新二十四孝图（十四）

②孤竹之管：用独生之竹制作的管乐器。

③云和之琴瑟："云和"为山名。古取所产之材以制作琴瑟。

④云门之舞：周代六乐舞之一。用于祭祀天神。相传为黄帝时所作。

⑤乐六变……可得而礼：乐章改变六次。古代祭百神时所奏乐章变六

次，祭典才算完成。

【原文】

《郊特牲》（《礼记》之篇什）曰："郊之祭也，迎长日之至也。大报天而主日[1]也。兆（古代设于四郊的祭坛）於南郊，就阳位（阳位：正南方位）也。"

又曰："郊之祭也，大报本反始（反始：报答祖先）也。"

言以冬至之后，日（白昼）渐长，郊祭而迎之。是（表示判断）建子之月[2]，则与经俱[3]郊祀於天。明圜丘，南郊也。

云"周公摄政，因行郊天之祭，乃尊始祖以配之也"者：

按《文王世子》（《礼记》中的篇什）称："仲尼曰：'昔者周公摄政，践阼[4]而治，抗世子法於伯禽[5]，所以善（有益于）成王也'。"则郊祀是周公摄政之时也。

【注释】

①大报天而主日：大报：谓遍祭天神。主日：谓太阳为众神之主。郑玄注："大，犹遍也。天之神，日为尊。"

②建子之月：指以夏历十一月（子月）为岁首的历法。

③与经俱：按惯常的那样。

④践阼：走上阼阶主位。古代庙寝堂前两阶，主阶在东，称"阼阶"。阼阶上为主位。《礼记·曲礼下》："践阼，临祭祀。"

⑤抗世子法於伯禽：周公辅成王时，成王年幼，不明白为人子、为人臣、为人幼者的规矩和礼性，周公就让自己的长子伯禽跟成王一起玩。成王有过则打伯禽，表面上是在教导伯禽为人子、为人臣、为人幼者之法，这样

一方面是责罚伯禽不能善尽事君之道，不能慎其身而行，为成王树立楷模，演示理想的行为；另一面则是透过责成伯禽作为成王的警戒和榜样。

【原文】

《公羊传》曰："郊（郊祭）则曷为（曷为：为何。）必祭稷？王者必以其祖配。王者则曷为必以其祖配？自内出者，无主不行；自外至者，无主不止①。"言祭天，则天神为客，是外至也。须人为主，天神乃至。故尊始祖以配天神，侑（陪）坐而食之。

按：《左氏传》曰："凡（所有的）祀，启蛰（节气'惊蛰'原名）而郊（郊祀）。"又云："郊祀后稷，以祈（祈福）农事也。"

而郑注《礼·郊特牲》②乃引《易》说曰："三王之郊③，一用夏正（夏正：夏历，农历）建寅之月④也。"

此言迎长日（长日：夏至）者。建卯⑤而昼夜分，"分"（指春分）而日长也。然则春分而长短分矣。此则迎（赶）在未分之前至谓春分之日也。

【注释】

①自内出者，无主不行；自外至者，无主不止：意思是说来自内心的东西，没有主体就不能推行，来自外面的东西，没有主体就留不住。这句话是仿庄子在《天运》里的"中无主而不止，外无正而不行"。意为：人内心无主见，天道就不来停留，外界如果没有纯正的条件，天道就无法推行。

②《礼·郊特牲》：西汉戴圣（即"小戴"）所注疏《礼记》的作品。

③三王之郊：夏、商、周三代之君王的郊祀。

④建寅之月：夏历正月。古代以北斗星斗柄的运转计算月份，斗柄指向十二辰（一年十二个月的初一时太阳所在的位置）中的寅即为夏历正月。夏

朝的夏历把元月作为正月；商朝的殷历以夏历的十二月为正月；周朝的周历以夏历的十一月为正月。秦始皇统一天下以后，又以夏历的十月为端月，即十月初一为一年之始。这就是史书中通常所说的"夏朝建寅，商朝建丑，周朝建子，秦朝建亥"。直到汉朝的汉武帝，才又恢复夏朝的月份排列法，一直沿用到现在。

⑤建卯：农历二月。由"月建"所排得。"月建"就是古代以北斗七星斗柄的运转作为定季节的标准，将十二地支和十二个月份相配，用以纪月，以冬至所在的夏历十一月配子，称建子之月，类推，十二月建丑、正月建寅、二月建卯，直到十月建亥，如此周而复始。

【原文】

夫"至"者，是长短之极（极限）也。明（区分）"分"①者，昼夜均也。"分"是四时（四时：四季）之中，启蛰在建寅之月，过"至"而未及"分"，必於夜短，方为日长，则《左氏传》不应言启蛰也。若以日长有渐，郊可预迎，则其初长宜在极短之日。

故知《传》（指《左氏传》）启蛰之郊（郊祀），是祈农之祭也。《周礼》冬至之郊，是迎长日报本反始②之祭也。

郑玄以《祭法》（《礼记·祭法》）有周人禘喾之文③，遂变郊为祀感生之帝④，谓东方青帝灵威仰（灵威仰：青帝之名），周（周朝）为木德⑤，威仰木帝（指木星）。以（以此）驳之曰："按《尔雅》曰：'祭天曰燔柴⑥，祭地曰瘗薶⑦。'又曰：'禘，大祭也。'谓五年一大祭之名。又《祭法》'祖有功，宗有德⑧，皆在宗庙，本非郊配'。"

【注释】

①"至"，"分"：农历节气有夏至、冬至、春分、秋分。夏至白昼最

长，冬至黑夜最长，春分、秋分则昼夜一样。

②报本反始：受恩思报，得功思源。报本：报答恩惠；反始：归功到根源。

③禘喾之文：祭祀帝喾的文章。

④感生之帝：古代认为王者之先祖皆感太徽五帝之精以生。因称其祖所感生之帝为"感生帝"。亦省作"感帝""感生"。

⑤木德：秦汉方士以"金、木、水、火、土"五行相生相胜来附会王朝的命运，以木胜者为木德。《史记·封禅书》："夏得木德，青龙止於郊，草木畅茂。"

⑥燔柴：古代祭天仪式。将玉帛、整个的牲畜等置于积柴上而焚之。

⑦瘗薶：瘗：埋物祭地；薶："埋"的本字。

⑧祖有功，宗有德：古代王朝尊始祖或开国之君为祖。有开创之功，其后有德之君则尊为宗。《孔子家语·庙制》："古者祖有功而宗有德，谓之祖宗者，其庙皆不毁。"

【原文】

若依郑说，以帝喾配祭圜丘，是天之最尊也；周之尊帝喾，不若（如）后稷。今配青帝，乃非最尊，实乖（实乖：实在是背离）严父之义也。且遍窥（遍窥：查遍）经籍，并无以帝喾配天之文。若帝喾配天，则经应云"禘喾於圜丘以配天"，不应云"郊祀后稷"也。

天一（天一：上天只一个）而已，故以所在祭，在郊则谓为圜丘，言於郊为坛，以象圜天。圜丘即郊也，郊即圜丘①也。

其（当）时中郎马昭抗章②，固执当时，敕（皇上命令）博士张融③质（验证）之。融称汉世英儒（英儒：学识渊博的儒士）自董仲舒、刘向、马融之伦（辈），皆斥（驳斥）周人之祀昊天於郊以后稷配，无（没有）如玄（郑玄）说配苍帝（苍帝：传说中主东方之神）也。

然则《周礼》圜丘则（作）《孝经》之"郊"（指郊祀）。圣人因（为了）尊（尊奉）事天，因卑（轻视）事地，安（怎么）能复得（复得：还要）祀帝喾於圜丘，配后稷於苍帝之礼乎？

【注释】

①圜丘祀天：周代祭天的正祭是每年冬至之日在国都南郊圜丘举行。"圜丘祀天"与"方丘祭地"，都在郊外，所以也称为"郊祀"。圜丘是一座圆形的祭坛。

古人认为天圆地方，圆形正是天的形象。

②马昭抗章：马昭是三国时期魏国的郑玄"粉丝"之一，曾为中郎，信守郑学。王肃摹改郑学68条，昭"上书以为肃谬"。他指斥《孔子家语》为王肃伪作。

③张融：中国南朝齐文学家，字思光。吴郡（今江苏苏州）人。出身世族。刘宋时任封溪令、仪曹郎等，曾为博士。入齐后，官至司徒右长史。言行诡怪狂放，见者惊异。其文也如其人，"诡激"而"独与众异"。

【原文】

且在《周颂》"思文后稷，克配彼天①"，又《昊天有成命》②郊祀天地也，则郊非苍帝。通儒（通儒：通晓古今学识渊博之儒者）同辞（同辞：都说）肃（王肃）说为长（正确）。伏以（伏以：归之于）孝为人行之本，祀为国事之大。

孔圣垂文（垂文：留下文章），固非臆说③。前儒诠证（诠证：诠释论证），各擅（专长）一家。自顷（自顷：最近以来）修撰备（周遍）经，斟（推敲）覆（审察）究理（究理：推求道理），则依王肃为长；从众（从众：依照多数人的）则郑义（郑义：郑玄的解释）已久。王义（王义：王肃的解释）其（乃）《圣证》④之论，郑义其於（在）《三礼义宗》⑤，王、郑是非（是非：歧义与争论）於《礼记》其义，文多卒（没了），难详缕（详尽）说。此略据机要（机要：重点），且举二端（种）焉。

【注释】

①思文后稷，克配彼天：追思先祖后稷的功德，丝毫无愧于配享上天。文：文德，即治理国家、发展经济的功德。克：能够。配：配享，即一同受祭祀。

②《昊天有成命》：《诗经·颂·清庙》之篇什。这一句意思是说《周颂》和《昊天有成命》中的说法都表明"郊祀"的是天地而"郊"非苍帝。

③固非臆说：固然不是凭自己想当然毫无根据的论说。

④《圣证》：王肃所著的一本挑郑玄毛病的著作。参见"刘知几十二验"注。

⑤《三礼义宗》：作者南朝儒士崔灵恩，清河武城（今山东武城县西）人。少笃学，通《五经》，尤精《三礼》、"三传"，在梁任步兵校尉兼国子博士。

【原文】

注　"明堂"至"之也"。

正义曰：云"明堂，天子布政之宫也"者：

按《礼记》："明其二端①。"注：明堂，朝（朝见）诸侯于明堂之位，天子负（倚靠着）斧依②，南乡而立③。"明堂"也者，明诸侯之尊卑也。制礼作乐④，颁（颁布）度量（度量：标准），而天下大服（大服：十分信服）。知明堂是布政之宫也。

云"周公因祀五方上帝於明堂，乃尊文王以配之也"者：五方上帝，即是上帝也。谓以文王配五方上帝之神，侑（陪）坐而食也。

【注释】

①二端：指气与魄。《礼记·祭义》："二端既立，报以二礼。"此处为"两个方面"的意思。

②斧依：古代帝王朝堂所用的状如屏风的器具，以绛为质，高八尺，东西当户牖之间。其上有斧形图案，故名。

③南乡而立：面朝南站着。显示帝王之尊位。

④制礼作乐：周武王灭商后，分封诸侯，把同姓宗亲和异姓功臣分封到各地做诸侯，形成以周天子为中心的封建统治秩序，西周第一代周公姬旦，制定了各种典章制度，也称礼乐制度，以维护其封建统治。

【原文】

按：郑注《论语》云："皇皇后帝（皇皇后帝：上天）并谓（并谓：统称）太微五帝①。在天为上帝，分王五方为五帝。"

旧说明堂在国之南，去王城七里，以近为媟（亲近而不庄重）；南郊去王城五十里，以远为严（尊重）。五帝卑於昊天，所以於（在）郊祀昊天，於明堂祀上帝也。其以后稷配郊，以文王配明堂，义见於上也。

五帝谓东方青帝灵威仰（灵威仰：青帝之名），南方赤帝赤熛怒（赤熛怒：赤帝之名），西方白帝白招拒（白招拒：白帝之名），北方黑帝汁光纪

（汁光纪：黑帝之名），中央黄帝含枢纽（含枢纽：黄帝之名）。

郑玄云："明堂居国之南，南是明阳之地，故曰明堂。"

按：《史记》云："黄帝接万灵於明庭。"明庭即明堂也。明堂起於黄帝。

《周礼·考工记》曰："夏后氏（夏后氏：夏王朝），世室（世室：即明堂）；殷（商殷）人，重屋（重屋：屋顶分两层的楼阁）；周人，明堂。"先儒旧说其制（样式）不同。

按：《大戴礼》云："明堂凡九室，一室而有四户（单扇门）八牖（窗户），三十六户七十二牖，以茅盖屋，上圆下方。"

郑玄据《援神契》云："明堂上圜（通"圆"）下方，八牖四闼（小门，内门）。"

《考工记》曰："明堂五室。"称九室者，或云取象（象征）阳数（阳数：奇数）也。八牖者，阴数也，取象八风（八风：八面来风）也。三十六户，取象六甲子之爻[2]，六六三十六也。上圜象天，下方法（仿效）地。八牖者即八节[3]也，四闼者象四方也。称五室者，取象五行[4]。皆无明文（明文：明确说明）也，以意释之耳。

【注释】

①太微五帝：我国古代天文学家将天体的星分为三垣、二十八宿及其他星座。三垣为太微垣（位于北斗之南）、紫微垣、天市垣。郑玄注《礼记·大传》言"王者禘其祖之所自出"，即引此诸名为"太微五帝"，谓"王者之先祖皆感太微五帝之精以生"，把地上五帝说成是天上五帝所感生，提出了"感生帝"之说，王肃斥其谬。

②六甲子之爻：《周易》中组成卦的符号称"爻"。"-"为阳爻，"--"

为阴爻。古时用天干地支配成六十组干支，其中以"甲"起头的有甲子、甲戌、甲申、甲午、甲辰、甲寅六组称为六甲。

③八节：指二十四节气中的八个主要节气：立春、春分、立夏、夏至、立秋、秋分、立冬、冬至。

④五行：金、木、水、火、土。

【原文】

此言宗祀於明堂，谓九月大享（大享：合祀先王）灵威仰等五帝，以文王配之，即《月令》①云："季秋大享帝。"

注云："遍祭五帝，以其上言，举五谷之要，藏帝籍（帝籍：名义上是帝王亲耕的农田，实际上是征用民力耕种，以供宗庙祭祀之用的田地）之收於神仓②，九月西方成事③，终而报功（报功：酬报功德）也。"

【注释】

①《月令》是中国古代一种分月记载历象、物候，并依此安排生产生活和政治管理活动的文献体裁。最具有代表性的传世《月令》专文是《吕氏春秋·十二纪》纪首章和《礼记·月令》。

②神仓：古时藏祭祀用谷物的处所。语出《礼记·月令》："（季秋之月）乃命冢宰（周代六卿之首），农事备收，举五谷之要，藏帝籍之收於神仓，祗敬必飭。"

③九月西方成事：九月秋分，金星见于西方，古代以其代表兵器，以示秋天杀伐之气当令，万物老成凋谢，金行由此而成，阴阳合和，万物才能生发成事。

【原文】

注 "君行"至"祭也"。

正义曰：云"君行严配之礼"者，此谓宗祀文王於明堂以配天是也。

云"则德教刑於四海，海内诸侯各修其职，来助祭也"者，谓四海之内，六服诸侯①，各修（尽）其职，贡方物（方物：各地土特产）也。

按：《周礼·大行人》（即《周礼·秋官·大行人》篇）以"九仪②辨诸侯之命，庙中将（供奉）币③三享④"，又曰"侯服⑤贡祀物"。

【注释】

①六服诸侯：周王城周围千里以外的诸侯邦国曰"服"，其等次有六：侯服、甸服、男服、采服、卫服、蛮服。《书·周官》："六服群辟，罔不承德。"

②九仪：古代天子接待不同来朝者而制定的九种礼节。郑玄注："九仪，谓命者五：公、侯、伯、子、男也；爵者四：公、卿、大夫、士也。"后称朝见天子之礼为九仪。

③币：车马皮帛玉器等礼物。

④三享：即"三献"。古代祭祀时献酒三次，即初献爵、亚献爵、终献爵，合称"三献"。

⑤侯服：古代王城外围，按距离远近划分的区域之一。夏制称离王城一千里的地方。《书·禹贡》："五百里甸服……五百里侯服。"

【原文】

郑云："牺牲（牺牲：祭祀用品）之属（种类）：甸服贡嫔物①（注云：

丝帛也）；男服贡器物（注云：尊彝②之属也）；采服贡服物（注云：玄纁③，
絺纩④也）；卫服贡材物（注云：八材⑤也）；要服贡货物（注云：龟贝
也）"。此是六服诸侯各修其职来助祭。

又若《尚书·武成（原书误作"城"）》篇云："丁未⑥祀於周庙，邦
甸（邦甸：王都郊外）侯卫骏奔走⑦，执豆笾。"亦是助祭之义也。

【注释】

①嫔物：诸侯进献供王接待宾客用的贡物。指妇女所生产的丝麻等
制品。

②尊彝：尊、彝均为古代酒器，金文中每连用为各类酒器的统称。因祭
祀、朝聘、宴享之礼多用之，亦以泛指礼器。

③玄纁：指黑色和浅绛色的布帛。

④絺纩：葛布与丝绵。指夏衣与冬衣。

⑤八材：指珠、玉、石、木、金属、象牙、皮革、羽毛等八种供制作器
物的材料。郑玄注引郑司农云："八材：珠曰切，象曰磋，玉曰琢，石曰磨，
木曰刻，金曰镂，革曰剥，羽曰析。"

⑥丁未：为干支之一，顺序为第44。前一位是丙午，后一位是戊申。论
阴阳五行，天干之丁属阴之火，地支之未属阴之土，是火生土相生。天干丁
年和壬年小暑到立秋的时间段，就是丁未月。

⑦侯卫骏奔走：从侯服到卫服的诸侯急速奔走。

【原文】

孝经　故亲生之膝下，以养父母日严。

御注　亲，犹爱也。膝下，谓孩幼之时也。言亲爱之心，生於孩幼。比

及年长，渐识义方①，则日加尊严，能致敬於父母也。

孝经　圣人因严以教敬，因亲以教爱。

御注　圣人因其亲严（亲严：亲爱和尊敬）之心，敦（劝勉，督促）以爱敬之教。故出以就傅（就傅：从师），趋而过庭②，以教敬也；抑搔（抑搔：按摩抓搔）痒痛，悬衾箧枕③，以教爱也。

孝经　圣人之教不肃而成，其政不严而治。

御注　圣人顺群心以行爱敬，制礼则（犹礼制、礼法）以（用以）施政教，亦不待严肃而成理④也。

孝经　其所因者，本也。

御注　本，谓孝也。

【注释】

①义方：行事应该遵守的规范和道理。

②趋而过庭：袖手低头，碎步疾行过庭前，以示敬畏。

③悬衾箧枕：悬衾：将大被子挂起来。箧枕：以箧（小箱子）贮亲长所卧之枕。语出《礼记·内则》："父母舅姑将坐，奉席请何乡……悬衾箧枕，敛簟而襡之。"

④成理：达到治理成功，秩序安定。此"理"与"乱"对应。

【原文】

音义　膝，辛七反，从木入水，"桼"音"七"，正（正音释义）。养，羊尚反。日，人实反，注同。日者，实也，日日行孝，故无阙（缺误，疏失）也，象日。治，直吏反。

邢疏　正义曰：此更广陈（广陈：拓展陈述）严父之由（缘由）。言人伦正性①，必在蒙幼（蒙幼：年龄尚小，知识未开）之年。教之则明（明白），不教则昧（糊涂）。

言亲爱之心，生在其孩幼膝下之时，於是父母则教示。比及年长，渐识义方，则日加尊严，能致敬於父母，故云"以养父母日严"也。

是以圣人因其日严而教之以敬，因其知亲而教之以爱，故圣人因之以施政教，不待严肃自然成治也。然其所因者，在於孝也，言本皆因於孝道也。

注　"亲犹"至"母也"

正义曰：云"亲，犹爱"也者，嫌（估计是）以亲"为父母，故云"亲犹爱也。

云"膝下，谓孩幼之时也"者：

按：《内则》（《礼记·内则》）云："子生三月，妻以子见於父，父执子之右手，孩而名之。"

按：《说文》云："孩，小儿笑也。"谓指其颐下②令之笑而为之名（命名）。故知膝下谓孩幼之时也。

云"亲爱之心生於孩幼之时也"者，言孩幼之时，已有亲爱父母之心生也。

云"比及年长，渐识义方，则日加尊严，能致敬於父母也"者：

《春秋·左氏传》石碏③曰："臣闻，爱子，教之以义方。"方，犹"道"也。谓教以仁义合宜之道也。其教之者：

按：《礼记·内则》："子能饮食，教以右手（右手：用右手使筷子）；能言，男唯女俞④，男鞶革，女鞶丝⑤；六年（岁），教之数（识数）与方名（方名：辨识方向）；七年，男女不同席，不共食；八年，出入门户及即席（即席：上桌）饮食必后（后于）长者，始教之让（礼让）；九年，教之数目⑥。"

【注释】

①人伦正性：每个人的自然禀性。

②指其颐下：逗小孩子时用手抬起其下巴。

③石碏：春秋时卫国人。卫庄公有嬖妾所生子州吁，有宠而好武，庄公不管。他进谏庄公不听。其子石厚与州吁玩，劝诫亦不听。卫桓公十六年（前719）州吁杀桓公而自立为君，未能和其民。石厚向其父请教安定君位之法，他假意建议石厚跟州吁往陈，通过陈桓公以朝觐周天子。旋请陈拘留两人，由卫使右宰丑杀州吁于濮（今安徽亳县东南），又使其家宰獳羊肩杀石厚于陈。当时称他能"大义灭亲"。

④男唯女俞：唯：应答之声。男唯：男子快速答应。女俞：女子缓缓答应。

⑤男鞶革，女鞶丝：鞶（盘）即腰带。革：去毛并加工的兽皮。丝：丝线、丝制品。

⑥数目：此处疑错字，比对史料，当为"数日"。数日：计算日子。日指朔、望、六甲等。

【原文】

又《曲礼》云："幼子常视无诳①，立必正方②，不倾（歪着身子）听；与之提携（提携：牵扶），则两手奉（捧着）长者之手；负剑辟咡③诏（告诉）之；则掩（遮）口而对。"

注约（简约）彼（指示代词）文为说（观点），故曰"日加尊严"。言子幼而诲（教诲），及长（及长：等到长大）则能致敬其亲也。

注 "圣人"至"爱也"

正义曰：父子之道（关系），简易（简易：怠惰，轻视）则慈孝（父慈子孝）不接（连续），狎（轻忽）则怠慢生焉。故圣人因其亲严之心，敦以爱敬之教也。

云"出以就傅"者：

按：《礼记·内则》云："十年，出就（跟随）外傅④，居宿於外，学书记（书记：读书写字）。"

郑云："外傅，教学之师也。谓年十岁出就外傅，居宿於外，就师而学也。"

按：十年出就外傅，指命士⑤已（通"以"）上。今此引之，则尊卑皆然也。

【注释】

①常视无诳：经常告诉他别说谎话。视：作"示"解。无诳：没有欺骗。

②立必正方：站着要端正挺直，不歪斜摇晃。

③负剑辟咡：郑玄注："负"谓置之于背，"剑"谓挟之于旁。辟咡，即倾头相语。孔颖达疏："负剑辟咡诏之"者，岂但在行须教正，在抱时亦令习也。后指对孩子从小的教习。

④外傅：古代贵族子弟至一定年龄，出外就学，所从之师称外傅。

⑤命士：古代封有爵位受有职位的卿士。

【原文】

云"趋而过庭，以教敬也"者，言父之与子，於（出于，限于）礼，不得常同居处也。

按：《论语》云："陈亢①问於伯鱼②曰：'子亦有异闻③乎？'"对曰："'未也。尝（有一次）独立（独立：站在那儿），鲤趋④而过庭。……曰："学《礼》乎？"对曰："未也。""不学《礼》，无以立⑤。"鲤退而学《礼》。'闻斯二者。陈亢退而喜曰：'问一得三：闻《诗》，闻《礼》，又闻君子之远⑥其子也。'"

故注约彼文以为说也。

【注释】

①陈亢：字子禽，孔子的学生。

②伯鱼：即孔鲤，孔子的儿子。

③异闻：听到不同的话。陈亢觉得孔鲤会从孔子那里得到不同于一般弟子的教诲。

④趋：跑，疾走。因孔鲤敬畏父亲而碎步快过庭院。

⑤无以立：无法立身做事，即立足于社会。

⑥问一得三……君子之远：问了孔鲤一个问题，却明白了三个道理：知道了学诗可以顺言；学礼可以顺行；智者公平，不独亲其子。"远"：此指陈亢认为孔子应该对自己的儿子更亲近一些，而孔子却一视同仁，与其他学生同样远近，所以陈亢觉得"远"其子。

【原文】

云"抑搔痒痛，悬衾箧枕，以教爱也"者，此并约《内则》文。

按：彼（指《内则》）云："以适（往）父母、舅姑之所（处所）。及（到）所，下气怡声①，问衣燠寒，疾（病）痛苛痒（苛痒：疾苦）而敬抑（敬抑：恭敬地俯首）搔之。父母、舅姑将坐，奉席请何乡②；将衽③，长者奉席请何趾④，少者执床与坐⑤。御者（御者：侍从）举几（小桌），敛（收）席与簟（盛饭用的竹器），悬衾，箧枕，敛簟（苇竹座垫）而襡（收藏）之。"

【注释】

①下气怡声：下气：态度恭顺；怡声：声音和悦。形容声音柔和，态度恭顺。

②奉席请何乡：捧着座席请问就座朝向。"乡"通"向"。席："蓆"的古字。坐、卧铺垫用具。由竹篾、苇篾或草编织成的平片状物。

③将衽：准备睡觉。衽：卧席，床褥，引申为寝宿。

④长者奉席请何趾：扶着长辈的腿让其躺床上。何：通"荷"；趾：脚。

⑤执床与坐：扶着床边陪坐。

【原文】

郑注云："须卧乃敷（铺开）之也。襡，韬（收藏）也。是父母未寝，故衾被则悬，枕则置箧中。"言子有近父母之道，所以教其爱也。夫爱以敬生，敬先於爱，无宜待教，而此言教敬爱者，

《礼记·乐记》曰："乐者为同，礼者为异①。同则相亲，异则相敬。""乐胜（过）则流②"，是爱深而敬薄也；"礼胜则离（疏远）"，是严多而爱杀（没有）也。不教敬则不严，不和亲则忘爱，所以先敬而后爱也。

旧注取《士章》之义，而分爱、敬父母之别，此其失也。

【注释】

①乐者为同，礼者为异：乐是用以调和人的声音，礼能诱导人的意志；

故乐使人际关系和谐，称为"同"；礼使父子殊别。是为"异"。

②乐胜则流：意思是乐胜则和合太过，使人与人之间的尊卑界限混淆。流：流移不定，这里是庄重的反义词。

【原文】

注　"圣人"至"理也"

正义曰：云"圣人顺群心以行爱敬"者：

圣人，谓明王也。圣者，通（通达、博识）也。称明王者，言在位无不照（不照：不明了）也。称圣人者，言用心无不通也。顺群心者，则首章"以顺天下"是也。以行爱敬者，则天子能爱亲敬亲者是也。

云"制礼则以施政教"者，则德教加於百姓是也。

云"亦不待严肃而成理也"者，盖言王化顺此而行也。言"亦"者，《三才章》已有"成理"之言，故云"亦"也。

注　"本，谓"至"孝也"

正义曰：此依郑注也。首章云："夫孝，德之本也。"

《制旨》曰："夫人伦正性，在蒙幼之中。导之斯（则）通，壅（堵塞，障蔽）之斯蔽（昏庸，不明是非）。故先王慎（慎重）其所养，於是乎有胎中之教、膝下之训。感之以惠和（惠和：仁爱和顺）而日（越来越）亲焉，期（希望）之以恭顺而日严焉。夫亲也者，缘乎（缘乎：来源于）正性而达人情（人情：人之常情）者也。故因其亲严之心，教以爱敬之范（典范），则不严而治，不肃而成。"谓其本於先祖也。

孝经　父子之道，天性也，君臣之义也。

御注　父子之道，天性之常；加以尊严，又有君臣之义。

孝经　父母生之，续莫大焉。

御注　父母生子，传体相续（传体相续：生命延续）。人伦之道，莫大於斯。

孝经　君亲临之，厚莫重焉。

御注　谓父为君，以临於己。恩义之厚，莫重於斯。

音义　"父子之道"，古文从此已下，别为一章。

续，音"俗"（《康熙字典》：正韵读作"俗"），相续也。

邢疏　正义曰：此言父子恩亲之情是天生自然之道。父以尊严临（对待）子，子以亲爱事父。尊卑既陈（排列），贵贱斯位，则子之事父，如臣之事君。

《易》称"乾元资始①"，"坤元资生②"。

又《论语》曰："子生三年，然后免（离开）於父母之怀。"是父母生己，传体相续，此为大焉。言有父之尊，同君之敬，恩义之厚，此最为重也。

注　"父子"至"之义"。

正义曰：云"父子之道，天性之常"者，父子之道，自然慈孝，本乎天性，则生爱敬之心，是常道也。

云"加以尊严，又有君臣之义"者，言父子相亲，本於天性。慈孝生於自然，既能尊严於亲，又有君臣之义。

故《易·家人》卦曰："家人有严君焉，父母之谓也"。是谓父母为严君也。

注　"父母"至"於斯"。

正义曰：按《说文》云："续，连也。"言子继於父母，相连不绝也。

《易》称"生生之谓易③"，言后生次於前也。此则传续之义也。

注　"谓父"至"於斯"。

正义曰：上引《家人》之文，言人子之道於父母有严君之义。此章既陈圣治，则事系於人君也。

按：《礼记·文王世子》称昔者周公摄政，"抗世子法於伯禽，使之与成王居，欲令成王之知父子、君臣之义。君之於世子也，亲则父也，尊则君也。有父之亲，有君之尊，然后兼天下而有之"者，言既有天性之恩，又有君臣之义，厚重莫过於此也。

【注释】

①乾元资始：蓬勃盛大的乾元之气是万物赖以创始化生的原动力。"乾"是卦名，乾为天。"元"是乾德之首。朱熹："乾元，天德之大始。"。语出《易·乾》："大哉乾元，万物资始，乃统天。"

②坤元资生：大地有滋生万物之德。"坤"也是卦名，坤为地。语出《易·坤》："至哉坤元，万物滋生，乃顺承天。"

③生生之谓易：生命存在与延续叫作"易"（有替代之意）。生生：滋生不绝。

【原文】

孝经　故不爱其亲而爱他人者，谓之悖德；不敬其亲而敬他人者，谓之悖礼。

御注　言尽（努力做到）爱敬之道，然后施教於人，违此则於德礼为悖也。

新二十四孝图（十五）

孝经　以顺则逆，民无则焉。

御注　行教以顺人心，今自逆之，则下无所法则（法则：效法）也。

孝经　不在於善，而皆在於凶德。

御注　善，谓身行爱敬也。凶，谓悖其德礼也。

孝经　虽得之，君子不贵也。

御注　言悖其德礼，虽得志於人上，君子之不贵也。

音义　"故不爱其亲"，古文从此以下别为一章。悖，补对反。注同。

邢疏　正义曰：此说爱敬之失，悖於德礼之事也。

　　所谓"不爱敬其亲"者，是君上不能身行爱敬也；而爱他人敬他人者，是教天下行爱敬也。

　　君自不行爱敬而使（让）天下人行，是谓悖德悖礼也。惟人君合行（合行：应该施行）政教，以顺天下人心。今则自逆不行，翻（反而）使天下之人法（效法）行於逆道，故人无所法则，斯乃（斯乃：这就是）不在於善，而皆在於凶德。

　　在，谓心之所在也。凶，谓凶害於德也。如此之君，虽得志於人上，则古先哲王（哲王：贤明的君主）、圣人君子之所不贵（想要）也。

注　"言尽"至"悖也"。

正义曰：云"言尽爱敬之道，然后施教於人"者，此《孔传》（《尚书·孔传》）也。则《天子章》言"爱敬尽於事亲，而德教加於百姓"是也。

云"违此则於德礼为悖也"者：

　　按：《礼记·大学》云："尧舜率（统治）天下以（运用）仁（仁义之道），而民从之；桀纣率天下以暴（暴虐之道），而民从之；其所令反其所好，而民不从。是故（是故：因此）君子有诸己而后求诸人，无诸己而后非诸人①。所藏乎身不恕②，而能喻（晓谕，开导）诸人者，未之有也。"是知（是知：由此可知）人君若违此，不尽爱敬之道，而教天下人行爱敬，是悖逆於德礼也。

【注释】

①有诸己而后求诸人，无诸己而后非诸人：自己有某种品质，然后才能要求别人有某种品质；自己没有某种缺失，然后才能要求别人也应有。

②藏乎身不恕：自己本身就不厚道仁义。恕：推己及人，仁爱待物。

【原文】

注 "善，谓"至"礼也"。

正义 曰：云"善，谓身行爱敬也"者，谓身行爱敬乃为善也。

云"凶，谓悖其德礼也"者，悖，犹"逆"也。言逆其德礼则为凶也。

注 "言悖"至"贵也"。

正义曰：云"悖其德礼"者，此依魏注也。谓人君不行爱敬於其亲。郑注云"悖若桀纣①"是也。

云"虽得志於人上者，君子之不贵也"者，言人君如此，是虽得志居人臣之上，幸免篡逐（篡逐：被推翻、驱逐）之祸，亦圣人君子之所不贵，言贱恶（言贱恶：表示轻蔑厌恶）之也。

【注释】

①悖若桀纣：如同桀纣一样的悖逆。桀和纣，相传都是暴君。桀纣后泛指暴君。

【原文】

孝经 君子则不然，

御注　不悖德礼也。

孝经　言思可道，行思可乐。

御注　思可道而后言，人必信也；思可乐而后行，人必悦也。

孝经　德义可尊，作事可法。

御注　立德行义，不违道正，故可尊也；制作（制作：行为处置）事业，动得物宜①，故可法也。

孝经　容止可观，进退可度。

御注　容止，威仪也，必合规矩，则可观也；进退，动静也，不越礼法，则可度（效法）也。

孝经　以临其民，是以其民畏而爱之，则而象之。

御注　君行六事，临抚其人②，则下畏其威，爱其德，皆放象（放象：仿效）於君也。

【注释】

①动得物宜：所作所为部适宜事物的性质，道理和规律。

②君行六事，临抚其人：六事指"言思可道""行思可乐""德义可尊""作事可法""容止可观""进退可度"。君王能够做到此六事，来"临抚其人"，"其人"就是百姓、下属。

【原文】

孝经　故能成其德教，而行其政令。

御注　上正身以率下，下顺上而法之，则德教成，政令行也。

音义　乐，如字，音"洛"，注同。

邢疏　正义曰：前说为君而为（做出）悖德礼之事，此言圣人君子则不然也。

君子者，须慎其言行、动止、举措。思可道而后言，思可乐而后行，故德义可以尊崇，作业（作业：做出的事）可以为法（为法：作为标准），威容可以观望，进退皆修（遵循）礼法。以此六事君临其民，则人畏威而亲爱之，法则而象效之。故德教以此而成，政令以此而行也。

注 "不悖德礼也"

正义曰：此依魏注也。言君子举措（举措：举止行为）皆合德礼，无悖逆也。

注 "思可"至"悦也"

正义曰：言者，心之声也；思者，心之虑也；可者，事之合也；道，谓陈说也；行，谓施行也；乐，谓使人悦眼也。

《礼记·中庸》称：天下至圣，"言而民莫（无）不信，行而民莫不说（悦）"也。

注 "立德"至"可法也"

正义曰：云"立德行义，不违道正，故可尊也"者，此依《孔传》也。刘炫云："德者，得於理也；义者，宜於事也。得理在於身（个人本身），宜事见於外。"谓理得事宜，行道守正，故能为人所尊也。

云"制作事业，动得物宜，故可法也"者，作，谓造立也；事，谓施为也。

《易》（《易经·系辞》）曰："举而措（治理）之天下之民，谓之事业。"言能作众物之端（首），为器用^①之式（榜样），造立（造立：造就树立）於已（同己），成式（成式：成为楷模）於物，物得其宜，故能使人法象（法象：效法，模仿）也。

注 "容止"至"度也"

正义曰：云"容止，威仪也，必合规矩，则可观也"者，此依《孔传》也。

容止，谓礼容所止（至）也。《汉书·儒林传》[2]云"鲁徐生[3]善为容（为容：修饰容貌），以容为礼官大夫"是也。威仪，即仪礼也。《中庸》云"威仪三千"是也。

《春秋·左氏传》曰："有威而可畏，谓之威；有仪而可象，谓之仪。"言君子有此容止威仪，能合规矩。

按：《礼记·玉藻》云："周还中规，折还中矩[4]。"郑云："反（翻转，回还）行也，宜圜（通'圆'）；曲（曲折）行也，宜方。"是合规矩，故可观。

【注释】

①器用：原意为兵器农具器皿，亦用比喻人才。

②《汉书》：又名《前汉书》，中国古代历史著作。东汉班固所著，是中国第一部纪传体断代史、沿用《史记》的体例而略有变更，改"书"为"志"，改"列传"为"传"，改"本纪"为"纪"，无"世家"。全书包括纪十二篇，表八篇，志十篇，传七十篇，共一百篇，记载了上自汉高祖六年，下至王莽地皇四年，共230年历史。《汉书》语言庄严工整，多用排偶，遣词造句典雅远奥，与《史记》平畅的口语化文字形成鲜明对照。中国纪史方式自《汉书》以后，都仿照其体例，纂修。

③鲁徐生：北魏孝文帝时的礼官大夫，鲁人。

④周还中规，折还中矩：意为行为做事不乱来，讲规矩。周者环绕，规者圆规。折者曲折，矩者曲尺。

【原文】

云"进退动静也"者：进，则动也；退，则静也。

按：《易·乾·文言》曰："进退无常，非离群也①"又《艮卦象》曰："时止（时止：该停止的时候）则止，时行则行，动静不失（错过）其时，其道（前途）光明。"是（这）进退则（就是）动静也。

云"不越礼法，则可度也"者：动静不乖越（乖越：背离，超越）礼法，故可度也。

注 "君行"至"君也"

正义曰：云"君行六事，临抚其人"者，言君施行六事，以临抚下人。六事，即可度以上之事有六也。

云"则下畏其威，爱其德，皆放象於君也"者：

按：《左传》北宫文子②、对卫侯（卫侯：卫襄公）说威仪之事，称"有威而可畏，谓之威；有仪而可象，谓之仪。君有君之威仪，其臣畏而爱之，则（效法）而象之"。又因引"《周书》③数文王之德曰：'大国畏其力，小国怀（感怀）其德。'言畏而爱之也。《诗》（《古诗源》）云：'不识不知，顺帝之则④。'言则而象之也。"

又云："君子在位可畏，施舍可爱，进退可度，周旋可则，容止可观，作事可法，德行可象，声气（说话的声调语气）可乐，动作有文（文雅），言语有章（条理，章法），以临其下，谓之有威仪也。"

据此，与经虽稍殊别，大抵皆叙君之威仪也。故经引《诗》云："其仪不忒。"其义同也。

【注释】

①进退无常，非离群也：人生中有高潮低谷是很常见的，并不是你与别人有什么不同。

②北宫文子：亦称北宫佗，春秋时卫国人。史载他最善"引诗言礼"。

③《周书》：指《尚书·周书》。

④不识不知，顺帝之则：尧治理天下50年后，有一次微服游于康衢，听见小孩子们在唱《康衢谣》："立我蒸民，莫匪尔极，不识不知，顺帝之则。"意思是：使我百姓有衣食，莫不是你英明政策，大家不投机、不取巧，顺乎自然法则。尧看到百姓怡然自足，非常高兴，于是"召舜，禅以天下"。

【原文】

注　"上正"至"行也"

正义曰：云"上正身以率下"者，此依《孔传》也。

《论语》：孔子对季康子曰："子率（表率）以正，孰敢不正？"又曰："其身正，不令而行。"是"正其身"之义也。

云"下顺上而法之"者，言正其身以率下，则下人皆从之，无不法（效法）。

云"则德教成，政令行也"者，言风化（风化：风俗教化）当如此也。

孝经　《诗》云："淑人君子，其仪不忒。"

御注　淑，善也。忒，差也。义取君子威仪不差，为人法则。

音义　"《诗》云……"，此《诗·曹风·鸤鸠》之篇语。淑，常六反（此按《集韵》读音）。仪，字从人。忒，他得反，差也。

邢疏　正义曰：夫子述君子之德既毕，乃引《曹风·鸤鸠》之诗以赞美之，言善人君子威仪不差失也。

注　"淑，善"至"法则"

正义曰：云"淑，善也。忒，差也"者，此依郑注也。"淑，善"，《释诂》文。《释言》云："爽，差也"，"爽，忒也。"转互相训[1]，故"忒"得为"差"也。

云"义取君子威仪不差，为人法则"者，亦言引《诗》大意如此也。

【注释】

[1]转互相训：即训诂学的"转训"，又称"递训"。就是几个字辗转训释，意义相同。如《庄子·齐物论》："庸也者，用也；用也者，通也；通也者，得世。"

《孝经注疏·卷五》考证

【原文】

原文　"无以加於孝乎"

考证　古文句首有"其"字。

原文　"宗祀文王於明堂以配上帝"。注：周公因祀五方上帝於明堂。

考证　臣清植［按］：郊祀明堂皆祭昊天上帝也。五帝，则朱子（朱子：朱熹）以为五方帝。四时迎气，则祭之是也。且以太皞、炎帝、黄帝、少皞、颛项配，不以文王配。邢昺疏犹沿郑康成之说而讹。

原文　"各以其职来祭"

考证　古文作"来助祭"。

原文　"父子之道"

考证　古文句上有"子曰"二字。又析（分）此下至"厚莫重焉"为一章。

原文　"天性也，君臣之义也"

考证　古文无二"也"字。

原文　"故不爱其亲"

考证　古文句上无"故"字，有"子曰"二字。又析此下至章末为一章。

原文　"而皆在於凶德"

考证　朱子刊误本无"而"字。

原文　"君子不贵也"

考证　古文作"君子所不贵"。

原文　"言思可道，行思可乐"

考证　古文二"思"字俱作"斯"。

原文　"而行其政令"

考证　朱子刊误本无"其"字。

《孝经注疏》卷六

纪孝行章第十

【原文】

邢疏　正义曰：此章纪录孝子事亲之行也。前章孝治天下所施政教，不待严肃，自然成理（秩序安定），故君子皆尽事亲之心，所以孝行（孝行：孝敬父母的德行）有可纪也。故以名章，次圣人之后。或（有的）于"孝行"之下，又加"犯法"两字，今不取也。

孝经　子曰："孝子之事亲也，居则致其敬，

御注　平居必尽其敬。

孝经　养则致其乐，

御注　就养（就养：侍奉父母）能致其欢。

孝经　病则致其忧，

御注　色不满容，行不正履。

孝经　丧则致其哀，

御注　擗踊（擗踊：捶胸顿足）哭泣，尽其哀情。

孝经　祭则致其严。

御注　齐戒①沐浴，明发不寐②。

孝经　五者备（都做好）矣，然后能事亲。

【注释】

①齐戒：古人在祭祀或举行典礼之前，常沐浴更衣，戒绝嗜欲，使身心洁净，以示虔敬。语出《礼记·曲礼上》："齐戒以告鬼神。"齐：庄敬，通"斋"。

②明发不寐：谓通宵未睡。明发：破晓。语出《诗·小雅·小宛》："明发不寐，有怀二人。"

【原文】

御注　五者阙一，则未为能（胜任）。

音义 尽，津忍反。养，羊尚反。乐，音洛。病，疾甚（很、极）曰病。擗，婢亦反。踊，羊冢（冢，通"蒙"）反。泣，器立反。齐，则皆反，本又作"斋"。

邢疏 正义曰："致"犹"尽"（努力完成）也。言为人子能事其亲而称孝者，谓平常居处家之时也，当须尽于恭敬。若进饮食之时，怡颜悦色①，致亲之乐。若亲之有疾（病痛），则冠者不栉②，怒不至詈③，尽其忧谨（忧谨：担忧、恭谨）之心。若亲丧亡，则攀号毁瘠④，终（了）其哀情也。若卒哀（卒哀：一曰卒哭。古代丧礼，百日祭后，止无时之哭为朝夕一哭，名为卒哭）之后，当尽其祥练⑤；及春秋祭祀，又当尽其严肃。此五者，无限（不论）贵贱（贵贱：指地位的尊卑），有尽能备者，是其能事亲。

【注释】

①怡颜悦色：犹和颜悦色。

②冠者不栉：束发戴帽子之类顾不得打理。形容父母生病自己忧心。栉，古代男子束发用的梳篦。语出《礼记·曲礼上》："父母有疾，冠者不櫛，行不翔，言不惰，琴瑟不御。"

③怒不至詈：气愤时也不出口伤人。詈：骂，责骂。语出《礼记·曲礼上》："食肉不至变味，饮酒不至变貌，笑不至矧（牙龈），怒不至詈。"

④攀号毁瘠：居丧时嚎啕大哭，悲哀过度而损害身体。攀号：原意是哀悼帝丧，攀龙髯而哭。语出《陈书·后主纪》："上天降祸，大行皇帝奄弃万国，攀号擗踊，无所迫及。"毁瘠：因哀伤过度而瘦得皮包骨。

⑤祥练：祥：古丧祭名，有小祥、大祥之分，周年祭谓小祥，两周年祭为大祥。练：古代祭名，因古时于父母去世十三月时戴练冠祭于家庙而得名。

【原文】

注 "平居必尽其敬"

邢疏 正义曰：此依王注①也。平居，谓平常在家，孝子则须恭敬也。

案：《礼记·内则》云："子事父母，鸡初鸣，咸（完成）盥漱，至（去到）于父母之所，敬进（奉上）甘脆（甘脆：美味佳肴）而后退。"又《祭义》②曰："养可能也，敬为难。"是皆尽敬之义也。

【注释】

①王注：即王弼注。王弼（226~249），字辅嗣，山阳高平（今山东邹城）人，魏晋玄学理论的奠基人。其人生短暂，但学术成就卓著，有《周易注》《周易略例》《老子注》《老子指略》《论语释疑》等著述。

②《祭义》：《礼记》篇名，主要阐述敬奉双亲的孝道，敬顺尊长的悌道。

【原文】

注 "就养能致其欢"

邢疏 正义曰：此依魏注也。

案：《檀弓》①曰："事亲有隐而无犯②，左右（左右：各方面）就养无方（无方：没有固定的方法和方式）。"言孝子冬温夏清（同"清"）③，昏定晨省④，及进饮食以养父母，皆须尽其敬安之心。不然则难以致亲之欢。

【注释】

①《檀弓》：《礼记》篇名，因首段文字记有檀弓这个人的事迹，也称

《檀弓篇》。《檀弓》分上下两篇，内容有关办丧事的礼节。檀弓又称檀公，战国时人。

②有隐而无犯：意思是隐讳（不张扬）父母的过失而不触犯。

③冬温夏清：意思是冬天使父母温暖，夏天使父母凉爽。语出《礼记·曲礼上》："凡为人子之礼，冬温而夏清，昏定而晨省。"

④昏定晨省：晚间服侍就寝，早上省视问安。

【原文】

注 "色不"至"正履"

邢疏 正义曰："此依郑注也。"

案：《礼记·文王世子》①云：王季（王季：周文王之父）"有不安节（不安节：不守节度，作非分之想），则内竖②以告文王，文王色忧（色忧：担心），行不能正履。"又下文记古之世子（世子：指太子，帝王嫡长子）亦朝夕问于内竖，其有不安节，"世子色忧不满容"。此注减"忧""能"二字者，以此章通于贵贱，虽拟人非其伦③，亦举重以明轻④之义也。

【注释】

①《礼记·文王世子》：《礼记》篇名，记天子教育太子的礼仪、内容以及尊师重教的制度。

②内竖：宫廷里为天子传达内宫或外廷关于琐碎事务的童子（15岁-19岁）。《周礼》谓天官所属有内竖，用未冠童子任职。

③拟人非其伦：拿不能相比的人或事物来打比方。语本《礼记·曲礼下》："拟人必于其伦。"

④举重以明轻：提出认为重要而认真对待的，来阐明容易因而被轻

视的。

【原文】

注　"擗踊"至"哀情"

邢疏　正义曰：此依郑注也，并约（简约）《丧亲章》文，其义奥（深奥微妙）于彼。

注　"齐戒"至"不寐"。

邢疏　正义曰：此皆说祭祀严敬之事也。

案：《祭义》曰："孝子将祭，夫妇齐戒，沐浴盛服（盛服：着庄重的衣服），奉承（奉承：顺从）而进之。"言将祭必先齐戒沐浴也。又云："文王之祭也，事死如事生。《诗》（《诗经》）云：'明发不寐，有怀（感怀）二人。'《文王》之诗也。"郑注云："明发不寐，谓夜而至旦也。二人，谓父母也。"言文王之严敬祭祀如此也。

注　"五者"至"为能"。

邢疏　正义曰：此依魏注也。凡为孝子者，须备此五等（类）事也。五事若阙于一，则未为能事亲也。

孝经　事亲者，居上不骄，

御注　当庄敬（庄敬：庄严恭敬）以临（上对下曰"临"）下也。

孝经　为下不乱，

御注　当恭谨（恭谨：恭敬谨慎）以奉（下对上曰"奉"）上也。

孝经　在丑不争。

御注　丑，众也。争，竞（争竞）也。当和顺以从众也。

孝经　居上而骄则亡，为下而乱则刑，在丑而争则兵。

御注　谓以兵刃相加。

孝经　三者不除，虽日用三牲之养，犹为不孝也。御注　三牲，太牢^①也。孝以不毁（损害）为先（根本）。言上三事（三事：即"骄、乱、争"）皆可亡身（性命），而不除（去掉）之，虽日致太牢之养，固非孝也。

【注释】

①太牢：古代祭祀时　羊猪三牲全备称"太牢"。古代祭祀所用牺牲（古代称作祭品用的纯色全体牲畜。色纯为"牺"，体全为"牲"）在行祭前先饲养于牢，故这类牺牲称为牢。《广雅·释诂一》解释："太，大也。"牢：养牲畜的圈。

【原文】

音义　丑，昌九反。争，争斗之争，注及下同。养，羊尚反，注同。

邢疏　正义曰：此言居上位者，不可为骄溢之事；为臣下者，不可为挠乱之事；在丑辈（丑辈：群众）之中，不可为忿争（忿争：忿怒相争）之事。是以（是以：因此）居上须去骄，不去则危亡也；为下须去乱，不去则致刑辟（刑辟：刑罚）；在丑辈须去争，不去则兵刃或加于身。若三者不除，虽复（再）日日能用三牲之养，终贻（留下）父母之忧，犹为不孝之子也。

注　"丑，众也。争，竞也。"

正义曰：此依魏注也。"丑，众"，《释诂》文。《左传》曰："师竞（师竞：民众争竞）已甚"。杜预云："竞，犹争也。"故注以"竞"释"争"也。

注　"谓以兵刃相加"

正义曰：此依常义。

案：《左传》云："晋①范鞅②用剑以帅卒（帅卒：领兵）。"杜预曰："用短兵（短兵：刀剑等短武器）接敌。"此则刀剑之属（类）谓之兵也。必有刃，堪（足以）害于人，则《左传》齐庄公③请自刃于庙④是也。言处侪众（侪众：普通民众）之中，而每事好争竞，或（可能就会）有以刃相仇害也。

【注释】

①晋：此为春秋时期诸侯国之晋国。

②范鞅：晋国公族大夫，祁姓，范氏，讳鞅，谥献，又曰士鞅，史称范献子。春秋后期晋国才干卓越的政治家、外交家，晋国六卿（世袭卿族）之一。

③齐庄公：姜姓，吕氏，名光，前553年—548年在位。本为齐灵公太子，但灵公改立公子牙为太子，派公子光出守即墨。后灵公病重，齐国大夫崔杼等从即墨迎回公子光，杀公子牙即王位，是为庄公。

④自刃于庙：公元前548年，齐庄公因与手下重臣崔杼的妻子棠姜私通，在崔府被现场逮住，崔杼命家丁杀庄公，庄公请求手下留情，遭到拒绝；庄公许诺以一半的国土分给崔杼，以求保命，仍遭拒绝；庄公绝望，请求到自己的祖庙里自杀而死，还是遭到拒绝；于是，庄公跳墙逃跑，被箭射伤，跌落院内，被崔杼的家丁杀死。

【原文】

注　"三牲"至"非孝也"

邢疏　正义曰：云"三牲，太牢也"者，三牲：牛、羊、豕也。

案《尚书·召诰》①称"越（过）翼日（翼日：明天）戊午②乃社（祭

土地神）于新邑（指洛阳新都），牛一、羊一、豕一。"孔云："用太牢也"，是谓三牲为太牢也。

云"孝以不毁为先"者，则首章（首章：第一章）"不敢毁伤"也。

云"言上三事皆可亡身"者，谓上居上而骄，为下而乱，在丑而争之三事，皆可丧亡其身命也。

云"而不除之，虽日致太牢之养，固非孝也"者，言奉养虽优，不除骄、乱及争竞之事，使亲常忧，故非孝也。

【注释】

①《尚书·召诰》："召"指召公。"诰"为告诫、劝勉的意思。该篇记录周成王想迁都到洛阳，先派召公前往经营。周公去洛阳视察时召公上书告诫成王以夏殷兴亡为戒，当敬德以使天命长久。史叙其事，作《召诰》。

②戊午：指中午。"午"就是午时，上午十一时至下午一时。

五刑章第十一

【原文】

邢疏　正义曰：此章"五刑之属三千"。

案：舜命（指示）皋陶云："汝（你）作士（士师，大理官），明（阐明）于五刑。"又《礼记·服问》①云："丧多而服五②，罪多而刑五③。"以其服有亲疏，罪有轻重也。故以名章。以前章（指《纪孝行章》）有骄乱忿争之事，言此罪恶必及刑辟，故此次之。

【注释】

①《礼记·服问》：《礼记》篇名，记述有关丧服服制问题，依据仪礼丧服，对丧服的礼制作进一步的说明。

②丧多而服五：即"五服制度"，办丧事时，规定了丧服的五个等级，依生者与死者关系的远近亲疏（上下五代即五服。上至高祖，下至玄孙），按布料不同、做工不同、服丧时间不同分为斩衰、齐衰、大功、小功、缌麻五等，以丧服来表示亲属之间血缘关系的远近以及尊卑关系。

③罪多而刑五：即"五服制罪"，亦称"准五服以制罪"，即按五服所表示的亲属关系远近及尊卑作为定罪量刑的依据。原则是关系越亲，以尊犯卑者，处刑愈轻，反之愈重。关系愈远则反之。

【原文】

孝经　子曰："五刑之属三千，而罪莫大于不孝。

御注　五刑，谓墨、劓、剕、宫、大辟（注见顺治本）也。条（条例）有三千，而罪之大者，莫过不孝。

孝经　要君者无上，

御注　君者，臣之禀命也。而敢要（要挟）之，是无上也。

孝经　非圣人者无法，

御注　圣人制作礼乐，而敢非（通"诽"）之，是无法也。

孝经　非孝者无亲，

御注　善事（善事：好好侍奉）父母为孝，而敢非之，是无亲也。

孝经　此大乱之道也。

御注　言人有上三恶，岂惟（岂惟：岂止）不孝乃是大乱之道（开端，先导）。

音义　五刑之属三千，墨、劓、荆、宫、大辟。《吕刑》（见顺治本注）云："墨罚之属千；劓罚之属千；荆罚之属五百；宫罚之属三百；大辟之罚其属二百；五刑之属，都（总共）有三千。"墨：刻其额而涅（染黑）之以墨；劓：鱼器反，截鼻之刑。宫：男子割势（割势：阉割生殖器），女子宫闭之。《吕刑》及《周礼》并直（并直：都直接）作"宫"字，或作"瞎"字。辟，婢亦反。要，一徭反。

邢疏　正义曰：五刑者，言刑名（刑名：刑罚的名称）有五也。三千者，言所犯刑条有三千也。所犯虽异，其罪乃同，故言"之属"以包（包含）之。就此三千条中，其不孝之罪尤（格外）大，故云"而罪莫大于不孝也"。

凡为人子，当须遵承圣教①，以孝事亲，以忠事君。君命宜奉而行之，敢要之，是无心遵于上也。圣人垂范，当须法则（法则：遵从），今乃（竟然）非之，是无心法（效法）于圣人也。孝者，百行之本，事亲为先，今乃非之，是无心爱其亲也。卉木（卉木：草和树类植物的通称）无识（意识），尚感（感知）君政（君政：比喻环境）；禽兽无礼（无礼：不懂礼法），尚知恋亲，况（何况）在人灵（人灵：有灵性的人）？而敢要君，不孝也。逆乱（逆乱：悖逆作乱）之道，此为大焉。故曰："此为大乱之道也。"

【注释】

①圣教：旧称尧、舜、文、武、周公、孔子的教导。

【原文】

注　"五刑"至"不孝"

正义曰：云"五刑，谓墨、劓、剕、宫、大辟也"者，此依魏注也。此五刑之名，皆《尚书·吕刑》文。孔安国云："刻其颡而涅之曰墨刑。"颡，额也。谓刻额为疮（伤口），以墨塞（填）疮孔，令变色也。墨，一名"黥"。又云："截（切断）鼻曰劓；剕（砍断）足曰剕。"《释言》[2]云："剕，剕也。"李巡[1]曰"断足曰剕"是也。又云："宫，淫刑（淫刑：对通奸、奸淫的刑罚）也。男子割势，妇女幽闭[2]，次死之刑。"以男子之阴名为"势"，割去其势与椓（毁坏）去其阴，事亦同也。妇人幽闭，闭于宫，使不何得出也。又云："大辟，死刑也。"

【注释】

①李巡：唐朝人，时为唐代中期名臣李勉（唐朝宗室）手下判官。

②幽闭：一种针对女犯的宫刑。有两种解释，一是"打入冷宫"；也有说用特制的锤子捶击女犯的胸腹，直至女犯子宫脱垂，掉出外阴，使其终生受罪，无法结婚和生育。

【原文】

案：此五刑之名，见于经传。唐虞（唐虞：唐尧与虞舜的并称）以来，皆有之矣，未知上古起自何时。汉文帝①始除（废除）肉刑②，除墨、劓、剕耳（语气词"也"），宫刑犹在。隋开皇③之初始除男子宫刑，妇人犹（仍）闭于宫。此五刑之名义（名义：名称的含义）。

郑注《周礼·司刑》④引《书传》⑤曰："决关梁（决关梁：破坏关口和桥梁）、踰城郭（踰城郭：翻越城邑。踰，同'逾'，越过）而略盗（略盗：抢劫、偷窃）者，其刑膑（膑：膝盖骨）。男女不以义交（不以义交：不合伦理的性行为）者，其刑宫。触易（触易：冒犯与擅改）君命、革（更改）舆服（舆服：车舆冠服与各种仪仗）制度、奸轨[6]盗攘（盗攘：窃夺）伤人者，其刑劓。非事而事（非事而事：干非法的事）之、出入（出入：与人交往）不以道义而诵不详之辞（诵不详之辞：犹妖言惑众或欺诈）者，其刑墨。降畔（通"叛"）寇贼（降畔寇贼：向盗匪、敌寇投降）、劫略夺攘（劫略夺攘：使用暴力抢劫掠夺）挢虔[7]者，其刑死。"

【注释】

①汉文帝：刘恒（公元前203年—公元前157年），汉朝第5位皇帝，汉高祖刘邦第四子。在位期间执行与民休息和轻徭薄赋的政策，使汉朝从国家初定走向繁荣昌盛的过渡时期。

②肉刑：残害肉体的刑罚，古指墨、劓、刖、宫、大辟等。

③开皇：隋文帝杨坚的年号，历时19年余（581年2月—600年12月）。

④《周礼·司刑》：《周礼》中的一篇。司刑为官名，列《周礼》秋官之属，掌五刑之法（主管法律刑法）。

⑤《书传》：有关《尚书》经义的传述解释。

⑥奸轨：亦作奸宄，奸邪、乱臣的意思。语出《说文解字》："宄，奸也。外为盗，内为宄。"

⑦挢虔：敲诈勒索的意思。颜师古注引韦昭曰："凡称诈为矫，强取曰虔。"挢：通"矫"，诈称、假托。虔：杀戮。

【原文】

案：《说文》云："膑，膝骨也。"荆膑谓断其膝骨。此注不言"膑"而云"荆"者，据《吕刑》之文也。

云"条有三千，而罪之大者，莫过不孝"者，按《周礼》"司刑掌（执掌）五刑之法，以丽（施加）万民之罪。墨罪五百，劓罪五百，宫罪五百，刖罪五百，杀罪五百"，合二千五百。至周穆王，乃命吕侯人为司寇，令其训畅（训畅：解释和补充）夏禹赎刑（赎刑：以财物赎罪的刑法），增轻削（削减）重，依夏之法，条有三千。则周（周朝）三千之条，首（最先）自穆王始也。

《吕刑》云："墨罚之属千，劓罚之属千，刖罚之属五百，宫罚之属三百，大辟之罚其属二百。五刑之属三千。"言此三千条中，罪之大者，莫有过於不孝也。

按：旧注说及（包括）谢安、袁宏、王献之、殷仲文等[①]，皆以（因）不孝之罪圣人恶（憎恶）之，云（说是）在三千条外。此失（违背）经之意也。按上章（指《纪孝行章》）云："三者不除，虽日用三牲之养，犹为不孝。"此承（接）上"不孝"之后而云三千之罪，"莫大於不孝"，是因其事而便言之（因其事而便言之：就事论事），本无在外之意。

按《檀弓》云："子弑父。凡在宫（官府供职）者，杀无赦。杀其人，坏（毁坏）其室（家），洿其宫而猪[②]焉。"既（既然）云"学断斯狱（学断斯狱：仿照此判案）"，则明有条可断（明有条可断：对照明确的条例可以判断）也。何者（何者：何故）？

【注释】

①谢安：（320年—385年），字安石，号东山，东晋政治家，军事家，浙江绍兴人，祖籍陈郡阳夏（今中国河南省太康）。世称谢太傅、谢安石、谢相、谢公。

袁宏：（约328年—约376年），字彦伯，小字虎，东晋文学家，陈郡阳夏（今河南太康）人。著有精心史作《后汉纪》三十卷，及《正始名士传》《竹林名士传》《中朝名士传》《集》等。

谢、袁二人曾是桓温的幕僚，分任司马、参军之职，阻止了桓温篡位。东晋咸安年间，简文帝死，遗诏由太子司马曜继承皇位，谢安立太子做了皇帝。带兵在外的大司马桓温气急败坏，率军回京城向谢安问罪，欲改朝换代，被谢安识破，未遂。已身

新二十四孝图（十六）

患重病的桓温不肯放弃做皇帝的梦想，他暗示朝廷授他"九锡"（九锡是历代权臣篡位前的最后一级台阶），让袁宏起草加授九锡的诏令。袁宏把诏令拿给谢安看，谢安看后，修改数次，拖延了几十天也不定稿，直到桓温病死，使司马氏朝廷度过了面临的危机。

王献之：（344—386 年），字子敬，东晋琅琊临沂（今山东临沂）人，生于会稽（今浙江绍兴），书法家、诗人，王羲之第七子，与其父并称为"二王"。王献之曾休妻再娶，说的是王献之与妻郗道茂（是王的表姐）情真意重，志趣相投。新安公主司马道福（东晋简文帝的女儿）仰慕王献之的风流，便离婚要求父皇把她嫁给王献之，于是皇帝下旨令王献之休掉郗道茂，再娶新安公主。尽管王献之深爱郗道茂，用艾草烧伤自己双脚的方式拒婚，仍无济于事，只能忍痛休了郗道茂。

殷仲文：（公元？年—407 年）字仲文，陈郡人，生年不详。东晋文学家，有《隋书》《唐书经籍志》等文集七卷传于世。殷仲文曾二度参与废立之事。殷仲文曾任骠骑参军，娶大司马桓温的女儿为妻，后投靠桓玄（桓温之兄），为谘议参军，参与策划废立之事。桓玄后来叛变朝廷，被刘裕击败，

殷仲文得以复归朝廷。后来殷仲文为东阳太守任上，与永嘉太守骆球等谋立桓胤为桓玄嗣，事发被刘裕所杀。

②洿其宫而猪：意思是挖掉他的家，使水积存不流。洿：挖掘。宫：家、房屋。猪：通"潴"，水积聚。

【原文】

《易·序卦》①称"有天地，然后万物生焉。"自《屯》《蒙》至《需》《讼》②，即争讼（争讼：因争论而诉讼）之始也。故圣人法（效法）雷电以申（伸张）威刑（威刑：严厉的刑法），所兴（产生）其来远（来远：犹渊源久长）矣。唐虞以上，书传（书传：犹文献记载）靡（不）详，舜命皋陶有五刑③，五刑斯（则）著（撰述）。

【注释】

①《易·序卦》：《序卦》是《易经》中说明六十四卦排列次序的篇名。提出"有天地，然后万物生焉。盈天地之间者唯万物。"这样关于万物起源的朴素的唯物观点。

②自《屯》《蒙》至《需》《讼》：《屯》指《序卦》第三卦《屯卦》。屯是盈满，是万物始生之意。《说文》："屯，难也。象草木之初生，屯然而难。"引申指一切事物之初的艰难。

《蒙》指《序卦》的第四卦《蒙卦》。蒙意蒙昧，即说万物在稚小时不可以不养育。"蒙"字的本义是小草，引申为幼稚，暗昧不明。

《需》指《序卦》的第五卦《需卦》。需是需要饮食的道理，解决饮食的问题。"需"字的本义是等待，指遇雨，停在那里等待。引申为需求。

《讼》指《序卦》的第六卦《讼卦》。讼即因争论而诉讼，意思是争讼必定要纠集众力，引动众力的兴起。

③舜命皋陶有五刑：皋陶是东夷少昊之后，生于公元前 21 世纪，是中国司法的鼻祖。他辅佐夏禹理政并为融合夷夏和后来中华民族的形成做出巨大贡献，与尧、舜、禹齐名被后人尊为"上古四圣"。

【原文】

按：《风俗通》①曰："《皋陶谟》②、是虞（古国名，故城在今山西平陆县）时造（写的）也。及（到）周穆王训夏③，季悝师魏④，乃著《法经》⑤六篇，而以盗贼为首，贼⑥之大者有恶逆⑦焉，决断不违时，凡赦不免（凡赦不免：任何情况都不赦免）。又有不孝之罪，并编（并编：一起编列）十恶⑧之条。前世不忘，后世为式（榜样）"。而安（谢安）、宏（袁宏）不孝之罪不列三千之条中，今不取也。

【注释】

①《风俗通》：即《风俗通义》，东汉学者汝南郡南顿县（今河南项城）人应劭（约 153—196 年）著。原书二十三卷，现存"黄霸、正失、衍礼、过誉、坎、声音、穷通、祀典、怪神、山泽"十卷，附录一卷。该书考论典礼类《白虎通》，纠正流俗类《论衡》，记录了大量的神话异闻，作者还加上了自己的评议，是研究古代风俗和鬼神崇拜的重要文献。

②《皋陶谟》：《虞书》篇名，内容是舜帝、大禹和皋陶在一起商讨大事的讨论记录。"谟"的意思是商讨、谋划。

③周穆王训夏：即所谓"训夏赎刑"。赎刑缘于夏代，周穆王命吕侯作刑，建立系统的赎刑制度时，便参考了夏代的赎刑制度。

④季悝师魏：季悝即李悝（有古书将其写成"里克"，或讹作"李兑"

"季充"）是战国初期魏国著名政治家、法学家。魏文侯时，李悝是魏国丞相，主持变法，推行新政，是我国变法之始，并为后来的商鞅、吴起变法所借鉴，在中国历史上产生了深远的影响。司马迁说："魏用李克尽地力，为强君。"班固称李悝"富国强兵"。

⑤《法经》：李悝编纂的法典。约公元前 470 年编成。分盗法、贼法、囚法、捕法、杂法、具法六篇。是中国历史上第一部较为系统的封建法典。

⑥贼：指对国家、人民、社会道德风尚造成严重危害的人。

⑦恶逆：十恶之罪中第四，指殴打和谋杀祖父母、父母、伯叔等尊长。

⑧十恶：封建时代刑律所定的十种大罪：一曰谋反，二曰谋大逆，三曰谋叛，四曰恶逆，五曰不道，六曰大不敬，七曰不孝，八曰不睦，九曰不义，十曰内乱。犯十恶及故杀人狱成者，虽会赦，犹除名。"

【原文】

注 "君者"至"无上也"

正义曰：此依《孔传》也。

按：《晋语》①云："诸大夫迎悼公②，公曰：'孤（古代帝王的自称）始愿不及此（始愿不及此：最初没想到这样）。孤之及此，天（天意）也。抑（或是）人之有（等候、等待）元君（元君：贤德的国君），将（将领）禀命（禀命：听命）焉。'"明（说明）凡为臣下者，皆禀君教命（教命：上对下的告谕），而敢要（要挟）以（使，令）从己，是有无上之心，故非孝子之行也。若（如）臧武仲以防求为后於鲁③、晋舅犯及河授璧请亡④之类是也。

【注释】

①《晋语》：《国语》篇名，中国最早的一部国别史著作，是古代国别体史料汇编《国语》的一部分，在春秋战国之际由晋国的史官编纂成书，对晋国历史记录较为全面、具体，叙事成分较多，特别侧重于记述晋文公的事迹。《国语》又称《国记》，全书上起西周穆王，讫于战国初年的鲁悼公，以记述西周末年至春秋时期各国贵族言论为主，全书共 21 卷，分《周语》《鲁语》《齐语》《晋语》《郑语》《楚语》《吴语》《越语》八个部分，其中《晋语》篇幅最长，共有九卷。

②悼公：晋悼公（前 586 年—前 558 年），姬姓，晋氏，名周，一名纠，称晋周。春秋中期晋国杰出的君主，年轻优秀的政治家，晋国霸业的复兴者。

③臧武仲以防求为后於鲁：臧武仲是春秋时人，臧氏，名纥，鲁国大夫。公元前 587 年，其父死，继位为鲁司寇。臧武仲长得矮小但多智，时人称之为"圣人"。防：今山东费县东北，臧氏家族的封邑。"臧武仲以防求为后"说的是臧武仲时，臧孙、季孙、孟孙三大家族地位显赫，武仲以其智周旋于季、孟之间。武仲虽聪明但自恃己能，到处插手惹是非。襄公二十三年时，他用计谋帮助季武子废除了季武子长子季孙弥的继承权，因此得罪了季孙弥以及与弥交好的孟孙家族。武仲在出席孟氏葬礼时，遭到季、孟家人的攻打，逃亡到邾国。后来武仲派家人向鲁国请求为臧氏家族"立后"，保有臧孙氏的宗祠和家族的权利，作为交换条件，武仲愿意舍弃防邑，流亡国外。因防邑距离齐国边境很近，鲁国不能失去这个战略要地，鲁襄公只能同意武仲的要求，册立了他的一个异母弟弟臧为作为臧氏家族继承人，继承臧氏家族的宗祧。于是"臧纥致防而奔齐"。

④晋舅犯及河授璧请亡：舅犯（一作咎犯）即春秋时晋国的大夫、晋文公重耳之舅父狐偃（约前715年~前629年）。公元前636年春天，秦穆公派兵护送在外流亡多年的重耳回国，到达黄河岸边时，花甲之年随重耳流亡的舅犯拿了一块宝玉献给公子重耳并说："我跟随您周游天下，过错也太多了。我自己都知道，何况您呢？我请求从这时离去吧。"重耳与舅犯明誓说："如果我回到晋后，有不与您同心的，请河伯作证！"说完重耳就把璧玉扔到黄河中。"亡"作"离开"。

【原文】

注　"圣人"至"法也"

正义曰：此依《孔传》也。圣人规模（规模：规范）天下，法则（法则：犹"约束"）兆民，敢有非毁之者，是无（无视）圣人之法也。

注　"善事"至"亲也"。

正义曰：孝为百行之本。敢有非毁之者，是无亲爱之心也。

注　"言人"至"之道"。

正义曰：言人不忠於君、不法（尊效）於圣、不爱於亲，此皆为不孝，乃是罪恶之极。故经以"大乱"结（总结）之也。

广要道章第十二

【原文】

邢疏　正义曰：前章明（阐明）不孝之恶，罪之大者及（言及）要君、非圣人，此乃礼教不容。广宣（广宣：推广宣扬）要道以教化之，则能变而为善也。首章略（简略）云至德要道之事，而未详悉（详悉：详尽而周密完备），所以于此申（重申）而演（阐发）之，皆云"广"也。故以名章，次《五刑》之后。

"要道"先于"至德"者，谓以要道施化（施化：实施教化），化行（化行：教化成为行动）而后德彰（彰显），亦明（说明）道德相成（道德相成：道与德相辅相成），所以互为先后也。

孝经　子曰："教民亲爱，莫善于孝；教民礼顺，莫善于悌。

御注　言叫人亲爱礼顺（以礼顺从尊长），无加（无加：莫过于）于孝、悌也。

孝经　移风易俗，莫善于乐。

御注　风俗移易（变），先入（渗入）乐声。变随（变随：变化依从）人心，正由（正由：正直来自）君德（君德：人主的德行或恩德）。正之与变，因乐而彰①，故曰"莫善于乐"。

【注释】

①正之与变，因乐而彰：君王的"正"与百姓的"变"，随"乐"的影响而显现。

【原文】

孝经　安上治民，莫善于礼。御注　礼所以正（确定）君臣、父子之别（区别），明（明确）男女、长幼之序，故可以安上化（融合）下也。

邢疏　正义曰：此夫子述广要道之义。言君欲教民亲于君而爱之者，莫善于身自（身自：自身）行孝也，君能行孝，则民效之，皆亲爱（亲爱：亲近喜爱）其君；欲教民礼于长（长官）而顺（顺从）之者，莫善于身自行悌也，人君行悌，则人效之，皆以礼顺从其长也；欲移易风俗之弊败（弊败：丑陋，败坏）者，莫善于听乐而正之；欲身安于上，民治于下者，莫善于行礼以帅（带头）之。

注 "言教"至"悌也"

正义曰：言欲民亲爱于君，礼顺于长者，莫善君身自行孝悌之善也。

注 "风俗"至"于乐"

正义曰：云"风俗移易，先入乐声"者，子夏《诗序》①云："风，风（风俗）也，教（教化）也。"风以动（感动）之，教以化（感化）之。韦昭曰："人之性（本性）系（承接）于大人（大人：长者），大人风声（风声：风教；好的风气），故谓之'风'。随其趋（取）舍之情欲（情欲：指喜好和欲望），故谓之'俗'。"

【注释】

①《诗序》：为《毛诗序》的简称，有"大序""小序"之分。一般认为列在各诗之前、解释各篇主题的为"小序"，概论全经的大段文字为"大序"。关于《诗序》的作者，历来众说纷纭。郑玄认为"大序"子夏作，"小序"子夏、毛公合作，对此魏晋以来无异议。唐人所修《隋书·经籍志》以为《诗序》子夏所创，毛公、卫宏又作增益润色。

【原文】

《诗序》又曰："至于王道衰，礼义废，政教失，国异政（异政：各自为政），家殊俗（殊俗：风俗各异），而《变风》《变雅》①作（产生）矣。"是"入乐声"之义也。

云："变随人心，正由君德"者，《诗序》又曰："国史（国史：国家的史官）明乎（明乎：说明）得失之迹（事迹），伤（忧虑）人伦之废（败坏），哀（哀叹）刑政（刑政：刑法政令）之苛（苛刻），吟咏（吟诗唱颂来抒发）性情，以风（通讽）其上②。"故《变风》发乎情（内在的情感），止乎礼义。发乎情，民之性也；止乎礼义，先王之泽（恩泽）也。以斯（此）言之，则知乐者本于情性（情性：本性），声者因乎政教（因乎政教：与刑赏教化相关），政教失则人情（情性）坏，人情坏则乐声移（变），是"变随人心"也。国史明（明白）之，遂吟以风（通讽）上也。受其风，上而明其失（过失），乃行礼义以正（纠正）之，教化以美之。上政既和，人情自治（有规矩），是"正由君德"也。

【注释】

①《变风》《变雅》：出自《诗·大序》，与"正风""正雅"相对。"正"与"变"的划分不以时间为界，而是以"政教得失"来分的。"正风""正雅"是西周王朝兴盛时期的作品，"变风""变雅"是西周王朝衰落时期的作品。

②以风其上：用以讽谏上面的统治者。风：讽喻，教化。

【原文】

云"正之与变，因乐而彰，故曰莫善于乐"者，《诗序》又曰："治世（治世：和平昌盛之世）之音，安以乐（安以乐：祥和而使人愉悦），其政和（政和：政治和谐）；乱世之音，怨以怒（怨以怒：怨恨而愤怒），其政乖（邪恶）；亡国之音，哀以思（哀以思：悲伤而哀思），其民困（穷苦、艰难）。"

又《尚书·益稷》篇：舜曰："予（我）欲闻六律①、五声②、八音③，在治忽（治忽：治理与忽怠）。"孔安国云："在，察（理察）。天下治理及忽怠（忽怠：疏忽懈怠）者，皆是因乐而彰也。"

【注释】

①六律：相传黄帝时伶伦截竹为管，以管之长短分别声音的高低清浊，曰律。乐器的音调皆以此为准。十二律管确定乐音的高低，由低至高的顺序是：黄钟、大吕、太簇、夹钟、姑洗、中吕、蕤宾、林钟、夷则、南吕、无射、应钟。其中奇数为阳类，称六律；偶数为阴类，称六吕。

②五声：又叫"五音"，指中国古乐基本音阶"宫、商、角、徵、羽"。

③八音：我国古代对乐器的统称，通常为金、石、丝、竹、匏、土、革、木八种不同质材所制。

【原文】

案：《礼记》云："大乐（大乐：典雅庄重的音乐）与天地同和（同和：彼此和谐、相互协和）。"则自生人（生人：人出生）以来，皆有乐性也。

《世本》①曰："伏羲（伏羲：古代传说中的三皇之一）造琴瑟。"则其乐器渐（起始）于伏羲也。史籍皆言，黄帝乐曰《云门》，颛顼曰《六英》，帝喾曰《五茎》，尧曰《咸池》，舜曰《大韶》，禹曰《大夏》，汤（商开国之君）曰《大濩》，武（周武王）曰《大武》②，於（关于）乐之声节（声节：音声节奏），起自黄帝也。

【注释】

①《世本》：相传为战国时赵国史官所作，原为十五篇，内容主要是记载黄帝以来至春秋时列国诸侯大夫的氏姓、世系、居（都城）、作（制

作）等。

②《云门》：古祭祀天神的乐舞，属周《六舞》之一。

《六英》：古乐名，相传为颛顼之乐。

《五茎》：相传为帝喾之乐。

《咸池》：相传为尧乐，一说为黄帝之乐，尧增修沿用。

《大韶》：舜时乐官夔所作的诗、乐、舞三位一体的乐曲，有钟、磬、琴、瑟、管、笙、箫、鼗、鼓、柷、敔、镛等乐器。有人唱其辞，有人扮演鸟兽、凤凰而起舞。是祭四方山川湖海的乐舞。

《大夏》：歌颂夏禹治水的乐舞。

《大濩》：歌颂商汤伐桀后天下安宁的乐舞。汤灭夏，自立为王，命伊尹所作。

《大武》：是周代编创的歌颂武王伐纣获得胜利的乐舞，属周《六舞》之一。

【原文】

注 "礼所"至"下也"

正义曰：云"礼所以正君臣、父子之别，明男女、长幼之序"者，此依魏注也。《礼》（《礼记》）云"非礼（非礼：无礼仪制度）无以辨（区分）君臣、上下、长幼之位（排序），非礼无以辨男女、父子、兄弟之亲（亲疏）"是也。

云"故可以安上化下也"者，释"安上治民"也。

《乐记》云：礼殊事而合敬；乐异文而同爱①。敬爱之极是谓（是谓：称之为）"要道"；神而明之（神而明之：从精神层面上说）是谓"至德"。故必由斯（这）人以宏（显扬光大）斯敬，而后礼乐兴焉，政令行焉。以盛德（盛德：崇高品德）之训（教诲）传于乐声，则感人深而风俗移易；以盛德之化（教化）措（施行，施与）诸礼容（礼容：礼节法度），则悦（通"悦"）者众（多）而名教（名教：名声与教化）著明（著明：显著）。蕴（蕴藏）乎其乐，章（通"彰"，彰显）乎其礼，故相待而成（相待而成：犹和谐相处）矣。然则《韶》乐存于齐（齐国）而民不为之易（不为之易：不为所动），《周礼》备（存在）于鲁（鲁国）而君不获（不获：不得）其安，亦（也就是）政教失其极（失其极：错失到极端）耳。夫岂（夫岂：这怎么是）礼乐之咎（错）乎？

【注释】

①礼殊事而合敬，乐异文而同爱：原文出自《乐记·乐论》。孔颖达疏："尊卑有别，是殊事；俱行于礼，是合敬也。"意思说礼用以规定人高低贵贱之差别，使人们相互敬重。乐用不同艺术形式来影响人心，使人们相互亲近。

【原文】

孝经　礼者，敬而已矣。

御注　敬者，礼之本也。

孝经　故敬其父则子悦；敬其兄则弟悦；敬其君则臣悦；敬一人而千万人悦。

御注　居上敬下，尽得欢心，故曰"悦"也。

孝经　所敬者寡，而悦者众，此之谓要道也。音义　要，因妙反。

邢疏　正义曰：此承上"莫善于礼"也。

言"礼者，敬而已矣"，谓礼主（本）于敬也。又明（说明）敬功（功效）至（特别）广，是要道也。其要（要点）正以（因）为天子敬人之父则其子皆悦，敬人之兄则其弟皆悦，敬人之君则其臣皆悦。此皆敬父兄及君一人，则其子弟及臣千万人皆悦。故其"所敬者寡，而悦者众"。即前章所言"先王有至德要道"者，皆此义之谓也。

注　"敬者，礼之本也"

正义曰：此依郑注也。按《曲礼》①曰"毋（不可以）不敬"是也。

【注释】

①《曲礼》：《礼记》篇名。以其委曲说吉、凶、宾、军、嘉五礼之事。"曲"为细小的杂事，"曲礼"是指具体细小的礼仪规范。

【原文】

注　"居上"至"悦也"。

正义曰：云"居上敬下"者：

按：《尚书·五子之歌》①云："为人上者，奈何不敬？"谓居上位，须敬其下。

云"尽得欢心，故曰悦也"者，言得欢心则无所不悦也。

按：《孝治章》云"故得万国百姓及人之欢心"是也。

旧注云"一人，谓父、兄、君。千万人，谓子、弟、臣也"者，此依《孔传》也。一人指受敬之人，则知谓"父、兄、君"也。千万人指其喜悦者，则知谓"子、弟、臣"也。夫子、弟及臣，名何啻（不止）千万？言千万人者，举其大数也。

【注释】

①《尚书·五子之歌》：《史记·夏本纪》有"帝太康失国，兄弟五人

须于洛汭，作《五子之歌》。"据《尚书》记载，夏禹的孙子太康担任领袖不称职，被罢免，他的五个兄弟怨恨，于是追述大禹的教导，写了一组诗歌，名《五子之歌》。

《孝经注疏·卷六》考证

【原文】

孝经　"孝子之事亲也"。

考证　古文无"也"字。

孝经　"三者不除"。

考证　古文句上有"此"字。

孝经　"移风易俗，莫善于乐"。《疏》：于乐之声，节起自黄帝也。

考证　臣照按：或疑《钩命决》曰："伏羲乐为《立基》，神农乐为《下谋》，祝融乐为《祝续》①，则乐非直（非直：不是）起自黄帝，但乐生于律②，律起于伶伦③，则黄帝以前，自不得（可能）有乐。《纬书》④凿空（凿空：无据的穿凿附会）往往如是（如是：这样），邢昺作疏非不考（非不考：不是不经考证）而漫为（漫为：随意）是（这样）说也。

孝经　"此之谓要道也"。

考证　古文无"也"字。

【注释】

①伏羲乐为《立基》：伏羲时代的乐舞名《立基》。亦名《扶来》《立

中华传世藏书

孝经诠解

唐玄宗注《孝经》

八四五

本》《立基》《荒乐》。那时的音乐以敲瓦盆、敲兽皮、敲石器作为歌舞的节拍，至于弦乐当限于单弦的乐弓（即弓弦）前面说"伏羲作琴瑟"为后人的理想化。

神农乐为《下谋》：炎帝号神农氏，乐舞《下谋》亦称《扶犁》《扶持》，传说是神农令一个善舞的下属部落领袖刑天氏创作的，故名为《下谋》。

祝融乐为《祝续》：祝融是中国上古神话人物，号赤帝，后人尊为火神。有说祝融是古时三皇之一。据山海经记载，祝融的居所是南方的尽头，是他传下火种，教人类使用火的方法。另一说祝融为颛顼帝孙重黎，高辛氏火正之官，黄帝赐他姓"祝融氏"。《祝续》为乐舞名。

②乐生于律：音乐由节律而形成。"律"是古代用竹管或金属管制成的定音仪器。以管的长短确定音阶高低。

③伶伦：传说为黄帝时的乐官，古以为乐律的创始者。《吕氏春秋·古乐》："昔黄帝令伶伦作为律。"

④纬书：汉代依托儒家经义宣扬符箓瑞应占验之书。相对于经书，因此称纬书。

《孝经注疏》卷七

广至德章第十三

【原文】

邢疏　正义曰：首章标"至德"之目，此章明"广至德"之义，故以名章。次《广要道》之后。

孝经　子曰："君子之教以孝也，非家至而日见之也。

御注　言教不必家到户至（家到户至：到家家户户），日见而语（日见而语：每天面授）之。但（只要）行孝于内，其化（影响）自流（表现）于外。

孝经　教以孝，所以敬天下之为人父者也；教以悌，所以敬天下之为人兄者也。

御注　举孝悌以为教，则天下之为人子弟者，无不敬其父兄也。

孝经　教以臣，所以敬天下之为人君者也。

御注　举臣道（臣道：为臣之道）以为教，则天下之为人臣者，无不敬其君也。

音义　曰，人实反，注同。语，鱼据反。但，音"诞"。皆放此，读为"檀"（此为上古读音）非。

邢疏　正义曰：此夫子述"广至德"之义。言圣人君子教人行孝事其亲者，非（不是）家家悉至（悉至：都去到）而日见（日见：天天见面）之，但（只要）教之以孝，则天下之为人父者，皆得其子之敬也；教之以悌，则天下之为人兄者，皆得其弟之敬也；教之以臣，则天下之为君者，皆得其臣之敬也。

注　"言教"至"于外"

正义曰：此依郑注也。《祭义》所谓孝悌发（提出）诸（於）朝廷，行乎道路（行乎道路：意为通过传播），至乎闾巷（闾巷：里巷，乡里。泛指民间），是流于外。

注　"举孝"至"父兄也"

正义曰：云"举孝悌以为教"者，此依王注也。

案：《礼记·祭义》曰："祀乎（祀乎：祭祀在）明堂，所（用）以教诸侯之孝也；食（奉养）三老五更[1]于太学（太学：古代最高学府，即国学），所以教诸侯之悌也。"此即谓发乎朝廷，至乎州里[2]是也。

云"则天下之为人子弟者，无不敬其父兄也"者，言皆敬也。

案：旧注用应劭③《汉官仪》④云"天子无父，父事三老，兄事五更⑤"，乃以事父事兄为教孝悌之礼。

案：《礼》教敬自有明文（明文：明文规定）。假今（假今：借用现在）天子事三老盖同（盖同：相似于）庶人倍年以长之敬⑥，本非教孝子之事，今所不取也。

【注释】

①三老五更：古代设三老五更之位，天子以父兄之礼养之。三老为古代掌教化之官，由五十岁以上者担任，乡、县、郡均曾先后设置。《礼记·礼运》："故宗祝在庙，三公在朝，三老在学。"五更：古代乡官名。用以安置年老致仕的官员。《魏书·尉元传》："卿以七十之龄，可充五更之选。"

②州里：古代二千五百家为州，二十五家为里。本为行政建制。后泛指乡里或本土。

③应劭：（约153—196年），东汉学者，字仲远，汝南郡南顿县（今河南项城）人。桓帝时名臣，官至司隶校尉，后任泰山郡太守。他博学多识，平生著作11种，136卷，现存《汉官仪》《风俗通义》等。

④《汉官仪》：应劭撰，关于汉代朝廷的礼仪、服饰制度。泛指正统的皇室礼仪、典章制度的著作。

⑤父事三老，兄事五更：因为天子是感天而生，故言无父，于是就如待奉父亲敬爱兄长一样对待担任三老五更的年老官员。

⑥倍年以长之敬：比自己年龄大一倍的就当作长辈来尊敬。

【原文】

注 "举臣"至"君也"

正义曰：此依王注也。

案：《祭义》云"朝觐（朝觐：谓臣子朝见君主。觐）所以教诸侯之臣也"者，诸侯，列国之君也。若朝觐于王，则身行臣礼。言圣人制此朝觐之法，本以（用来）教诸侯之为臣也。则诸侯之卿大夫，亦各放象（放象：仿效）其君而行事君之礼也。

刘炫以为将（要）教为臣之道，固（一定）须天子身行（身行：身体力行）者，按：《礼运》曰："故先王患（担心）礼之不达（通达）于下也，故祭帝于郊"，谓郊祭之礼，册祝④称（自称为）臣，是亦见天子以身率下（以身率下：以身作则）之义也。

【注释】

①册祝：把告神的话写在册上，读以祝告神。亦指写在册书上的祭告天地宗庙的祝词或写有祝词的册书。

【原文】

孝经 《诗》云："恺悌君子，民之父母。"

御注 恺，乐也。悌，易也。义取君以乐易（乐易：和乐平易）之道化人，则为天下苍生之父母也。非至德，其孰能顺民如此其大者乎！

音义 "《诗》云……"，此《大雅·生民之什·泂酌》篇之语。恺，本又作"岂"，同苦在反，乐也。悌，本又作"弟"，同徒礼反（一音待亦反）。

邢疏 正义曰：夫子既述至德之教已毕，乃引《大雅·洞酌》之诗以赞美之。恺，乐也；悌，易也。言乐易之君子，能顺民心而行教化，乃为民之父母。若非至德之君，其谁能顺民心如此其广大者乎？孰，谁也。

【原文】

按：《礼记·表记》①称："子（孔子）青之：'君子所谓仁者其难乎②？《诗》云："恺悌君子，民之父母。"恺以强（劝勉）教之，悌以说（敬重）安之。使民有父之尊，有母之亲，如此而后，可以为民父母矣。非至德其孰能如此乎？'"

此章于"孰能"下加"顺民"，"如此"下加"其大"者，与《表记》为异，其大意不殊。而皇侃以为并结《要道》《至德》两章，或失经旨也。刘炫以为《诗》美（称赞）民之父母，证（论证）君之行教，未证至德之大，故于《诗》下别（另外）起叹辞，所以异于余（其他）章。颇近之矣。

【注释】

①《礼记·表记》：《礼记》的撰写采自多种古籍遗说，内容极为庞杂，编排也较零乱，后人采用归类方法进行研究。东汉郑玄将49篇分为通论、制度、祭祀、丧服、吉事等八类。按郑《目录》云："名曰《表记》者，以其记君子之德，见於仪表。"此於《别录》属《通论》。

②君子所谓仁者其难乎：君子要具备仁德是比较难的。孔子认为"君子而不仁者有矣夫，未有小人而仁者也"。

【原文】

注 "恺乐"至"母也"。

正义曰："恺，乐"，"悌，易"，《释诂》文。

云"义取君以乐易之道化人，则为天下苍生之父母也"者，亦言引《诗》大意如此。

"苍生"，《尚书》文，谓天下黔首（黔首：古代平民以黑布裹头）苍苍然众多之貌（样子）也。孔安国以为"苍苍然生草木之处"，今不取也。

广扬名章第十四

【原文】

邢疏 正义曰：首章略言"扬名"之义而未审（详究），而于此广之，故以名章，次《至德》之后。

孝经 子曰："君子之事亲孝，故忠可移于君；

御注 以孝事君则忠。

孝经 事兄悌，故顺可移于长；

御注 以敬事长则顺。

孝经 居家理，故治可移于官。

御注 君子所居则化[1]，故可移于官（做官）也。

【注释】

[1]君子所居则化：君子所居之处周围的人都会受到其德行感化。语出

《论语·子罕》：“君子居之，何陋之有？”朱熹注曰：“君子所居则化，何陋之有？”（《四书集注》）

【原文】

孝经　是以行成于内，而名立于后世矣。”

御注　修（修习）上三德①于内，名自传于后代。

音义　长，丁丈反（注同）。治，直吏反。读“居家理故治”绝句②。行，下孟反。

【注释】

①上三德：指前面所说的“事亲孝，事君忠，事长顺”。

②读……绝句：即“读断”，古人明断向读的一种术语。

【原文】

邢疏　正义曰：此夫子广（展开来）述扬名之义。言君子之事亲能孝者，故资（凭借）孝为忠，可移孝行以事君也；事兄能悌者，故资悌为顺，可移悌行以事长也；居家能理者，故资治（严整）为政，可移於绩（事业）以施於官（作官）也。是以君子居（居家）能以此善行成之於内①，则令名（令名：美名）立于身没之后也。

先儒以为“居家理”下阙（通“缺”）一“故”字，御注加之。

【注释】

①成之於内：用以形成自己内在的品质。

【原文】

注 "以孝事君则忠"

正义曰：此一章之文义已见于上。

注 "以敬事长则顺"

正义曰：此依郑注也。亦（也和）《士章》之"敬、悌"义同，已具（古同"俱"，都）上释（上释：前注释）。然人之行敬，则有轻有重：敬父敬君则重也，敬兄敬长则轻也。

注 "君子"至"官也"

正义曰：此依郑注也。《论语》云："君子不器[1]"，言无所不施。

【注释】

[1]君子不器：君子不像器具那样，仅仅限于某一方面的作用。意思是说真正有能力的人不会去做具体的事，君子的最高使命是价值的承担者，而不是专业技术人员。语出《论语·为政》。

【原文】

注 "修上"至"后代"

正义曰：此依郑注也。三德，则（就是）上章云（所说）移孝以事於君，移悌以事於长，移理以施於官也。言此三德不失，则其令名常自传於（到）后世。

《经》云"立"而注为"传"者，"立"谓常有之名，"传"谓不绝之称。但（凡是）能不绝，即是常有之行，故以"传"释"立"也。

谏诤章第十五

【原文】

邢疏　正义曰：此章言为臣子之道，若遇君父有失，皆谏诤也。曾子闻《扬名》已（通"以"）上之义而问子"从父之令"，夫子以"令有善恶，不可尽从"，乃为述谏诤之事，故以名章。次《扬名》之后。

孝经　曾子曰："若夫慈爱、恭敬、安亲、扬名，则闻命矣。敢问：子从父之令，可谓孝乎？"

御注　事父有隐无犯，又敬不违①，故疑（怀疑）而问之。

【注释】

①有隐无犯，又敬不违：是说对待父母不能有所冒犯，可以有所保留真实想法，不能心里想什么就说什么，劝父母的言辞要恳切委婉，父母不接受，也要恭敬如初，绝对服从。

【原文】

音义　夫，音"符"。令，力政反。下及注皆同。

邢疏　正义曰：前章以来，唯论爱敬及安亲之事，未说规谏之道，故又假曾子之问曰：若夫慈爱、恭敬、安亲、扬名，则闻命矣。敢问子从父之教令亦可谓之孝乎？疑而问之，故称"乎"也。

寻（重温）上（前面）所陈（说），唯言敬爱，未及慈恭（慈恭：慈爱恭敬），而曾子并言"慈恭已闻命矣"者，皇侃以为："上陈爱敬则包扵慈恭矣。慈者孜孜（孜孜：不懈的样子），爱者念惜（念惜：惦记、珍惜），恭者貌（外在）多心（内在）少，敬者心多貌少。"如侃之说，则慈、恭、爱、敬之别（区别），何故云"包慈恭"也？或曰："慈者，接下（接下：对待晚辈）之别名；爱者，奉上（奉上：对待长辈）之通称。"

刘炫引《礼记·内则》说：子事父母，"慈以旨甘[1]"。《丧服四制》[2]云："高宗慈良於丧[3]。"庄子曰："事亲则孝慈。"此并施（并施：都是用于）於事上（长辈）。夫爱出于内，慈为爱体（体现）；敬生於心，恭为敬貌（表现）。此经（孝经）悉陈（悉陈：

新二十四孝图（十七）

全是说的）事亲之迹（事儿），宁有接下之丈[4]？夫子据心（内心）而为言，所以唯称"爱敬"；曾参体貌（体貌：犹"内外"）而兼取，所以并举"慈恭"。

如刘炫此言，则知慈是爱亲也，恭是敬亲也。"安亲"，则上章（指《孝治章》）云"故生则亲安之"。"扬名"，则上章（指《广扬名章》）云"扬名于后世"矣。

经称"夫"有六焉，盖发言之端（开端）也。一曰"夫孝，始于事亲"；二曰"夫孝，德之本"；三曰"夫孝，天之经"；四曰"夫然，故生则亲安之"；五曰"夫圣人之德"；此章云"若夫慈爱"，并却（还）明（表明）前理而下有其趣（旨趣、意思），故言"夫"以起之。刘瓛曰："夫犹凡（凡是）也"。

【注释】

[1]慈以旨甘：用爱敬之心给以美味的食物。

唐玄宗注《孝经》

②《丧服四制》：礼记的一篇，纪录丧服的四种制度。

③高宗慈良於丧：高宗即商朝第 23 位国王武丁。《史记·殷本纪》称："武丁修政行德，殷道复兴。"他将商王朝推向极盛，被称作"中兴之王"，亦称之为武丁大帝。他公元前 1250 年继位，但即位前三年一直不理朝政，有说法是他因孝顺在服丧。慈良：孝顺。

④宁有接下之丈：哪有说到长辈如何对待下辈的？丈：长辈。

【原文】

注　"事父"至"问之"

正义曰：《礼记·檀弓》云："事亲有隐而无犯"，以（因为）经云"从父之令"，故注（指御序所注）变"亲"为"父"。

按：《论语》云："事父母几谏（几谏：婉言劝谏），见志不从，又敬不违。"引此二文以成疑（以成疑：以便形成一个疑问），疏证（疏证：诠释考证）曾子有可问之端（由头）也。

孝经　子曰："是何言与？是何言与？

御注　有非（错）而从，成（造成）父不义，理所不可，故再（重复）言之。

孝经　昔者天子有争臣七人，虽无道，不失其天下；诸侯有争臣五人，虽无道，不失其国；大夫有争臣三人，虽无道，不失其家。

御注　降杀以两①，尊卑之差（差别）。"争"谓"谏"也。言虽无道，为（因为）有争臣，则终不至失天下、亡家国也。

孝经　士有争友，则身不离（失）於令名。

御注　令，善也。益者三友②，言受忠告，故不失其善名。

【注释】

①降杀以两：指天子、诸侯、大夫的争臣递次相差两个数。

②益者三友：有益的朋友有三种：正直的（友直）、宽容的（友谅）、见多识广的（友多闻）。语出《论语·季氏》："友直，友谅，友多闻，益矣。"。

【原文】

孝经　父有争子，则身不陷於不义。

御注　父失（错）则谏，故免陷于不义。

孝经　故当不义，则子不可以不争於父，臣不可以不争於君。

御注　不争，则非忠孝。

孝经　故当不义则争之。从父之令，又焉得为孝乎?"

音义　离，力智反。陷，没也。陷，从爪下。非，不同。焉，于虔反。

邢疏　正义曰：夫子以曾参所问於理乖僻（乖僻：反常、怪僻），陈谏诤之义，因乃（因乃：因此就）诮（责备）而答之曰：汝之此问"是何言与"? 再（重复）言之者，明（表明）其深（很是）不可也。

既诮之后，乃为曾子说必须谏诤之事，言臣之谏君，子之谏父，自古攸（久远）然。故言昔者天子治天下，有谏争之臣七人，虽复（再）无道，昧（昏庸）拎政教，不至失拎天下。言无道者，谓无道德。诸侯有谏争之臣五人，虽无道，亦不失其国也。大夫有谏争之臣三人，虽无道，亦不失拎其家。士有谏争之友，则其身不离远於善名也。父有谏争之子，则身不陷扵不义。故君父有不义之事，凡为臣子者，不可以不谏争。以此之故，当不义则须谏之。又结此以答曾子曰：今若每事从父之令，又焉得为孝乎? 言不得

（不得：不能这样）也。

按：曾子唯问从父之令，不指当时（当时：具体情况）而言。"昔者"，皇侃云："夫子述《孝经》之时，当（正当）周（周朝）乱衰（乱衰：混乱，衰落）之代，无此谏争之臣，故言'昔者'也。"

不言"先王"而言"天子"者，诸称先王皆指圣德之主。此言"无道"，所以不称"先王"也。

注　"有非"至"不义"。

正义曰：言父有非，子从而行，不谏是成父之不义。

云"理所不可，故再言之"者，义见於上。

注　"降杀"至"国也"。

正义曰：《左传》云："自上以下，降杀以两，礼也。"谓天子尊（地位高），故七人；诸侯卑於天子，降两，故有五人；大夫卑於诸侯，降两，故有三人。

《论语》云："信（互相信任）而后谏。"《左传》云："伏死（伏死：甘愿舍命）而争。"此盖（都是）谓极谏（极谏：尽力规劝）为争也。若（比如）随无道，人各有心，鬼神乏主，季梁犹在，楚不敢伐①，是有争臣不亡其国。举中而率②，则大夫、天子从（听从）可知也。不言国家，嫌（近似）如独指一国也。国则诸侯也，家则大夫也。注贵省文（贵省文：讲究文字简练），故曰"家、国"也。

【注释】

①随无道……楚不敢伐：季梁又称季氏梁、季仕梁，是春秋初年的随国王公或者大夫，杰出的政治家，军事家，思想家。他辅佐随侯期间对随楚关系格局影响重大，其"修政而亲兄弟之国"的政治主张以及"避实击虚"

的军事策略使随国成为"汉东大国",被周天子称为"荆蛮"的楚国虽三次征伐随国,皆"结盟而还"。可当时的随侯是无道昏君,搞得国内人心惶惶,六神无主。他对季梁诸多治国方略始纳后弃,致使四面树敌,前690年在与楚国青林山一役中丧国辱邦。作为亡国之臣的季梁因此郁郁而终。

②举中而率:举恰当的事例来直接说明。

【原文】

案:孔、郑二注及先儒所传并引《礼记·文王世子》以解七人(七人:指天子争臣人数)之义。

案:《文王世子记》曰:"虞、夏、商、周,有师保[①],有疑丞[②]。设四辅[③]及三公[④],不必备惟(不必备惟:不一定都是)其人(指争臣)。"

【注释】

①师保:任辅弼帝王和教导王室子弟的官,有师有保,统称"师保"。

②疑丞:亦作"疑承"。古代供天子咨询的四辅中的二臣,后泛指辅佐大臣。

③四辅:相传古代天子身边的四个辅佐官。《益稷》称"四邻",《史记·夏本纪》作"四辅"。

④三公:古代中央三种最高官衔的合称。周以太师、太傅、太保为三公。秦设三公:丞相、御史大夫和太尉。丞相辅佐皇帝治理天下;御史大夫负责监察百官;太尉主持军事。西汉以丞相(大司徒)、太尉(大司马)、御史大夫(大司空)为三公;东汉以太尉、司徒、司空为三公。

【原文】

又《尚书大传》①曰："古者天子必有四邻（四邻：见前"四辅"注），前曰"疑"，后曰"丞"，左曰"辅"，有曰"弼"。天子有问无对（有问无对：有问题不解），责（问）之疑；可志而不志（可志而不志：能否定为准则），责之丞；可正而不正（可正而不正：是否该治罪），责之辅；可扬（褒扬）而不扬，责之弼。其爵（爵位、官位）视（比照）卿，其禄（俸禄）视次国（次国：诸侯小国）之君。"《大传》（指《尚书大传》）四邻则见之四辅，兼三公，以充七人之数。

诸侯五者，《孔传》指天子所命（任命）之孤②及三卿与上大夫③。王肃指三卿、内史、外史④，以充五人之数。

大夫三者，《孔传》指家相（家相：卿大夫家中的管家），室老，侧室⑤，以充三人之数。王肃无侧室，而谓邑宰（邑宰：县邑之长，即县令）。斯并（斯并：这都是）以意（以意：想当然）解说，恐非经义。

【注释】

①《尚书大传》：是对尚书的解释性著作，作者和成书时间均无法完全确定。目前只有后人辑本传世。旧题汉·伏胜撰，一般认为是伏生（《史记》集解称"伏生名胜，伏氏碑云"，但生和胜本通假）的学生张生及欧阳生根据他的解说写成，大概为前200年到前100年之间。书中内容很多只是以尚书为引子，阐发各种奇谈怪论，所以也有学者认为此书为汉代纬书之滥觞。《四库全书》也归之为纬书之属，附诸经解之末。

②孤：古代官名，地位在三公之下。

③三卿与上大夫：三卿指天子直接任命的"司徒，司马，司空"。上大

夫是比卿低一级的（大夫分上中下三等）官员。

④内史：协助天子管理爵、禄、废、置等政务。外史：掌管京畿以外的王令、四方地志等。

⑤室老，侧室：古诸侯置卿大夫，称"家臣"。家臣之长为"室老"。卿又置"侧室"，管宗族事，选旁支者充任，故名。

【原文】

刘炫云："案下文云'子不可以不争於父，臣不可以不争於君'，则为子为臣，皆当谏争，岂独大臣当争，小臣不争乎？岂独长子当争其父，众子不争者乎？若父有十子，皆得谏争。王有百辟（百辟：百官），惟许（区区）七人，是天子之佐（辅佐）乃少於匹夫（匹夫：平民百姓）也。"

又按《洛诰》①云成王谓周公曰："诞保文武受民②，乱为四辅③。'《冏命》⑤穆王命伯冏⑥：'惟予（我）一人无良（无良：不好），实赖左右前后有位（职位）之士匡其不及（匡其不及：纠正其不到之处）。'据此而言，则左右前后，四辅之谓也。'疑、丞、辅、弼"，当指於诸臣，非是别（另外）立官也。'"

【注释】

①《洛诰》：《尚书·周书》中的一篇。文中涉及了成王即政、周公监洛等一系列重大史事，而且提供了西周开国年代的可靠线索。

②诞保文武受民：意思是大力治理文治与武事，以接受天帝所授之民。诞保：大力治理。受民：天帝所授之民，封建帝王将其统治之民视为天赐。

③乱为四辅：混乱是因为四辅不力。"乱"指周朝夺取政权之初，未能建立起自己的礼乐制度，沿用殷人的制度，因此造成各地秩序的混乱。

④《冏命》：《尚书》的一篇。周朝第五帝穆王在位期间，国家政治衰微，他怜惜文王、武王的德政遭到了损害，就命大臣伯同谨慎地告诫太仆（九卿之一）执行好国家的政策，提倡文武之道，写下了《冏命》。伯冏所作的《冏命》，是铸在簋（一种"敦"形的器物）上的铭文，表达了穆王祈求祈求国运长久的心愿。

【原文】

谨按：《周礼》不列"疑、丞"；《周官》历叙（历叙：遍列）群司（群司：百官）；《顾命》①总名（总名：统称）卿士（卿士：泛指官吏）；《左传》云"龙师"②"鸟纪"③；《曲礼》云"五官""六大"④：无言（无言：没说）疑、丞、辅、弼专掌谏争者。若使（若使：假如是）爵视於卿、禄比次国，《周礼》何以不载？经传何以无文？且伏生《大传》以"四辅"解为"四邻"，孔注《尚书》以"四邻"为前后左右之臣，而不为"疑、丞、辅、弼"，安（哪里）得又采其说也？

【注释】

①《顾命》：《尚书》的篇名。取临终遗命之意。后因称帝王临终前的遗诏为顾命。

②龙师：传说伏羲氏时，有龙马衔图之瑞，乃以龙命名其百官师长，曰"龙师"。《汉书·百官公卿表上》："以为宓羲龙师名官。"颜师古注引应劭曰："师者长也。以龙纪其官长，故为龙师。"

③鸟纪：传说少嗥氏以鸟纪官，以鸟名官。

④六大：商周时六种官职之总称。《礼记·曲礼下》："天子建天官，先六大，曰大宰、大宗、大史、大祝、大士、大卜，典司六典。"亦称"六

卿”。

【原文】

《左传》称昔周辛甲[①]之为太史[②]也，命百官官箴（官箴：众官对帝王进行劝诫。箴）王阙（王阙：君王的过失）。师旷[③]说匡谏（匡谏：匡正谏诤）之事："史为书（史为书：史官写文章），瞽（古以盲者为乐官）为诗，士诵箴谏（诵箴谏：诵说规劝讽谏之辞），大夫规诲（规诲：规劝开导），士传言（传言：向大夫传话），官师（官师：百官。官以职言，师以道言）相规（规劝），工执艺事以谏[④]'"。此则凡在人臣，皆合（都应该）谏也。

夫子言天子有天下之广，七人则足以见谏争功（功效）之大，故举少（举少：举小数）以言之也。然父有争子，士有争友，虽无定数，要一人为率（为率：为代表）。自下而上，稍增二人，则从上而下，当如礼（礼数）之降杀，故举七、五、三人也。

刘炫之谠义（谠义：直截了当的意思）杂合（杂合：集合、聚集）通途（通途：指所有的含义），何者？传载（传载：俗话说的）忠言比於药石（治病的砭石）逆耳苦口，随要（需要）而施。若指不备（不备：不完备，不足）之员（定数的人，人员），以匡无道之主，欲求不失，其可得（行）乎？先儒所论，今不取也。

【注释】

①辛甲：西周初年史官。原事商纣王，尝向纣七十五谏，纣不听，就去了周。复由召公推荐任周太史。曾倡议百官群臣各献箴言，劝王行善补过。

②太史：西周、春秋时掌记载史事、编写史书、起草文书，兼管国家典籍和天文历法的官。

③师旷：字子野，山西洪洞人，春秋时著名乐师。他生而无目，故自称盲臣、暝臣。为晋大夫，博学多才，尤精音乐，善弹琴，辨音力极强。以"师旷之聪"闻名于后世。

④工执艺事以谏：工匠呈献技艺作品来作为劝谏。

【原文】

注 "令善"至"善名"

正义曰：云"令，善也"者，《释诂》文。

云"益者三友"者，《论语》文，即"友直、友谅、友多闻，益矣"是也。

云"言受忠告，故不失其善名"者，《论语》云："子贡问友，子曰：'忠告而善道（善道：善于引导）之。'"言善名为受忠告而后成也。大夫以上皆云"不失"，士独云"不离"，不离，即不失也。

注 "父失"至"不义"

正义曰：此依郑注也。

案：《内则》云："父母有过，下气怡色（下气怡色：细声和悦），柔声以谏。谏若不入，起（更）敬起孝，说则复谏①。"《曲礼》曰："子之事亲也，三谏而不听，则号泣（号泣：大哭）而随之。"言父有非，故须谏之以正道，庶（但愿，或许）免陷於不义也。

【注释】

①说则复谏：等他们高兴了再劝说。

《孝经注疏·卷七》考证

【原文】

孝经　教以孝，所以敬，天下之为人父者也；教以悌，所以敬，天下之为人兄者也；教以臣，所以敬，天下之为人君者也。

考证　古文无三"也"字。

孝经　广扬名章

考证　古文此章在明王事父母章下，而此章下有"子曰：'闺门之内，具礼已乎？严父、严兄、妻、子、臣、妾，犹百姓徒役也。'"二十四字别为闺门章。吴澄曰："闺门章不唯不类圣言，亦不类汉儒语，是后儒伪作明甚。"

孝经　是以行成於内

考证　朱子刊误本"以"作"故"。

孝经　则闻命矣

考证　古文"则"作"参"。

孝经　敢闻子从父之令

考证　古文无"子"字。

孝经　是何言与

考证　古文句下有"言之不通也"五字。

孝经　不失天下

考证　古文"失"下有"其"字。

孝经　则子不可以不争于父，臣不可以不争于君

考证　古文二"不"字皆作"弗"。

孝经　又焉得为孝乎

考证　古文无"又"字。

《孝经注疏》卷八

感应章第十六

【原文】

邢疏　正义曰：此章言"天地明察，神明彰（显灵）矣"，又云"孝悌之事，通於神明"，皆是应感之事也。前章论谏争之事，言人主（人主：指君王）若从谏争之善，必能修身慎行，致（达到，得到）应感之福，故以名章，次於《谏争》之后。

孝经　子曰："昔者，明王事父孝，故事天明；事母孝，故事地察。"

御注　王者父事天（父事天：事天如同事父），母事地，言能敬事（敬事：恭敬侍奉）宗庙，则事天地能明察也。

孝经　长幼顺，故上下治。

御注　君能尊诸父①，先诸兄，则长幼之道顺，君人之化（君人之化：君对民的教化）理（不乱）。

孝经　天地明察，神明彰矣。

御注　事天地能明察，则神感至诚②而降福佑（福佑：幸福和护佑），故曰"彰"也。

【注释】

①诸父：古代天子对同姓诸侯、诸侯对同姓大夫，皆尊称为"父"，多数就称为"诸父"。语出《诗·小雅·伐木》："既有肥羜，以速诸父。"

②神感至诚：上天神灵会感知和顺的德行。"至诚"指极其和顺的德行。

【原文】

音义　长，丁丈反，注同。治，直吏反。

邢疏　正义曰：此章夫子述明王以孝事父母，能致感应之事。

言昔者明圣（明圣：明达圣哲）之王，事父能孝，故事天能明，言能明（懂得）天之道故。《易·说卦》①云："乾为天，为父。"此言事父孝，故能事天明，是事父之道通於天也。事母能孝，故事地能察，言能察（理解）地之理（本性）故。《说卦》云："坤为地，为母。"此言事母孝，故事地察，则是事母之道通於地也。

明王又於宗族长幼之中皆顺於礼，则凡在上下之人，皆自化（自化：自然被感化）也。

又明王之事天地既能明察，必致福应，则神明之功彰见（通"现"）。谓阴阳②和（相安，谐调），风雨时（合于时宜），人无疾厉（疾厉：瘟疫），天下安宁也。

经称"明王"者二焉：一曰"昔者，明王之以孝治天下也"，二即此章言"昔者，明王事父孝"，俱是圣明之义，与先王为一（一回事儿）也。言先王，示（表示）及远（及远：过去）也；言明王，示聪明也。

【注释】

①《易·说卦》：《说卦》为《周易》篇名，是阐述八卦取象大例的专论，也是探讨《易》象产生于推展的重要依据。

②阴阳：指宇宙间贯通物质和人事的两大对立面，天地间化生万物的二气。阴阳代表一切事物的最基本对立面。

【原文】

注 "王者"至"察也"

正义曰：云"王者父事天，母事地"者，此依王注义也。

案：《白虎通》云："王者，父天母地。"此言事者，谓移事父母之孝以事天地也。云"言能敬事宗庙，则事天地能明察也"者，谓蒸尝以时①，疏数合礼（疏数合理：疏密符合礼数），是敬事宗庙也。既能敬宗庙，则不违犯天地之时。

若（如）《祭义》曾子曰："树木以时（以时：按时间）伐焉，禽兽以时杀焉。"夫子曰："断一树，杀一兽，不以其时，非孝也。"

又《王制》②曰："獭祭鱼（省作獭祭；獭食鱼往往只吃一两口就抛在水边，如同陈列供品祭祀），然后虞人（虞人：古掌山泽苑囿之官）入泽梁（泽梁：用石筑成拦水捕鱼的堰）；豺祭兽（深秋时豺杀兽以备冬食，陈于四周，如人陈物而祭），然后田猎（田猎：狩猎）；鸠（鸠鸽科的鸟）化为鹰（化为鹰：死于鹰），然后设罻罗②；草木零落（零落：凋谢），然后入山林；昆虫未蛰（冬眠），不以火田（火田：以火焚烧草木而田猎）"。此则令（政令）无大小，皆顺天地，是事天地能明察也。

【注释】

①蒸尝以时：指秋冬按时二祭。冬祭曰蒸，秋祭曰尝。

②罻罗：捕鸟的网。罻：小网。罗：用网捕捉。

【原文】

注　"君能"至"化理"

正义曰：此言明王能顺长幼之道，则臣下化之而自理也，谓放效（放效：模仿、效法）於君。

《书》（指《尚书》）曰："违（通'韪'，赞赏）上所命，从（依从）厥（其）攸（所）好。"是效之也。

注　"事天"至"彰也"

正义曰：諴，和也。言事天地若能明察，则神祇（神祇：指天神和地神，神明。祇：地神）感其至和（至和：极和谐），而降福应以祐助（祐助：保佑，佐助）之，是神明之功彰见也。

《书》云："至诚感神。"又《瑞应图》①曰："圣人能顺天地，则天降膏露（膏露：犹甘露），地出醴泉（醴泉：甜美的泉水）。"《诗》云："降福穰穰（穰穰：丰熟貌）。"《易》曰："自天祐之，吉无不利。"注约（概括简约）诸文以释之也。

按：此则神感至和，当为"至諴"，今定本作"至诚"，字之误也。

【注释】

①瑞应图：公元 1126 年，宋靖康元年，金军攻入宋都东京，钦宗赵桓

及太上皇赵佶成阶下囚，北宋灭亡。徽宗另一位儿子康王赵构登上帝位，偏安一隅，为南宋高宗皇帝。因为未经正常的禅位，高宗为宣传自己是真命天子以巩固皇位，便授意宠臣曹勋编写所谓"瑞应"故事，说他登座乃"上天照鉴，应运而兴，非群策群力之所能争。"并以此"宣谕臣民"，"感化人心，日靖四方"，更梦想用所谓的瑞应神异，"骇服强敌"。为强化宣教，他又命宫廷画师李嵩根据曹勋的文字，分别配以图画，这就是传之后世的《宋高宗瑞应图》。

【原文】

孝经　故虽天子，必有尊也，言有父也；必有先也，言有兄也。

御注　父谓诸父，兄谓诸兄，皆祖考之胤（子孙后代）也。

礼（礼节要求），君（指国君）燕（通"宴"。宴请）族人与父兄齿（依次并列）也。

孝经　宗庙致敬，不忘亲也。

御注　言能敬事宗庙，则不敢忘其亲也。

孝经　修身慎行，恐辱先也。

御注　天子虽无上（无上：最高）於天下，犹（仍然要）修持（修持：修养和约束）其身，谨慎其行，恐辱先祖而毁盛业也。

孝经　宗庙致敬，鬼神（见顺治本第59页注⑤）著矣。

御注　事宗庙能尽敬，则祖考来格（来格：来临。格：至），享於克诚（享于克诚：感受到至诚），故曰著也。

孝经　孝悌之至，通於神明，光于四海，无所不通。

御注　能敬宗庙，顺长幼，以极（竭尽）孝悌之心，则至性（至性：天赋的好品性）通於神明，光于四海，故曰"无所不通"。

音义　悌，大计反。

邢疏　正义曰："故"者，连上起下之辞。以上文云"事父孝"，又云"事母孝"，又云"长幼顺"，所以於此述尊父先兄之义以及致敬与修身之道，兼言鬼神之著，孝弟（通"悌"）之至，无所不通也。

言王者虽贵为天子，於天下宗庙之中，必有所尊之者，谓天子有诸父也。必有所先之者，谓天子有诸兄也。宗庙致敬，是不忘其亲；修身慎行，是不辱其祖考。故能致敬於宗庙，则鬼神明著（明著：显灵）而歆享（歆享：神灵享受供物。歆：飨，嗅闻）之。是明王有孝悌之至性，感通神明，则能光于四海，无所不通。然《谏净》兼有诸侯大夫，此章唯称王者，言王能致应感，则诸侯已下，亦当自勉勖（勉励）也。

注　"父谓"至"齿也"

正义曰：云"父谓诸父，兄谓诸兄"者，父之昆（兄）弟曰伯父、叔父，己之昆曰兄，其属非一（非一：不是一个），故言"诸"也。《诗》曰"以速（招，请）诸父"，又曰"复（还有）我诸兄"是也。

云"皆祖考之胤也"者：

案：《曲礼》曰："父死曰考。"言父以上，通谓之祖考。胤，嗣（后代）也。谓其庙未毁，其胤皆是王者之族亲也。

云"礼：君燕族人，与父兄齿也"者，此依《孔传》也。

案：《诗序·角弓》[1]："父兄刺幽王[2]，盖谓君之诸父诸兄也。"古者天子祭毕，同姓（同姓：指同祖的兄弟）则留之，谓与族人燕。故其诗曰："诸父兄弟，备言燕私（燕私：祭祀后的同族亲属私宴）。"郑《笺》[3]云："祭毕，归宾客之俎[4]，同姓则留与之燕。"是天子燕族人也。又《礼记·文王世子》云："若公（对男性长者或老人的尊称）与族燕，则异姓（异姓：此指姻亲）为宾（宾客），膳宰[5]为主人，公与父兄齿。"则知燕族人亦以尊卑为列，齿於父兄之下也。

【注释】

①《角弓》：《诗经·雅·小雅·鱼藻之什》之篇。

②父兄刺幽王：《角弓》诗中所刺（指责），是指为王室父兄指责王好近小人，不亲九族而骨肉相怨。该诗用角弓不可松弛暗喻兄弟之间不可疏远以及疏远王室父兄的危害，以父兄的口吻劝诱周王，只有自身行为合乎礼仪，才能引导小民相亲为善。

幽王（前795年—前771年），中国西周末代君主。周宣王四十六年（公元前782年）即位。幽王贪婪腐败，重用"为人佞巧，善谀好利"的虢石父，又废嫡立庶，废除申后及太子宜臼，立褒姒为后及其子伯服为太子，并加害宜臼，致使申侯、缯侯和犬戎各部攻周。幽王为烽火戏诸侯取悦褒姒，失信于诸侯，被犬戎兵杀死于骊山之下，西周灭亡。

③郑《笺》：郑玄对《毛诗》所做的解释。

④归宾客之俎：将宾客们拿来的祭品归拢一起。俎：供祭祀或宴会时用的四脚方形青铜盘或木漆盘，常陈设牛羊肉。

⑤膳宰：官名，食官之长，掌管王之饮食膳羞，相当于宴会主持人。

【原文】

注 "言能"至"亲也"

正义曰：按《礼记·文王世子》称："五庙①之孙，祖庙未毁，虽为庶人，冠②，取（通'娶'）妻必告，死必赴（通'讣'，讣告）"，是不忘亲也。《礼记·大传》称"其不可得（能够）变革者则有矣：亲亲（亲亲：爱亲人）也，尊尊（尊尊：尊敬尊长）也，长长（长长：以长为长）也"。亲亲故尊祖，尊祖故敬宗，敬宗故收族③，收族故宗庙严（威武，威严），言君致敬宗庙，则不敢忘其亲也。

【注释】

①五庙：古代诸侯立五庙，即父、祖、曾祖、高祖、始祖之庙。

②冠：本义是帽子。古代男子到二十岁要举行加冠礼，叫"冠"。此为成年之意。

③收族：谓以上下尊卑、亲疏远近之序团结族人。语出《仪礼·丧服》："大宗者，收族者也。不可以绝。"

【原文】

注　"天子"至"业也"

正义曰：云"天子虽无上於天下"者，此依王注也。

《礼·坊记》①云："天无二日，土无二王，家无二主，尊无二上"，谓普天之下，天子至尊也。

云"犹修持其身，谨慎其行，恐辱先祖而毁盛业也"者，按《礼记·祭义》云："父母既没，慎行其身，不辱先也。"盛业，谓先祖积德累功而有天下之业。上言"必有先也"，先，兄也；此言"恐辱先也"是先祖也。

【注释】

①《坊记》：为《礼记》篇名，分为三十章，每章各立名目。《坊记》通过记述孔子有关防范违德、违礼、不忠、不孝、犯上、乱伦、贪利等方面的言论，论述了人性的弱点和以防为主的必要性，提出了加强行政管理、道德教育、法制建设等方面的若干重要原则。

【原文】

注　"事宗"至"著也"

正义曰：云"祖考来格"者，《尚书·益稷》文。格，至也。言事宗庙能恭敬，则祖考之神来格。

《诗》曰："神保（神保：对先祖神灵的美称）是格（是格：此来），报以景福（景福：洪福、大福）。"亦是言神之至。

云"享於克诚，故曰著也"者：

"享於克诚"，《尚书·太甲》[①]篇文。《孔传》云："言鬼神不係（是）一人，能诚信者则享其祀。"则"祖考来格""享於克诚"，皆昭著（昭著：显著）之义。上言宗庙致敬，谓天子尊诸父，先诸兄，致敬祖考，不敢忘其亲也。此言宗庙致敬，述天子致敬宗庙，能感鬼神。虽同称致敬，而各有所属也。旧注以为事生者易，事死者难，圣人慎之，故重（重复）其文。今不取也。

上言"神明"，谓天地之神也，此言"鬼神"，谓祖考之神。《易》曰："阴阳不测之谓神。"先儒释云："若就三才相对，则天曰神，地曰祇，人曰鬼。"言天道玄远难可测，故曰神也；祇者，知也，言地去（离）人近，长育（长育：生长繁育）可知，故曰祇也；鬼者，归也，言人生於无，还归於无，故曰鬼也，亦谓之神。

按：《五帝德》[②]云"黄帝死，而民畏其神百年"是也。

上言神明，尊天地也。此言鬼神，尊祖考也。

【注释】

①《尚书·太甲篇》：《太甲》是伊尹教导商朝第4位王、太丁之子、

成汤嫡长孙太甲的三篇训辞。据《史记·殷本纪》记载：太甲继承帝位后三年，凶恶残酷，不遵守先祖成汤制定的法典，胡作非为，于是伊尹把他放逐到桐宫替中壬守丧。伊尹代理太甲处理国事，接受诸侯的朝见。太甲在桐宫守丧三年，悔过自新，于是，伊尹又把太甲迎接回国都，交还政权。从此太甲注重品德修养，诸侯都归附殷商，百姓过着安居乐业的生活。

②《五帝德》：出自《大戴礼记》，记载上古帝王世系。古代传说中有好几种"五帝"说，《五帝德》记载的五帝为黄帝、颛顼、喾、尧、舜五人。

【原文】

注　"能敬"至"不通"

正义曰：云"能敬宗庙，顺长幼，以极孝悌之心"者，敬宗庙为孝，顺长幼为悌，此极孝悌之心也。

云"则至性通於神明，光于四海"者，言至性如此，则通于神明，光於四海。

孝经　《诗》云："自西自东，自南自北，无思不服。"

御注　义取德教（德教：道德教化）流行，莫不服义（服义：服从道义）从化（从化：归从教化）也。

音义　"《诗》云……"，此《大雅·文王之什·文王有声》之文。

邢疏　正义曰：夫子述孝悌之行、爱敬之美既毕，乃引《大雅·文王有声》之诗以赞美之。

自，从也。夫从近及远，至於四方，皆感德化（德化：盛德教化），无有思而不服之者，以明"无所不通"。

《诗》今（此）文云："镐京辟雍①，自西自东，自南自北，无思不服。"

此则"雍""东""北""服"对句为韵（对句为韵：为了对仗句押韵）。而皇侃云："先言西者，此是周施德化从西起，所以文王为西伯，又为西邻，自西而东。"商纣恐非其西②也。

【注释】

①镐京辟雍：辟雍即西周天子在都城镐京所设的大学，校址圆形，围以水池，前门外有便桥。东汉以后，历代皆有辟雍。辟，通"璧"。

②商纣恐非其西：商纣王恐怕不是其所指的"西"。因为商汤灭夏后，新都东移于亳（今河南商丘），而夏朝的都城在阳城（现河南登封）。

【原文】

注 "义取"至"化也"

正义曰：此依郑注也。德化流行，则无不通；服义从化，即"无思不服"，言服明王之义，从明王之化也。

事君章第十七

【原文】

邢疏 正义曰：此章首言君子之事上（指君主），又言进（上朝）思尽忠，退（离去）思补过，皆是事君之道。孔子曰："天下有道则见，无道则隐①。"前章言明王之德，应感之美，天下从化，无思不服。此孝子在朝事君之时也，故以名章，次《感应》之后。

【注释】

①有道则见，无道则隐：语出《论语·泰伯》："笃信好学，守死善道。危邦不入，乱邦不居。天下有道则见，无道则隐。邦有道，贫且贱焉，耻也。邦无道，富且贵焉，耻也。"类似的话还有《卫灵公》篇"邦有道则仕，邦无道则卷而怀之"等，说的都是儒者出处仕隐的原则和标准：天下有道就出来做官，无道就放弃做官。此言如果不联系《论语·泰伯》全篇来看，容易认为孔子鼓吹机会主义。但看到后文就清楚孔子并非如此观点。

【原文】

孝经 子曰："君子之事上也。"

御注 上，谓君也。

孝经 进思尽忠，

御注 进见於君，则思尽忠节。

孝经 退思补过，

御注 君有过失，则思补益。

孝经 将顺其美，

御注 将，行也。君有美善，则顺

新二十四孝图（十八）

而行之。

孝经 匡救其恶，

御注 匡，正也。救，止也。君有过恶（过恶：过错），则正而止之。

孝经 故上下能相亲也。

御注 下以忠事上，上以义接下，君臣同德，故能相亲（和睦）。

音义 尽，津忍反，注同。见贤遍反。过，古祸反，注同。

邢疏　正义曰：此明（阐明）贤人（贤人：德才兼备的人）君子之事君也。

言入朝进见与谋虑国事，则思（想着）尽其忠节。若退朝而归，常念己之职事（职事：职务内之事），则思补（弥补）君之过失，其於（涉及到）政化（政化：政治和教化），则当顺行君之美道，止正（止正：阻止和纠正）君之过恶。如此则能君臣上下情志（情志：感情志趣）通协（通协：沟通融洽），能相亲也。

经称"君子"有七焉：一曰"君子不贵"，二曰"君子则不然"，三曰"淑人君子"，四曰"君子之教以孝"，五曰"恺悌君子"。已上皆断章（断章：各章节中）指於圣人君子，谓居君位而子（当自己孩子一样看待）下人也。六曰"君子之事亲孝故"，此章"君子之事上"，则皆指於贤人君子也。

注　"上，谓君也。"

正义曰：此对（比对）《论语》云："孝悌而好犯上者，鲜（很少）矣。"彼"上"谓凡在己上者，此"上"惟指君，故云"上，谓君也"。

注　"进见"至"忠节"

正义曰：此依韦（韦昭）注也。

《说文》云："忠，敬也。"尽心曰"忠"。《字诂》[1]曰："忠，直也。"《论语》曰："臣事君以忠。"则忠者，善事君之名也。节，操也。言事君者敬其职事，直其操行[2]，尽其忠诚也。言臣常思尽其节操，能致身授命（致身授命：犹舍身忘死）也。

【注释】

①《字诂》：此指三国时期文字训诂学家张揖所著《古今字诂》。张揖精于文字训诂，所作各书只有《广雅》流传至今，《埤仓》和《古今字诂》

宋以后已失传。

②敬其职事，直其操行：尽职尽责，坚守操行。

【原文】

注　“君有”至“补益”

正义曰：按旧注韦昭云："退居私室（私室：自己家中），则思补其身过（身过：自身的过失）"。以《礼记·少仪》曰："朝廷曰'退'，燕游（燕游：闲游，漫游）曰'归'。"《左传》引《诗》曰："退食自公②。"杜预注："臣自公门（公门：官署，衙门）而退入私门（私门：家门，私人的住宅），无不顺礼。"室，犹"家"也。谓退朝理公事毕而还家之时，则当思虑以补身之过。故《国语》曰："士（指读书人）朝（早上）而受业（受业：从师学习），昼（白天）而讲贯（讲贯：讲习），夕（日暮）而习复（习复：复习），夜而计过（计过：检讨过失），无憾而后即安（心安）。"言若有憾，则不能安，是思自补也。

按：《左传》："晋荀林父为楚所败，归，请死於晋侯（晋侯：指晋景公），晋侯许（答应）之。士渥浊谏曰：'林父之事君也，进思尽忠，退思补过。'晋侯赦之，使复其位③。"是其义也，文意正与此同，故注依此传文而释之。今云"君有过则思补益"，出（出自）《制旨》也，义取《诗·大雅·蒸民》云："衮职有阙④，惟仲山甫⑤补之。"毛传云："有衮冕⑥者，君之上服（上服：上等服装）也。仲山甫补之，善补过也。"郑笺云："衮职者，不敢斥（驳斥）王言也。王之职有阙辄（立即）能补之者，仲山甫也。"此理为胜（很对），故易旧（易旧：改变旧说法）也。

【注释】

①《少仪》：是《礼记》中的一篇。按梁启超对《礼记》文章的分类，

属记录古代制度礼节，并加考辨的一类。

②退食自公：退朝而食于家。自公：自公门而出。

③荀林父为楚所败……使复其位：荀林父（？—前593年）是春秋中期晋国正卿。主要活动在晋文公、襄公、灵公、成公、景公时期（前636年—前581车）。晋景公三年（前597年），荀林父任中军元帅，执掌国政，率师与楚进行邲（今河南荥阳东北）之战以救郑。兵到黄河，知道郑已和楚讲和，欲回师而将领间意见分歧，中军副将擅自率所部渡河，荀林父被迫令全军尽渡，驻军于邲。晋将魏铸、赵旃擅自挑战。楚军先发制人，分三路掩袭晋军。荀林父惊慌失措，下令晋军渡河后退，惨遭战败。荀林父在这次大战中指挥不力，未能说服主要将领服从他的意图，也未能约束全军统一行动，失败惨重。回国之后请求以死罪。晋景公打算答应，经士渥浊（晋悼公时的三公之太傅）劝谏，景公让荀林父官复原位。

④衮职有阙：帝王的事有缺失。衮职即帝王的职事。

⑤仲山甫：一作仲山父。周太王古公亶父的后裔，虽家世显赫，但本人却是一介平民。周宣王元年（公元前827年），受举荐入王室，任卿士（相当于宰相），位居百官之首，封地为樊（今湖北省襄阳市樊城区）。《诗经·大雅·烝民》专门颂扬仲山甫。说他品德高尚，为人师表，不侮鳏寡，不畏强暴，总揽王命，颁布政令，天子有过，他来纠正等等。

⑥衮冕：衮衣和冕。古代帝王与上公的礼服和礼冠。

【原文】

注 "将，行"至"行之"

正义曰：此依王注也。

案：孔注《尚书·泰誓》①云："肃将（肃将：敬奉）天威（天威：天道

威严），为敬行天罚[2]。"是"将"训（解释）为"行"也。言君施政教有美，则当顺而行之。

【注释】

①《尚书·泰誓》：《尚书》篇名。泰，《史记》作太。太是极大。武王伐纣，大会诸侯。武王向广大诸侯誓师，所以叫作《泰誓》。先秦百篇尚书中，原有《泰誓》。汉初伏生二十八篇没有《泰誓》。汉武帝时，河内女子献上《泰誓》，后汉马融等大家疑它是伪作，所以未传下来。这三篇《泰誓》都是梅氏所献的伪古文。《泰誓上》是梅氏伪古文之十四。本篇是记述周武王十三年诸侯大会于孟津，武王告诫友邦诸侯和治事大臣的话。

②敬行天罚：犹"替天行道"代行上天诛罚。旧时帝王自谓禀承天意行事，其诛罚不臣常以此为名。

【原文】

注　"匡。正也。救，止也。"
正义曰：此依王注也。
"匡，正"，《释诂》文（的解释）也。马融注《论语》云："救，犹止也。"
云"君有过恶，则正而止之"者，《尚书》云"予违汝弼，汝无面从[1]"是也。

【注释】

①予违汝弼，汝无面从：此为天子鼓励大臣进谏之词。意思是：我有过

失，你别当面顺从，要匡正。违：过失；弼：纠正。语出《书·益稷》："予违汝弼，汝无面从，退有后言。"

【原文】

注 "下以"至"相亲"

正义曰：此依魏注也。

《书》曰："居上克明（克明：能尽君道），为下克忠（克忠：事君能忠心耿耿）。"是其义也。《左传》曰："君义臣行，如此则能相亲也。"

孝经 《诗》云："心乎爱矣，遐不谓矣。中心藏之，何日忘之？"

御注 遐，远也。义取臣心爱君，虽离左右，不谓为远。爱君之志，恒（持久）藏心中，无日暂忘（无日暂忘：天天不忘）也。

音义 "《诗》云……"，此《小雅·鱼藻之什·隰桑》①篇语。中，本亦作"忠"。

【注释】

①《小雅·鱼藻之什·隰桑》：这首是《小雅》中少有的几篇爱情诗之一。《隰桑》抒写女子思念有情人永不忘怀，表达了对爱人的深厚情感。隰：低湿的地方。

【原文】

邢疏 正义曰：夫子述事君之道既已（既已：已完结），乃引《小雅·隰桑》之诗以结之。言忠臣事君，虽复（常）有时离远，不在君之左右，然其心之爱君，不谓为远；中心常藏事君之道，何日暂忘之？

注　"遐远"至"忘也"

正义曰：云"遐，远也。义取臣心爱君，虽离左右，不谓为远"者，"遐，远也"，《释言》文，此释"心乎爱矣，遐不谓矣"。云"爱君之志，恒藏心中，无日暂忘也"者，释"中心藏之，何日忘之"。

按：《檀弓》说事君之礼云："左右就养有方。"此则臣之事君，有常在左右之义也。若周公出征①管叔②、蔡叔③，召公听讼（听讼：听理诉讼）於甘棠④，是离左右也。

【注释】

①周公出征：武王灭商后第三年（约前1024年），管叔、蔡叔和武庚（商纣王的儿子）一起叛周。次年（约前1023年），周公奉成王命举行东征，讨伐管、蔡、武庚，最终平叛，杀了首恶管叔，擒杀了北逃的武庚，流放了罪过较轻的蔡叔，周朝渐趋稳定。

②管叔：西周初人，姬姓，名鲜，周武王之弟。周武王灭商后，曾封纣王之子武庚为诸侯。同时，封鲜于管（即河南郑州），让管叔和蔡叔、霍叔共同监督武庚，史称"三监"，治理殷朝遗民。武王死后，成王年少，周公摄政，他与蔡叔疑周公所为不利于成王，遂伙同武庚纠合东方夷族作乱。

③蔡叔：姬姓，名度，周武王同母弟。武王灭商后，封于蔡（今河南上蔡）。

④召公……甘棠：西周宗室，与周公、武王同辈（一说是周文王第五子）。辅助周武王灭商后，被封于郾（今河南漯河市郾城区）。成王时，他出任太保，与周公旦分陕（今河南陕县）而治，陕以东的地方归周公旦管理，陕以西的地方归他管理。他支持周公旦摄政当国，支持周公平定叛乱。当政期间召公将其辖区治理得政通人和，贵族和平民都各得其所，史称"自侯伯

至庶人各得其所，无失职者"。因此倍受辖区及周境内百姓爱戴。传说他曾在一棵甘棠树下办公，后人为了纪念他，舍不得砍伐此树。《诗经·甘棠》就是为此而写的。

《孝经注疏·卷八》考证

【原文】

孝经　感应章

考证　古文此章在"君子之教以孝也"章之下，"君子之事亲孝"章之上。

孝经　君子之事上也

考证　古文无"之""也"二字。

孝经　故上下能相亲也

考证　古文无"也"字。

《孝经注疏》卷九

丧亲章第十八

【原文】

邢疏　正义曰：此章首云"孝子之丧亲也"，故章中皆论丧亲之事。

丧，亡也，失也。父母之亡没，谓之丧亲。言孝子亡失其亲也，故以名章，结之於末矣。

孝经　子曰："孝子之丧亲也。"

御注　生事已毕，死事（死事：泛指殡殓等善后事宜）未见，故发（开始）此事。

孝经　哭不偯，

御注　气竭而息（气竭而息：哭得闭过气），声不委曲（委曲：委婉）。

孝经　礼无容，

御注　触地无容（触地无容：下拜磕头，不文饰仪容）。

孝经　言不文，

御注　不为文饰（文饰：文辞修饰）。

孝经　服美不安，

御注　不安美饰，故服缞麻（缞麻：粗麻布的丧服）。

孝经　闻乐不乐，

御注　悲哀在心，故不乐也。

孝经　食旨不甘，

御注　旨，美也。不甘（嗜好）美味，故疏食水饮（疏食水饮：吃糙米饭，喝清水）。

孝经　此哀戚之情也。

御注　谓上六句。

孝经　三日而食，教民无以死伤生。毁不灭性，此圣人之政也。

御注　不食三日，哀毁过情①，灭性（灭性：毁灭性命）而死，皆亏（违背）孝道，故圣人制礼施教，不令（使）至於殒（死亡）灭。

【注释】

①哀毁过情：因居亲丧而悲伤过甚，导致毁损自己身体。

【原文】

孝经　丧不过三年，示民有终也。

御注　三年之丧（注见顺治本第64页注①），天下达礼（达礼：通行的礼仪），使不肖企及，（不肖企及：不咋样的人勉力做到），贤者俯从（俯从：听从）。

夫孝子有终身之忧（居丧，守孝），圣人以三年为制者，使人知有终竟（了）之限也。

音义　丧，如字；又息浪反（此为古代另一读音）。见，贤遍反。哭，苦谷反。偯，於岂反，俗（一般）作哀，非。《说文》作"㤞"，云"痛声"也。音同。文，文饰也，本或作"闻"，非。乐，如字，不乐之乐，音"洛"，（注"不乐"同）。戚，七历反。"丧不"之"丧"，苏郎反。（注同）。示，神志反。企，丘跂反。俯，音"甫"。

邢疏　正义曰：此夫子述丧亲之义。

言孝子之丧亲，哭以气竭而止，不有余偯之声；举措进退之礼，无趋翔（趋翔：见顺治本第45页注⑤）之容；有事应言（应言：应答），则言不为文饰；服美不以为安；闻乐不以为乐；假（即使）食美味不以为甘。此上六事，皆哀戚之情也。

"三日而食"者，圣人设教（设教：规定），无以亲死多日不食伤及生人（生人：活着的人），虽即毁瘠（毁瘠：见顺治本第49页注⑤），不令至於殒灭性命。此圣人所制丧礼之政也。又服丧不过三年，示民有终毕之限也。

注　"生事"至"此事"。

正义曰：此依郑注也。

"生事"谓上十七章说。生事之礼已毕，其死事经则未见，故又发此章以言也。

注　"气竭"至"委曲"。

正义曰：此依郑注也。

《礼记·闲传》[①]曰："斩衰[②]之哭，若（如）往而不反（"反"通"返"，往而不反言哭到断气）。齐衰[③]之哭，若往而反（往而反：哭个不停）。"此注据斩衰而言之，是气竭而后止息。又曰："大功[④]之哭，三曲[⑤]而偯。"郑注云："'三曲'，一举声而三折也。'偯'，声馀从容也。"是偯为声馀委曲也。斩衰则不偯，故云"声不委曲也"。

【注释】

①《礼记·闲传》：《礼记》篇名，对丧礼的仪节和服制作综合性的记述，特别强调亲疏远近、轻重厚薄之间的差别说明。

②斩衰：五种丧服中最重的一种，粗麻布制成，左右和下边不缝。服制三年。子及未嫁女为父母，媳为，公婆，重孙为祖父母，妻妾为夫，均服斩衰。先秦诸侯为天子、臣为君亦服斩衰。

③齐衰：丧服名，粗麻布制成，以其缉边缝齐，故称"齐衰"。服期有三年的，为继母、慈母；有一年的，为"齐衰期"，如孙为祖父母，夫为妻；有五月的，如为曾祖父母；有三月的，如为高祖父母。

④大功：丧服之一，服期九月。其用熟麻布做成，较齐衰稍细，较小功为粗，故称大功。堂兄弟、未婚的堂姊妹、已婚的姑、姊妹、侄女及众孙、

众子妇、侄妇等之丧，都服大功。已婚女为伯父、叔父、兄弟、侄、未婚姑、姊妹、侄女等服丧，也服大功。

⑤三曲：古丧礼的一种哀声，谓一举声而三折。

【原文】

注　"触地无容"

正义曰：此《礼记·问丧》①之文也。以其悲哀在心，故形（形体，实体）变於外（表面），所以稽颡（见顺治本第49页注）触地无容，哀之至也。

【注释】

①《礼记·问丧》：解释仪礼士丧礼中某些节目的设置用意，进而说明制定丧礼的作用。

【原文】

注　"不为文饰"

正义曰：案：《丧服四制》①云："三年之丧，君不言（不言：不理事）。"又云："不言而事行（事行：办事）者，扶而起（扶而起：扶起来）；言而后事行者，杖（撑杖）而起。"郑玄云："扶而起，谓天子诸侯也。杖而起，谓大夫士也。"今此经云"言不文"，则是谓臣下也。虽则有言，志在（志在：只表达）哀戚，不为文饰也。

【注释】

①《丧服四制》：阐释制定丧服所依据的恩情、义理、节制、权宜四种原则的含义。

【原文】

注　"不安"至"缞麻"

正义曰：案：《论语》孔子责宰我①云："食夫（这）稻，衣（穿）夫锦，於汝安（心安）乎?"美饰，谓锦绣之类也。故《礼记·问丧》云"身不安美"是也。孝子丧亲，心如斩截（斩截：刀割），为其不安美饰，故圣人制礼，令服缞麻。当心（当心：胸部）粗布，长六尺，广四寸，麻为（制作）腰经②、首经，俱以麻为之。缞之言"摧"也，经之言"实"也。孝子服之，明其心实摧痛也。

韦昭引《书》云："成王既崩（帝王死称"崩"），康王（康王：成王之子）冕服即位③，既事毕，反丧服④。"据此，则天子诸侯，但（只要是）定位（定位：确定事物的名位。此盖指储君即位大宝）初丧⑤，是（这时候）皆服美，故宜（故宜：本应）不安也。

【注释】

①宰我：字子我，春秋时期鲁国人，是孔子的学生，为孔子门下"十哲"。

②腰经："经"是古代丧服所用的麻带。缠在腰间的称腰经，扎在头上的称首经。

③冕服即位：穿戴正式冕服接位登基。古代大夫以上的礼冠与服饰称为冕服，凡吉礼皆戴冕，服饰随事而异。

④既事毕，反丧服：登基之事完成后还要穿上丧服。

⑤初丧：亲人刚刚死去不久。

【原文】

注　"悲哀"至"乐也"

正义曰：此依郑注也。言至痛中（内）发，悲哀在心，虽闻乐声，不为乐也。

注　"旨美"至"水饮"

正义曰："旨，美"，经传常训（常训：惯常的解释）也。严植之曰："美食，人之所甘，孝子不以为甘，故《问丧》①云：'口不甘味'，是不甘美味也。《闲传》曰：'父母之丧既殡（停枢待葬），食粥；既虞②，卒哭③，疏食水饮，不食菜果'，是'疏食水饮'也。韦昭引《曲礼》云：'有疾，则（是因为）饮酒食肉，是为食旨。故宜不甘也。'"

【注释】

①《问丧》：《礼记》之篇，讲丧服丧事之规矩。

②虞：古代一种祭祀名。既葬而祭叫虞，有安神之意。

③卒哭：古代丧礼，百日祭后，止不定时哭为朝夕一哭。

【原文】

注　"不食"至"殒灭"

正义曰：经云"三日而食，毁不灭性"，注言"不食三日"，即三日不食也。云"哀毁过情"者，是毁瘠过度也。言三日不食及毁瘠过度，因此二者有致危亡，皆亏（违背）孝行之道。

《礼记·问丧》云："亲始死，伤肾，干肝（干肝：肝虚竭），焦肺（焦肺：肺燥热），水浆不入口三日。"又《闲传》称："斩衰三日不食。"此云"三日而食"者何？刘炫言三日之后乃食，皆谓满三日则食也。

云"故圣人制礼施教，不令至於殒灭"者，《曲礼》云："居丧（居丧：守孝）之礼，毁瘠不形（毁瘠不形：瘦得不成形）。"又曰"不胜丧（不胜丧：承受不了丧亲之痛），乃比於不慈不孝"是也。

注 "三年"至"限也"

正义曰：云"三年之丧，天下达礼"者，此依郑注也。

《礼记·三年问》[①]云："夫三年之丧，天下之达丧（达丧：通用之丧礼）也。"郑玄云："达，谓自天子至於庶人。"注与彼同，唯改"丧"为"礼"耳。

云"使不肖企及，贤者俯从"者：

案：《丧服四制》曰："此丧之所以三年，贤者不得过（超过），不肖者不得不及。"《檀弓》曰："先王之制礼也，过之者，俯而就之；不至焉（此）者，跂（跂起脚跟）而及之也"。注引彼二文，欲举中为节（举中为节：犹"举例说明"）也。起（跂起）踵（脚后跟）曰"企"，俛（通"俯"）首曰"俯"。

云"夫孝子有终身之忧，圣人以三年为制"者，圣人虽以三年为文（文字规定），其实二十五月而毕[②]。故《三年问》云："将由夫（将由夫：要做这种）修饰（修饰：修养品德）之君子与（吗）？则三年之丧，二十五月而毕。若驷之过隙[③]，然而遂（顺接）之，则是无穷也。故先王焉（于是）为之立中制节[④]，壹（统一）使足（完备）以成文理（文理：礼仪），则释（说明）之矣"，是也。

《丧服四制》曰："始死，三日不怠（不怠：哭不绝声），三月不解（不解：不解衣不倦息），期悲哀⑤，三年忧（守孝），恩之杀⑥也。"故孔子云："子生三年，然后免於（免於：脱离）父母之怀。"夫三年之丧，天下之达丧也，所以丧必三年为制也。

【注释】

①《礼记·三年问》：《礼记》篇名，专门论列"三年之丧"的仪节、服制和服丧期限。

②二十五月而毕：指三年的丧期，第二十五个月即跨过两年即可结束。

③驷之过隙：比喻光阴飞逝。驷：马。隙：空隙。语出《墨子·兼爱下》："人之生乎地上之无几何也，譬之犹驷驰而过隙也。"

④立中制节：早期儒家礼学重要的原则之一，即确立以严格节度为基础，在社会生活、人与自然的关系中强调"中"，"无过"也"无不及"，用客观的理性来规范人们的行为和道德准则，从而维系一个合理、严密的秩序。

⑤期悲哀：意思是亲丧头一年穿期服表达悲哀。"期"为"期服"，即为期一年的"齐衰"。

⑥恩之杀：悼念亲恩告一段落。

【原文】

孝经　为之棺椁衣衾而举之，

御注　周（圈围，包围）尸为棺，周棺为椁。衣，谓敛衣①。衾（盖尸的单被），被也。举，为举（抬）尸内（古"纳"字，放入）於棺也。

【注释】

①敛衣：殡殓时给死人穿的衣服。"敛"通"殓"。

【原文】

孝经　陈其簠簋而哀戚之，

御注　簠簋（见顺治本第 66 页注②③），祭器也。陈（陈设）奠素器①
而不见亲，故哀戚也。

【注释】

①素器：（亲人）平素、旧时使用的器皿。语出《礼记·檀弓下》："奠
以素器，以生者有哀素之心也。"

【原文】

孝经　擗踊哭泣，哀以送之，

御注　男踊（跳脚）女擗（捶胸），祖载①送之。

【注释】

①祖载：下葬之前，以柩载车上行祖祭之礼。

【原文】

孝经　卜其宅兆而安措之，

御注　宅，墓穴也。兆，茔域（茔域：坟地）也。葬事大，故卜（选择）之。

孝经　为之宗庙以鬼享之，

御注　立庙祔祖①之后，则以鬼礼（鬼礼：祭祀祖先之礼）享（奉祀）之。

【注释】

①立庙祔祖：祭名。将后死者的牌位放入祖庙与祖先牌位一起。祔：在宗庙内将后死者神位附于先祖旁而祭祀。

【原文】

孝经　春秋祭祀，以时思之。

御注　寒暑变移，益用（益用：逐渐能）增感（思念），以时祭祀，展（表现）其孝思（孝思：孝念之思情）也。

音义　棺，音"官"。椁，音"郭"。敛，其荫反，旧如字，注同。簠，音"甫"。簋，音"轨"。簠、簋，俱祭器名。擗，婢亦反，字亦作"躃"。踊，音"勇"。泣，起及反。兆，卦（卜卦）也。字书（字书：字典）皆作"垗"。《广韵》云："垗，葬也。"庙字亦作"庿"。享，许丈反。又作"飨"。

邢疏　正义曰：此言送终（送终：为死者办丧事）之礼及三年之后宗庙祭祀之事也。言孝子送终，须为棺椁衣敛也。大敛（大敛：给死者穿衣入棺）之时，则用敛而举尸内於棺中也。陈设簠簋之奠而加哀戚。葬则男踊女擗，哭泣哀号以送之。亲既（将）长依丘垄（长依丘垄：长眠地下），故卜选宅兆之地而安置之。既（已经）葬之后，则为（进入）宗庙，以鬼神之礼享之。三年之后，感念於亲，春秋祭祀，以时（时常）思之也。

注 "周尸"至"棺也"

正义曰：云"周尸为棺，周棺为椁"者，此依郑注也。

《檀弓》称："葬也者，藏也。藏也者，欲人之弗（不）得见也。是故（是故：因此）衣足以饰（被覆）身，棺周（环绕）於衣，椁同（同一，合并）於棺，土周於椁。"注约彼文（约彼文：概括这些文字），故言"周尸为棺，周棺为椁"也。

《白虎通》云："棺之言完（言完：表示保全），宜完密（宜完密：应该周密）也。椁之言廓（开拓），谓开廓（开廓：开拓空间）不使土侵（接近）棺也。"

《易·系辞》曰："古之葬者，厚衣之以薪[①]，葬之中野（中野：荒野之中），不封（不封：不造坟墓）不树（种树），丧期无数（丧期无数：服丧无规定期限）。后世圣人易（改）之以棺椁。"

案《礼记》云："有虞氏瓦棺（瓦棺：古代陶制的葬具）。夏后氏（夏后氏：禹受舜禅而建的夏朝）堲周[②]。殷（殷朝）人棺椁。周（周朝）人墙置翣[③]。"则虞夏之时，棺椁之初（前）也。

云"衣，谓敛衣。衾，被也。举，谓举尸内於棺也"者，此依《孔传》也。

衣，谓袭（死者穿的衣服）与大小敛之衣也。衾，谓单被覆尸荐（垫）尸所用。从初死至大敛，凡（总共有）三度（次）加衣也：

一是袭也。谓沐尸竟（完毕），著（穿）衣也，天子十二称（配套衣服），公九称，诸侯七称，大夫五称，士三称。袭皆有袍（有夹层的长衣），袍之上又有衣。一通（整套）朝祭之服[④]谓之一称。

二是小敛（小敛：给死者沐浴，穿衣、覆衾）之衣也。天子至士，皆十九称，不复用袍，衣皆有絮（棉絮）也。

三是大敛（大敛：将尸入棺）也，天子百二十称，公九十称，诸侯七十称，大夫五十称，士三十称，衣皆禅袷（禅袷：单衣和夹衣。袷）也。《丧大记》⑤云："布紟（单被）二衾（量词"床"），君、大夫、士，一（一样）也。"郑玄云："二衾者，或覆（覆盖）之，或荐（垫）之，是举（抬）尸所用也。"

棺椁之数，贵贱不同。皇侃据《檀弓》以（认为）天子之棺四重，谓水兕（水兕：似牛的水兽）革棺（革棺：皮革为棺）、杝棺（杝棺：椴木棺材）一（各一），梓棺（梓棺：梓木棺材）二，最在内者水牛皮，次外兕牛皮，各厚三寸为一重（层），合厚六寸。又有杝棺，厚四寸，谓之椑棺（椑棺：内棺），言漆之黬黬然⑥。前三物为二重，合一尺。外又有梓棺，厚六寸，谓之属棺，言连属（接）内外。就前四物为三重，合厚一尺六寸。外又有梓棺，厚八寸，谓之大棺，言其最大，在众棺之外。就前五物为四重，合厚二尺四寸也。

上公⑦去水牛皮则三重，合厚二尺一寸也。侯、伯、子、男又去兕牛皮，则二重，合厚一尺八寸。上大夫又去椑棺，一重，合厚一尺四寸。下大夫亦一重，但属（属棺）四寸，大棺六寸，合厚一尺。士不重，无属，唯大棺六寸。庶人即棺四寸。

案：《檀弓》云："柏（同"柏"）椁以端（以端：应当）长六尺。"又《丧大记》曰："君松椁，大夫柏椁，士杂木椁。"是也。

【注释】

①厚衣之以薪：用厚厚的柴草覆盖。衣：覆盖之物。

②塈周：烧土为砖绕于棺材四周。塈：烧土为砖。郑玄注："火熟曰塈，烧土冶以周於棺也。或谓之土周。"

③墙置翣："墙"是古代出殡时柩车上覆棺的装饰性帷幔。"翣"是垂于棺的两旁的扇形饰物，其上画纹饰，插置棺车箱，多少决定于死者地位高低。

④朝祭之服：古代的朝祭之服非常讲究，即必须用整幅的布做，不能裁，做朝祭之服的布是前三幅，后四幅，因为不能裁，所以在腰部的地方只能都是皱褶。

⑤《丧大记》：《礼记》的一篇，杂记诸侯士大夫各种不同身份的丧制以及有关器物方面的介绍。

⑥漆之甓甓然：用漆涂得如同用砖砌成一块块样。甓：用砖砌。

⑦上公：周制，三公（太师、太傅、太保）八命，出封时，加一命为上公。《周礼·春官·典命》："上公九命为伯，其国家、宫室、车旗、衣服、礼仪皆以九为节。"

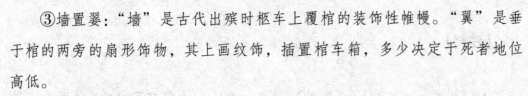

【原文】

注　"簠簋"至"戚也"。

正义曰：云"簠簋，祭器也"者，《周礼·舍人职》①云："凡（原文误作丸）祭祀供簠簋，实（装满）之陈（陈设）之。"是簠簋为器也。故郑玄云："方曰簠，圆曰簋，盛黍（黄米）、稷（小米）、稻（稻谷）、粱（高粱）器。"

云"陈奠素器而不见亲，故哀戚也"者，下《檀弓》云："奠以素器，以生者有哀素（哀素：触旧景旧物而生哀思之情）之心也。"

又案：陈簠簋在衣衾之下，哀以送之，上（前面）旧说，以丧大敛，祭是不见亲，故哀戚也。

【注释】

①《周礼·舍人职》:《周礼》篇名。舍人:古代官职名称。《周礼·地官·舍人》:"舍人掌平宫中之政,分其财守,以法掌其出入者也。"古代豪门贵族家里的门客亦称"舍人"。

【原文】

注　"男踊"至"送之"

正义曰:案:《问丧》云:"在床曰尸,在棺曰柩。动尸举柩,哭踊(哭踊:边哭边顿足)无数。恻惕(恻惕:哀伤)之心,痛疾之意,悲哀志懑(心情烦闷)气盛(气盛:情绪炽烈),故袒(脱衣露上身)而踊之。妇人不宜袒,故发胸击心(发胸击心:抓胸部和捶打心脏部位),爵(通'雀')踊(爵踊:足不离地而跳)殷殷(殷殷:忧心忡忡状)田田(田田:形容声音响亮),如坏墙(坏墙:砸墙)然(那样)。"则是女质(形体)不宜极踊(极踊:猛跳),故以擗言之。据此女既有踊,则男亦有擗。是互文也。

云"祖载送之"者:

案:《既夕礼》①:柩车迁祖②,质明(质明:天色微明)设迁祖奠,日侧(偏西)彻(通"撤")之;乃载。郑注云:"乃举柩郤(退)下而载(祭祀)之。"

又云:商祝③饰柩(饰柩:装饰灵柩),及陈器(陈器:陈放祭器)讫(完毕),乃祖(初,始)。注云:"还柩乡外,为行始④。"又《檀弓》云:"曾子吊於负夏⑤,主人既祖。"郑云:"祖,谓移柩车去(离开)载(祭祀)处为行始。"然,则'祖',始也。以(因为)生人将行(出游)而饮酒曰‘祖’，故柩车既载而设奠谓之祖奠。是"祖载送之"之义也。

【注释】

①《既夕礼》：《仪礼》篇名。讲葬前两天与葬间一日之仪节。这些仪节大致包括：请期，启殡；迁柩朝祖，载柩饰柩；国君遣使赠物助葬，宾客赠物助祭；宣读礼单和陪葬品，出殡；下葬及葬后反哭于庙等。既夕：古丧礼土葬前最后一次哭吊的晚上。

②柩车迁祖：下葬前，灵柩要先运到祖庙向祖宗告别（朝祖），专人先将堂上陈设的旧奠撤除，接着为迁柩于祖庙而设新奠，是谓之"迁祖奠"。

③商祝：习商礼而任司祭的人。商礼：表示哀伤之礼。商为古代五声音阶之一，商声凄凉伤哀，有如：商调（乐曲七调之一，其音凄怆哀怨），商歌（悲凉的歌）等。

④还柩乡外为行始：将灵车掉头（还柩），准备开始去往墓地。因为先是将灵车驰到祖庙朝祖，故完毕后灵车必须掉头去墓地。

⑤曾子吊於负夏：曾子曾居在负夏（原始社会末期由舜而建的第一座早期都城，亦称"卫地"），在这里吊唁先人。

【原文】

注 "宅墓"至"卜之"

正义曰：云"宅，墓穴也。兆，茔域也"者，此依《孔传》也。

案：《士丧礼》①'筮宅②'，郑云："宅，葬居也。"《诗》云："临其穴，惴惴其慄③。"郑云："穴，谓冢圹④中也。"故云"宅，墓穴也"。

案：《周礼·冢人》⑤："掌（掌管）公墓（公墓：君王、诸侯及王子弟之墓）之地，辨其兆域（兆域：墓地之疆界）。"则"兆"是茔域也。

云"葬事大,故卜之"者,此依郑注也。孔安国云:"恐其下有伏石涌水泉,复为(又成为)市朝之地(市朝之地:公共场所),故卜之。"是也。

【注释】

①《士丧礼》:《仪礼》篇名。叙述了奴隶主贵族各种主要礼节仪式,其中主要是士一级贵族所用的礼节,所以此书又称《士礼》。

②筮宅:埋葬时,筮卜坟墓位置的适当与否。古代用蓍草占卦叫"筮"。

③惴惴其慄:因害怕肢体颤动。惴惴:忧惧戒慎的样子。慄:同"栗"。恐惧,哆嗦发抖。语出《诗·秦风·黄鸟》:"临其穴,惴惴其栗。"

④冢圹:墓穴。冢:高而大的坟。圹:墓穴。

⑤《周礼·冢人》:《周礼》篇名。冢人:管理公墓的官。

【原文】

注 "立庙"至"享之"

正义曰:立庙者,即《礼记·祭法》①"天子至士,皆有宗庙",云:"王立七庙,曰'考(已故父亲)庙',曰'王考(王考:已故祖父)庙',曰'皇考(皇考:已故曾祖)庙',曰'显考(显考:已故高祖)庙',曰'祖考(祖考:祖先)庙',皆月(每个月)祭之。远庙(远庙:远祖之庙)为祧,有二祧②,享尝乃止③。

诸侯立五庙,曰"考庙",曰"王考庙",曰"皇考庙",皆月祭之。显考庙、祖考庙,享尝乃止。

大夫立三庙,曰"考庙"、曰"王考庙"、曰"皇考庙",享尝乃止。

适(符合)士二庙,曰"考庙"、曰"王考庙",享尝乃止。

官师(官师:一般的低级官员)一庙曰"考庙"。

庶人无庙。斯则（斯则：这是因为）立宗庙者，为能终於事亲也。旧解云：宗，尊也；庙，貌也，言祭宗庙，见先祖之尊貌也。故《祭义》④曰："祭之日入室（指庙内），僾然（僾然：隐约）必有见乎其位（见乎其位：见被祭祀者牌位）；周还出户⑤，忾然（忾然：感慨、叹息）必有闻乎其叹息之声"。是也。

祔祖，谓以亡者之神祔之於祖也。《檀弓》曰："卒哭曰'成事'，是日（是目：头一天）也，以吉祭⑥易丧祭（丧祭：葬后之祭），明日（明日：第二天）柑祖父。"则是卒哭之明日而祔，未卒哭之前皆丧祭也。既祔之后，则以鬼礼享之。然宗庙谓士以上，则春秋祭祀兼（同时适用）於庶人也。

【注释】

①《礼记·祭法》：此篇记祭天神地祇人鬼之定制。故曰祭法。

②二祧：指古代帝王七庙中两位功德特出而保留不迁的远祖庙。孔颖达疏："特为功德而留，故谓为祧。祧之言超也，言其超然上去也。"

③享尝乃止：每年四季祭祀即可。

④《祭义》：《礼记》的一篇。祭义是对祭祀意义的阐述，说明祭祀的义理由来和作用。

⑤周还出户：意思是行礼而后离开庙。周还：古代行礼时进退揖让的动作。

⑥吉祭：丧礼既虞之后，卒哭而祭，谓之"吉祭"。虞，葬后拜祭。

【原文】

注 "寒暑"至"思也"

正义曰：案《祭义》云："霜露既降，君子履（踩）之，必有凄怆（凄

孝经诠解

唐玄宗注《孝经》

怆：凄惨悲伤）之心，非其寒之谓也；春雨露既濡（侵渍），君子履之，必有怵惕（怵惕：恐惧警惕）之心，如将见之。"是也。

孝经　生事爱敬，死事哀戚，生民之本尽矣，死生之义备矣，孝子之事亲终矣。

御注　爱敬哀戚，孝行之始终也。备陈（备陈：详尽陈述）死生之义，以尽孝子之情。

邢疏　正义曰：此合结（合结：总结）生死之义。言亲生（亲生：父母健在）则孝子事之尽於爱敬，亲死则孝子事之尽於哀戚，生民之宗本（宗本：本旨）尽矣，死之义理（义理：合伦理道德的准则）备矣，孝子之事亲终矣。言十八章具载（带着）有此义。

注　"爱敬"至"之情"

正义曰：云"爱敬哀戚，孝行之终始也"者，爱敬是孝行之始也，哀戚是孝行之终也。云"备陈死生之义，以尽孝子之情"者，言孝子之情无所不尽也。

《孝经注疏·卷九》考证

【原文】

孝经　"孝子之丧亲也"

考证　古文无"也"字。

孝经　"此哀戚之情也"

考证　古文无"也"字。

孝经　"此圣人之政也"

考证　古文无"也"字。

孝经　"示民有终也"

考证　古文无"也"字。

孝经　"卜其宅兆"

音义　兆，卦也。字书皆作"垗"。《广韵》云："垗，葬也。"

考证　臣清植按：此"兆"字乃《周礼·冢人》"辨其'兆域'之'兆'"，与"卜人其'兆'，千有二百之'兆'"异（不是一回事儿）。音义以"卦"训"兆"，是以为卜兆矣。然筮乃得言卦，卜有兆无卦[1]，盖（属于）误。

【注释】

[1]筮乃得言卦，卜有兆无卦：筮要依易卦词来解说吉凶，卜只是依卜纹征兆来选择推断。

后　记

【原文】

少詹事[1]臣李清植谨言（谨言：审慎而言）：

按：《孝经》一书乃《西铭》[2]理一分殊[3]之说。所自（缘来）本盖孝於父母者，必心（思虑）父母之心，而友爱於兄弟；孝於天地者，必心天地之心，而胞与乎民物[4]。故此经曰："父事天明，母事地察。"又曰："爱敬尽於事亲，而德教加於百姓，刑於四海也。"注疏出於关洛[5]之前，此理未及讲明，是以义谛（义谛：真谛）阙（缺）尔。至（仅）"禘"为王者之大祭，而注家於（在）诸侯之祭言之（说到，言用），其於分义（分义：遵守名分，为所宜为）所关尤大。臣奉敕（王命）校勘谨详（谨详：谨慎查考），考古文、今文及《朱子刊误本》，胪（列举）其同异，以备参证，而注疏家有舛（错误，错乱）略（忽略）者，亦附而论之。

新二十四孝图（十九）

臣清植谨识（谨识：郑重记述）。

【注释】

①少詹事，官名。秦汉置詹事，秩二千石，掌皇后、太子家事。东汉废，魏晋复置。唐建詹事府，设太子詹事一人、少詹事一人，总东官内外庶务。历朝因之。清政府创设于1644年，品等为正四品，为模仿明朝旧有机构并加以扩充。该官职设置于詹事府，主要辅佐詹事等主官，李清植曾任。

②《西铭》：张载（1020—1078）所著。他是北宋哲学家，理学创始人之一，程颢、程颐的表叔，理学支脉"关学"创始人，与周敦颐、邵雍、程颐、程颢，合称"北宋五子"。熙宁三年（1070年），张载归故里著书，撰《砭愚》和《订顽》分别悬挂于书房的东西两牖，作为自己的座右铭。程颐见后，将《砭愚》改称《东铭》，将《订顽》改称《西铭》。此篇之核心思想是以乾坤，天地，和父母（含男女，夫妇及家庭）为一体，以乾坤确立起感通之德能，阐明此德能如何从个体之身位向家庭或家政展开，并推达到天下。

③理一分殊：理一分殊是中国宋明理学讲一理与万物关系的重要命题。源于唐代华严宗和禅宗。宋明理学家采纳了华严宗、禅宗的上述思想，提出了"理一分殊"的命题。朱熹从本体论角度指出，总合天地万物的理，只是一个理，分开来，每个事物都各自有一个理。张载在《西铭》中说："乾称父，坤称母"，"民吾同胞，物吾与也。天地之塞吾其体，天地之帅吾其性"。从中发挥万物同属一气的观点。程颐把张载的上述思想概括为"理一分殊"，其实张载并没有在《西铭》中提出"理一分殊"的命题，乃是程颐的发挥。

④胞与乎民物："民胞物与"之省。犹言泛爱一切人与物。语出《西铭》："民吾同胞，物吾与也。"

⑤关洛：指宋代理学的两个主要学派的代表人物：关中张载和洛阳二程（程颢、程颐）。

《（故宫珍本丛刊）精选整理本丛书》

出版信息

御定六壬直指　已出版，分上下卷共二册，每套98元（平装）。清内府刻本，不著撰者。六壬是我国最古老的预测吉凶的方法之一，与（奇门）遁甲、太乙（神数）合称"三式"，并被尊为"三式"之首；其法以占时加地盘取四课，以四课克贼发三传，以三传与干支的生克论吉凶。本书卷上为直指，即介绍六壬的基本理论和具体操作方法；卷下为析义，即对六壬的每一课（共720课）的课体、课义进行分析解释并给出断辞。

渊海子平　已出版，每册45元（平装）。本书是我国古代最经典、最有代表性的命书（俗称算八字）；命术相传始于先秦鬼谷子，至唐李虚中系统化，至宋徐子平即完善，故命术又称子平术，本书即为徐子平撰；子平以生人之年月日时四柱论命，以日为主，形成了一个非常完善自治的理论系统。

平砂玉尺经　已出版，每册40元（平装）。元刘秉忠述，明刘基解，赖从谦发挥。我国古代看风水有三合理论一派，本书即是该派理论的经典著作；其法以二十四山分属水木火金，且以龙脉入首时左旋右旋分属阳阴，并配合五行十二支来论二十四山的龙脉、坐山、立向及水之来去的生旺墓绝；消砂拨水则以四大水口是否合法判断阴阳宅的吉凶。

水龙经　已出版，每册35元（平装）。晋郭景纯著，清蒋平阶编辑，清抄本。本书是专论水龙的经典著作；该书论述了水形有屈曲、回顾、绕抱、斜飞、直冲、反跳及来去分合的区别，又从理气天星、方位及喝形呼穴方面进行了探源，并说明其吉凶。

鲁班经　已出版，每册24元（平装）。本书包括三种古籍：《鲁班经》，明午荣汇编，该书认为，建筑中常用的只砖片瓦、尺地寸木都与吉凶紧密相连，建筑物中的前后左右、高低尺寸也与祸福息息相关；《择日全纪》，明胡文焕德父校正，该书介绍古人怎样选择吉日；《秘诀仙机》，未另著撰者，该书则介绍古代禳解各种灾祸时常用的一些符咒。

阴阳五要奇书　已出版，分上中下共三册，每套128元（平装）。本书包括五种古籍：《郭氏元经》《璇玑经》《阳明按索》《佐元直指》《三白宝海》，另附录《八宅明镜》。分别为晋郭璞、晋赵载、明陈复心、明刘伯温、元幕讲禅师、宋杨筠松著。前五种古籍实为明代选编的"选择（择吉）学"丛书，其中特别介绍了各种吉凶神煞及其趋避方法；附录《八宅明镜》，宋杨筠松著，该书则介绍了东四命、西四命人配东四宅、西四宅的理论和方法，为"风水（地理）学"的一个流派。

河洛理数　已出版，每册40元（平装）。宋陈抟著，宋邵康节述。本书以易经和河图洛书为本，以易之卦爻配合生人的年月日时八字，来判断人或事的吉凶。

梅花易数　已出版，每册 25 元（平装）。宋邵雍撰。本书或以年月日时起卦、或以字的笔画数起卦、或以某物的数目起卦，即所谓随物起数、随数起卦，然后利用易经、易理进行分析，以判断人或事的吉凶；此外，本书还详细介绍了我国传统"拆字术"的理论和方法。

　　御定六壬金口合占　已出版，分上中下共三册，每套共 95 元（平装）。原书将六壬 720 课每课都分列"天时、射覆、行人、田宅、谒见、捕猎、疾病、出行、文信、来意、婚姻、迁移、孕产、失物"等 14 项古人常欲占断的事项并逐项给出了断辞；这些断辞都是根据六壬和金口诀两种方法的原理联合做出的。为了方便读者比较，我们将仅根据六壬做出的断辞（即《御定六壬直指析义》720 课的全部内容）分别排在"合占"每一课的后面。由于原书没有关于六壬和金口诀的基本知识的介绍，为了方便初学者学习，本书将《故宫珍本丛刊》中的《御定六壬直指》和《官板大六壬神课金口诀》二书改成了简体横排并加注释，作为本书的一部分，一并出版。

　　增广太平惠民和剂局方　已出版，每册 40 元（平装）。原书系宋徽宗诏命措置药局检阅方书陈承、太医令裴宗元、库部郎中提辖措置药局陈师文共同编纂，本书则为日本前典药头橘亲显奉朝廷之命领衔整理汇校并作序，享保庚戌（1730 年）官刻本。本书包括《太平惠民和剂局方》及三个附录：《图经本草药性总论》《局方指南总论》《诸品药石炮制总论》。《局方》，凡十卷，介绍了近八百个方剂，并载明主治病症。三个附录则分别介绍：数百味中药的药性、主治及产地；中医的基本原理和用药原则，各类疾病的证候，主要疾病的诊断和治疗原则；每味中药的炮制方法。

　　种杏仙方　内府药方　药性分类　已出版，每册 24.80 元（平装）。《种杏仙方》，明万历名医龚廷贤撰，凡四卷，介绍了 99 类疾病的治疗药方，每类疾病的疗方多至数个，甚至十数个；另有三个附录：经验秘方、日用杂方、续劝善良规四"十歌"。《内府药方》，清宫太医院御药房用书，不著撰者；凡四卷，分风痰、咳嗽、伤寒、暑湿、燥火、脾胃、眼科、疮科、妇科、小儿、补益、泻泄、气滞、痰症、杂治共十五"门"，各门下分列常用效方，共近五百个，每方之下详载药物、剂量、炮制方法等。《药性分类》，清宫太医院御药房用书，不著撰者，不分卷，但分脾胃、肝胆、肺大肠。肾膀胱、心小肠、痈疽破伤共六"门"；每门之下又分若干类，共收中药近四百味；每味药品载明功能、主治、宜忌、相畏、相恶、禁忌等内容。

三合集 卫生汇录 已出版，每册20元（平装）。《三合集》乃明代名医张继科平素所积医案及治疗经验，共约七十余项，包括各类病例；每例均包含病症、诊断、治疗药方等多项内容。因其临证"必以脉合证，证合药，药合脉"，故其书名曰"三合"。《卫生汇录》，清抄本，不著撰者，包括养生保健，祛病延年，居家防患等丰富内容共十章："食鉴本草"，介绍各种食物的药性；"食愈方"，介绍治疗各种疾病的食物处方；"经验良方"，介绍治疗各种疾病的简易良方；"起居饮食各法"，介绍日常保健美容等的方法；"长寿谱"，介绍道德修养、性生活与长寿的关系；"救命针"，介绍日常保健养生的理念；"居家应世养生调摄各法"，介绍日常保健养生的具体方法；"养生延年要法"，介绍饮食起居养生方法；"保元益寿秘诀"，从原理、运动、饮食、起居、月令等多方面介绍保元益寿的方法；"居家必知"，介绍居家保证安全卫生的方法。

名医类编 已出版，每册24.80元（平装）。清顺治刘泽芳撰，清顺治程应旄类编。本书主要内容可分三大部分，第一部分介绍诊断方法，即切脉的要领和各种脉象。第二部分介绍药性，作者编成了240首四言歌诀，每首四句，介绍了240味常用中药的药性和主治。第三部分内容最丰富，分门别类地介绍了治疗十类常见疾病的近千个处方及其炮制方法。

日讲易经解义（定价：45元） 日讲书经解义（定价：38元）

日讲四书解义（即出） 日讲礼记解义（即出） 日讲春秋解义（即

出）　这五种书均由清康熙帝御定并作序，为清宫经筵日讲的教科书，后均收入清乾隆《四库全书》。此次整理，后三种均采用《四库全书》本作底本。现在市场上各种儒家经典的注本甚多，但比较起来，此次海南出版社出版的这五种"日讲"系列都有其特别精彩之处，即清帝师日讲所做的"解义"部分。该部分总结吸收了汉宋以来诸大儒的心得体会，又结合给皇帝、皇族和大臣们讲课的实际需要，对经典原文进行了准确、深刻、通俗的串讲，确实是"词近而旨远，语约而道宏"。（《四库全书总目提要》语）。

　　御注孝经　已出版，每册28元（平装）。本书实际包含了三位皇帝御注的《孝经》，即：清顺治帝《御注孝经》、清雍正帝《御纂孝经集注》和唐玄宗《孝经注疏》。此次整理，惟后一种采用《四库全书》本作底本。《孝经》流传既广，注本亦多，而此三种注本，则更有其独特之处，《四库全书总目提要》云：此注本"语其平易，则人人可知可行；语其精微，则圣人亦覃思于阐绎"；使《孝经》"无一义之不彰，无一人之不喻"。

　　御注道德经　即出。清顺治帝御注。古往今来《道德经》的注本不计其数，而此注本却有其独道之处，《四库全书总目提要》云：该注本"皆即寻常日用亲切说明，使读者销争竞而还淳朴，为独超于诸解之上。"该注本体例，先随原文注释较难懂字词的意思；然后每一章末再串讲该章原文的意义，该串讲极有特点：不注重与原文字、词、句的对应，惟注重对该章意义的阐明。此次整理，体例照旧，对较难字词进行了注音释义，并将顺治帝的串讲部分译成了白话文；此外，还将《道德经》原文中重要的词语编制了一个索引，作为附录。

第四章　清顺治注《孝经》

《钦定四库全书·御注孝经》提要

【原文】

臣等谨案①：

《（孝经）注》一卷。顺治十三年，大学士蒋赫德②恭纂③仰邀钦定④。

御制序文冠首（冠首：放在前头）

《孝经》词近（词近：言辞浅白）而旨远（旨远：旨意深远）。等而次之（等而次之：按照等级依次来讲），自天子以至於庶人⑤推而广之；自闺门（自闺门：从皇室内宫）可放诸四海；专而致之（专而致之：说得纯笃且细致），即愚夫愚妇可通（通：通晓，理解）於神明（神明：神灵；喻真理）。故语其平近（语其平近：语言浅显平白），则人人可知可行；语其精微（精微：完美精深），则圣人亦覃思（覃思：深思）於（於：连词。犹"而"）阐绎（阐绎：阐述演绎。绎：理出头绪）。

【注释】

①谨案：慎查考。引用论据、史实开端的常用语。

②蒋赫德：本名蒋元恒，号九贞，世居遵化。清天聪三年（明崇祯二年，公元1629年）冬十一月，清太宗皇太极统帅大军攻克遵化后，颁旨挑选品学优秀的儒生送至盛京（即今沈阳）文馆读书，蒋元恒就是其中之一，皇帝特赐名"赫德"。

③恭纂：恭：表示恭敬认真。纂：搜集材料编书。

④仰邀钦定：请皇上亲自审定。仰：旧时下级对上行文的敬辞。

⑤自天子以至於庶人：从皇上一直到普通的平民百姓。

【原文】

是编（是编：这一篇）《御定注》一万馀言，用石台本①，不用孔安国本，息（息：平息）今、古文门户之争（门户之争：门派之间的争论）也；亦不用朱子刊误本②，杜改（杜改：断绝修改）经文之渐（渐：加剧，漫延）也。义（义：道理）必精粹而词（词：用词）无深隐（深隐：深奥隐晦），期（期：希望）家喻户晓也。

【注释】

①石台本：孔安国曾为古文本孝经作传，但在南北朝时期失传，隋代又再出现。唐代出现今文本与古文本之争，刘知己主张古文本，司马贞则主张今文本，认为古文本是伪作的。唐玄宗下令诸儒讨论，结果采用了司马贞的说法，从此，古文本被废弃。唐天宝二年（公元743年）玄宗注《孝经》颁行天下，两年后，刻石于太学，称为《石台孝经》，这就是现在流行的《十三经注疏》中的《孝经》的来源。

②朱子刊误本：《孝经刊误》一卷，宋朱熹撰。他认为孝经是经传混集的书，于是他对《孝经》重新划分章节，分为经一章，传一章，删改经文二

百二十三个字，并附以自记。朱子反对孝经为孔子所自撰一说，说时人以为此书多出自后人附会，为"精审"之见。《孝经刊误》是今文本和古文本之后的一个重要的改编本。朱熹认为《孝经》的前六章是《孝经》的原文，即经文。理由是这六章的内容是一个整体。还认为这六章的体例已失旧貌，面目全非，于是进行整理，把前六章合为一章，又删除原文二百二十三个字。他认为《孝经》从《三才章》以下均是释经之传文，并且有多处是后人移花接木的文字，于是删掉了其中的一些字。《四库》案："南宋以后，作注者多用此本，故特著于录，见诸儒渊源之所自，与门户之所分。"

【原文】

考（考：考查）历代帝王注是（此）经者，晋元帝有《孝经传》，晋孝武帝有《总明馆孝经讲义》，梁武帝有《孝经义疏》，今皆不存。惟《唐玄宗御注》①列《十三经注疏》中，流传於世。司马光②、范祖禹③以下（后）悉不能出其范围。

今更得圣制表章（圣制表章：圣上亲自所作的文章），使孔曾（孔曾：指孔子和曾子）遗训，无一义之不彰（彰：彰显），无一人之不喻（喻：明白）。回视（回视：比较来看）玄宗（玄宗：唐玄宗）所注，度而越之（度而越之：超过其水平），不啻（不啻：不只。）万倍矣。

乾隆四十六年八月恭校上

总纂官：臣纪昀　臣　陆锡熊　臣　孙士毅

总校官：臣　陆费墀④

【注释】

①唐玄宗御注：《孝经注疏》是《十三经注疏》中篇幅最小的一部经

典。汉代有今文、古文两种版本，分别由郑玄作注和孔安国作传。唐玄宗李隆基融合今古文两家，亲自为《孝经》作注，并命元行冲作疏，在开元、天宝年间两度颁行天下。以皇帝之尊，亲自注解《孝经》，以"御注"形式出现，为历史上首次。

②司马光：（1019—1086）北宋时期著名政治家、史学家、散文家。北宋陕州夏县涑水乡（今山西运城安邑镇东北）人，汉族，字君实，号迂叟，世称"涑水先生"。赠太师、温国公、谥文正。

③范祖禹：（1041—1098）字淳甫，一字梦得，成都人。哲宗元祐年间，范据司马光的《指解本》作《古文孝经说》一卷，后人把两书合为一书。

④陆费墀：见第72页注④。

御制《孝经》序

【原文】

朕惟（考虑）孝者，首百行（首百行：是各种品行的首要）而为五伦①之本，天地所以（所以：靠它）成化（成化：完成教化），圣人所以立教（立教：树立教化，进行教导），通之乎（通之乎：通达于）万世而无斁（败坏，旷废），放之於四海而皆准，至矣哉②，诚无以加③矣。

然（然而）其广大虽包乎无外（包乎无外：包罗万象），而其渊源实本於因心④。遡（回想）厥（其）初生（刚出生），咸知（咸知：都知道）孺慕（孺慕：对父母的孝敬），虽在颛蒙⑤，即备天良（天良：人的良心）。

故位无尊卑，人无贤愚，皆可以与知（与知：使其知晓）而与能（与能：使其能做到）。是知孝（知孝：懂得孝道）者，乃生人（生人：常人）

之庸德（庸德：普通德行），无甚玄奇（玄奇：玄妙稀奇）。抑（句首助词）固有之秉彝⑥，非由外铄⑦。诚贵乎笃行（笃行：切实地实行），而非语言之间所得而尽（非语言之间所得而尽：不是说说就能行的）也。

虽然降衷⑧之理固根於（固根於：固然来源于）凡民⑨之心，而觉世（觉世：启发世人觉悟）之功必赖夫（赖夫：依靠这）圣人之训。苟非著书立说，以迪（启迪，引导）天性自然之善，抒（抒：表达）人子（人子：子女）难已之情，使天下之人晓然（晓然：明白）於日用之恒行⑩，即为大经大法（大经大法：根本的原则和法规）之所存（在），而敦行（敦行：恭谨地施行）不息（懈怠），以全其本始，夫亦孰由知孝之要⑪，尽孝之详（具体详细做法），以无忝（无忝：无愧于。忝）所生（所生：生身父母）也哉！此孔子《孝经》之书所由作（所由作：写作的理由）也。

【注释】

①五伦：指君臣、父子、兄弟、夫妻、朋友五种伦理关系。

②至矣哉：达到无以复加的地步了。

③诚无以加：确实没有可以增加的。

④本於因心：来源于亲善仁爱之心。

⑤颛蒙：儿童天真无邪状。颛：善良；蒙：蒙童。

⑥秉彝：遵循常道、理所当然的做法。

⑦外铄：外力。铄：渗入。语出《孟子·告子上》"仁义礼智，非由外铄我也，我固有之也"。

⑧降衷：施善，为善。语出《书·汤诰》："惟皇上帝，降衷于下民"。

⑨凡民：一般民众。语出《韩非子·五蠹》："今学者之说人主也，不乘必胜之势，而务行仁义则可以王，是求人主之必及仲尼，而以世之凡民皆如

列徒，此必不得之数也。"

⑩於日用之恒行：持久不懈地应用于日常行为之中。

⑪知孝之要：辨别、了解孝道的精深纲要。

【原文】

　　朕万几之暇①，时加三复（时加三复：经常再三反复研读）。自开宗明义，迄（至，到）於终篇，见其言近（言近：语言浅近）而指远（指远：旨意深远），理约（理约：说理简要）而该博（该博：包容渊博）。本之立身（本之立身：以之为自立安身的根本）以行道（行道：做正义的事业），推②之移风而易俗。爱敬（爱敬：亲爱恭敬）所著（昭示），公卿士庶③，皆得循分（循分：恪守职分）以承欢（承欢：侍奉父母）。感应（感应：受到影响的反应）所通，东西南北，罔不渐被④而思服⑤。诚（诚：确实是）万世不刊⑥之懿矩（懿矩：美德和规矩。懿），百圣（百圣：所有的圣人）不易（更改）之格言⑦。天子以至於（以至於：一直到）庶人，不可一日阙（缺失）者。

【注释】

　　①万几之暇：日常处理纷繁政务之闲暇。语出《书·皋陶谟》："无教逸欲有邦，兢兢业业，一日二日万几。""万几"指帝王日常处理的纷繁政务。

　　②推：延伸，推广。"推"是墨家逻辑术语。相当于归纳和演绎两种形式的推理。

　　③公卿士庶：泛指当官的和普通百姓。公卿：三公和九卿的简称；士庶：士人和普通百姓。亦泛指人民百姓。

④罔不渐被：没有不被感染和泽被。罔：没有。

⑤思服：细细想来；想念。语出《诗·周南·关雎》："求之不得，寤寐思服。"

⑥不刊：不容更动和改变，不可磨灭。

⑦格言：有教育意义、可作行为准则的字句。

【原文】

夫子（夫子：对孔子的尊称）所谓"吾志（志：志向，事业）在《春秋①》，行（行：行为，行动）在《孝经》"，良有以也②。自汉以来，去圣日远（去圣日远：离圣人越来越遥远），诠释滋（滋：增加）多，厥旨（厥旨：其意思，意义）寖（逐渐）晦（晦：隐晦）。孔安国③尚（推举）古文，郑玄④主（主张）今文，互有异同，各矜识解⑤。魏晋而降⑥，诸儒群兴⑦，析疑（析疑：析释疑难）阐奥（阐奥：阐述奥妙），代不乏人（代不乏人：历代都不缺乏这种人），源流攸（长远）分（分：分别不同），不无繁芜（繁芜：繁多芜杂）。迨及（迨及：到了）开元（开元：唐玄宗年号，713—741 年），更立（更立：更是流行）注疏⑧，亦既（已经）萃（聚集）一代之菁英（菁英：精英，精华），垂（垂：留传）表章於奕世（奕世：累世，世代）矣。而详略或殊，讵云至当？宋（宋朝）之邢昺⑨，元之吴澄（吴澄：元朝翰林学士）辈，标新立异，间有发挥，然（然：然而）揆（揣度）之美善，或未尽（或未尽：抑或还没说透）焉。

【注释】

①春秋：儒家"五经"之一，相传为孔子依鲁国史书所编。

②良有以也：确实是有原因的。良：确实；以：原因。

③孔安国：字子国，孔子十一代孙。约汉景帝元年至昭帝末年间（前156—前74年）在世，受《诗》于申公，受《尚书》于伏生。武帝时官谏大夫，临淮太守。

④古文：汉武帝末，鲁共王为扩建宫殿毁坏孔府旧宅，于壁中得《古文尚书》《礼记》《论语》《孝经》，皆蝌蚪文字，时人不识，孔安国以今文读之，又奉诏作书传，定为五十八篇，谓之《古文尚书》。

郑玄（127年—200年）：东汉末年的经学大师，遍注儒家经典，以毕生精力整理古代文化遗产，使经学进入一个"小统一时代"。

⑤各矜识解：各自坚持自己的见解。矜：自夸；自恃。

⑥魏晋而降：魏晋以来。降：表示从过去某时直到现在的一段时期。

⑦诸儒群兴：许多博学大儒都兴起。

⑧注疏：注和疏的并称。"注"是对经书字句的注解，又称"传、笺、解、章句"；"疏"是对"注"的注解，又称"义疏、正义、疏义"。"注、疏"内容包括对经籍中文字正假、语词意义、音读正讹、语法修辞以及名物、典制、史实等。

⑨邢昺：（932—1010），字叔明，北宋经学家；曹州济阴即今山东曹县西北人，官至礼部尚书。所撰《论语正义》，讨论心性命理，为后来理学家所采纳。所撰《尔雅义疏》及《孝经正义》，均收入《十三经注疏》。

【原文】

至於（至於：到了）明季（明季：明末。季：一个时期的末了），著述纷纭，或拾前贤之绪馀①，文（掩饰）其谫陋（谫陋：浅薄）；或摘（挑选）古人之纰缪（纰缪：疏忽，谬误），肆彼讥弹（肆彼讥弹：大肆对其讥讽抨击），不知天怀既薄（天怀既薄：天生心怀虚伪浅薄），问学复疏（问学复疏:求学不精),因心(p8 注④)之理未明,空文(空文:空洞的文章、文字)之多奚(何)补? 其於(其於:自己对于)作经之义(作经之义:撰述经书的确切意义),均未当(均未当:都不恰当,不准确)耳。

夫(句首助词,无实义)亲恩罔极②,高厚难酬③,德至圣人(德至圣人:道德达到圣人水平),犹虞未尽(犹虞未尽:还怕不够)。同为人子,孰(谁)不佩(敬佩)至教④。而兴(产生)永锡⑤之感乎? 然则训诂⑥未确(未确:不准确),渐摩弗力⑦,欲其相观而善(相观而善:见好而学好),厥路无由(厥路无由:缺乏达到的路径;厥:其)。

朕为此虑,爰(于是)集古今之注,更互(更互:交换,互相)考订,其得中(得中:合适)而窾繁(窾:繁:)⑧者採辑(採辑:通"采集")之。其妄逞(妄逞:荒诞放任)而臆说(臆说:想当然的言论)者,删除之。譬诸(譬诸:譬如)沙砾既披(披散,分离),美鏐⑨始出;稂莠⑩(稂莠:)尽剪,嘉禾⑪乃登(乃登:才会增加)。

【注释】

①绪馀:抽丝后留在蚕茧上的残丝。此喻拾前人牙慧。

②亲恩罔极:父母的恩情无穷尽。语出《诗·小稚·蓼莪》:"父兮生我,母兮鞠我…欲报之德,昊天罔极"。

③高厚难酬:如天高地厚,难以报答。

④至教:最好的教导,高明的道理和见解。

⑤永锡:"永锡难老"的省约,《诗·鲁颂·泮水》:"既饮旨酒,永锡难老。"郑玄:"已饮美酒,而长赐其难使老;难使老者,最寿考也。""永锡"为人名——丘锡,字永锡。"永锡难老"喻"人生不易,天长地久"之义。

⑥训诂：解释古文字义，用通俗的话来解释古书中的词语。

⑦渐摩弗力：教育感化不力。渐摩：亦作"渐磨"。语出《汉书·董仲舒传》："渐民以仁，摩民以谊。"

⑧窾綮：关键的部分。窾：款式；綮：筋骨结合处，比喻事物的关键。

⑨镠：纯美的黄金。又称紫磨金；意"精纯"。

⑩稂莠：稂：俗称狼尾巴草；莠：一年生草本植物，穗有毛，很像谷子，亦称"狗尾草"。稂和莠都是形状像禾苗而妨害禾苗生长的杂草。

⑪嘉禾：生长奇异的禾，古人以之为吉祥征兆，亦泛指生长苗壮的禾稻。典出《书·微子之命》："唐叔得禾，异亩同颖，献诸天子。王命唐叔，归周公于东，作《归禾》。周公既得命禾，旅天子之命，作《嘉禾》。"

【原文】

至若浏览之余，时获一是①，或（或：也许）足以补（足以补：能够弥补，补充）未发之蕴（未发之蕴：未被发现的深奥含义）者，辄为增入（辄为增入：就将其加进去；辄：就），聊备参观（聊备参观：姑且留供对照察看）。

总以（总以：总之因为）孝之为道，甚大而平（浅显易懂），故不必旁求隐怪②，用益高深（用益高深：故作高深、故弄玄虚），夸示（夸示：炫耀）繁缛（繁缛：多而琐碎），徒滋复赘③。惟以布帛菽粟（菽粟：）之言④，昭（揭示，说清楚）广大中正（广大中正：宏大正直）之理。虽未知於作者之旨（於作者之旨：与原作者的本意）能尽脗（同"吻"）合，可无（可无：不至于出现）枘凿⑤（枘凿：）与否。

然而前代诸儒之书，瑕瑜难掩（瑕瑜难掩：优点和缺点难以掩饰），与夫（与夫：对那些）近代群言之失（错误），淆乱不稽⑥者，於兹正之（於兹正之：在此订正）。庶几^⑦发蒙启锢（发蒙启锢：启发蒙昧，开通闭塞。锢：），四方亿兆（亿兆：众庶万民，广大人民），咸（咸：皆）知效法而允迪（允迪：认真履践、遵循），共底（共底：共同抵达；古"底"通"抵"）於大顺（大顺：顺乎伦常天道）之休（美善）焉。夫如是（夫如是：只有这样），将见至德要道^⑧，由此而广（广：被推广），和睦无怨^⑨由此而成（成：实现）矣！

顺治丙申仲春望日^⑩序

【注释】

①时获一是：常常能得到一些新的正确的东西。

②旁求隐怪：旁及追求玄奇。隐怪：鬼物奇怪之事。

③徒滋复赘：凭空增加多余的、没用的。

④布帛菽粟之言：喻日常大白话。布帛：古代一般以麻、葛之织品为布，丝织品为帛，故以"布帛"统称供裁制衣着用品的材料；菽粟：豆和小米，泛指粮食。

⑤枘凿："方枘圆凿"的简语，喻格格不入。枘：榫头，用以插入另一部分的榫眼，使两部分连接起来；凿：榫眼。

⑥淆乱不稽：混乱得搞不清。淆：错杂；稽：清理。

⑦庶几：连词；前面先说明某种情况或条件，以"庶几"连下句，说出后果，含"才能、以便"的意思。

⑧至德要道：最美好的道德和最精要的道理。

⑨和睦无怨：人与人之间关系和谐，无争少怨。

⑩顺治丙申：顺治十三年，公元 1656 年；仲春：春季的第二个月，即农历二月；望日：天文学上指月亮圆的那一天的白天，通常指夏历每月十五

日，有时是十六日或十七日。

开宗明义章第一

【原文】

御注　开一经之宗本（宗本：根本，本旨），明"五孝"①之义理（义理：含义和道理）。

【注释】

①五孝：古代五种等级的人所行的孝道。邢昺："五孝者，天子、诸侯、卿大夫、士、庶人，五等所行之孝也。"

【原文】

孝经　仲尼居，曾子侍。

御注　仲尼，孔子字。居：谓（意思指）闲居（闲居：安逸闲居，闲暇之时）。曾子②：孔子弟子。侍：谓侍坐。

【注释】

①孔子：前551—前479年。春秋战国时期伟大的教育家、思想家、儒家学派的创始人。

②曾子：前505年—前436年，全名曾参，孔子高徒。

孝经　子曰："先王有至德要道，以顺天下，民用（因而）和睦，上下无怨。汝知之乎?"

【原文】

御注　古者（古者：古时候）称"师"为"子"。

先王，谓先代圣王也。德者，人生所得于天之性①。

至德，谓尽性②之美，造（造就，成就）其极（极致）而无加（无加：无以复加）也。

道者，人所共由（共由：共同的来源），事物当然之理。

要道，谓穷理③之至，举其一而该众④也。

顺天下，谓顺天下之人心。因其固有而无所强（勉强，强迫）也。

上下，谓自天子至于庶人也。

孔子言古先圣王有至极之德，切要之道，以顺天下。而天下之民，亦皆各得其心（各得其心：大家都心领其义），相亲相睦；上下尊卑，无所怨尤（怨尤：埋怨责怪）。此极隆（兴隆、显赫）之治（政绩）也。

"汝知之乎?"：盖（语气词，多用于句首）孔子欲明（说明）孝道之大，而先发端（发端：开头）以问之也。

【注释】

①性：佛教语，指事物的本质，与"相"（表相）相对。

②尽性：儒家谓人之天性包含天理，唯至诚之人才能发挥人和物的本性，使各得其所。

③穷理：穷究事物之理。是宋儒提倡的一种认识方法和道德修养。

④举其一而该众：举一反三之义。该众：包括众多。

【原文】

孝经　曾子避席曰："参不敏，何足以知之？"

御注　参：曾子名。《礼》："师有问，则避席起答①。"

曾子闻孔子之言甚大且深（甚大且深：很博大而且精深），故瞿然起敬（瞿然起敬：肃然起敬。瞿：惊惧状），避席立对言（立对言：站着回答）：参不通敏（通敏：通达聪敏），何足以知此义也②？

【注释】

①避席起答：起身离开座位回答，以示尊敬。

②何足以知之义也：哪里能够懂得它的含义呢。

【原文】

孝经　子曰："夫（助词，表发端）孝，德之本也，教之所由生也。"

御注　孔子因曾子之对，遂（于是）告之以至德要道非他（非他：不是别的），即孝是也。

孝乃仁①之本原②；仁乃心③之全德（全德：完美无缺的道德）。仁主（兆示）于爱，而爱莫切于（莫切于：莫过于。切色；贴近）爱亲（双亲），故曰"德之本（德之本：道德的核心、根本）"。本立则道生④，自然亲（动词：亲近爱戴）亲（名词：指父母）而仁民⑤，仁民而爱物（爱物：爱护万物）。

举（穷尽）天下之大，无一物不在吾仁之中，无一事不自吾孝中出，故曰"教之所由生（教之所由生：教化即由此产生）"。可见，行（推行，施行）仁必自孝始（自孝始：从尽孝开始），而教化由此生焉，所以为至德要道也。

【注释】

①仁：仁是古代一种含义极广的道德观念，其核心指人与人相互亲爱。孔子以之作为最高的道德标准。

②本原：哲学上指一切事物的最初根源或构成世界的最根本实体。

③心：中国古代哲学名词，指人的主观意识。

④本立则道生：古代哲学说"道"显现于万物为"德"，万物因"道"所得的特殊规律或特殊性质曰"德"。故而有此联系前文的推论。

⑤仁民：行惠施利，以恩德济助人民。

【原文】

孝经　"复坐，吾语（告诉）汝。身体发肤，受之父母，不敢毁伤，孝之始也。"

御注　曾子起对，故使复坐。以（因为）孝道甚大，将详（详细）以告之也。

"始"，谓孝之根基也。人子爱亲必自爱身始（自爱身始：从爱惜身体开始）。盖一身（一身：全身）之四肢发肤，皆父母与（给予）我者；父母全（完整的）而生之，子当全而归之。朝乾夕惕①，不敢毁伤，是为孝之根基。故曰"始"。

【注释】

①朝乾夕惕：谓终日勤奋谨慎，不敢懈怠。语本《易·乾》："君子终日

乾乾，夕惕若厉，无咎。"

【原文】

孝经　"立身行道①，扬名于后世，以显（显扬）父母，孝之终也。"

御注　"终"，谓孝之完备也。言不敢毁伤，祗（只，仅）是不亏其体（亏其体：亏损其躯体），必须成立（成立：成就、建立）此身（功名，事业），力行此道（力行此道：努力实行这个道义），使善名（善名：美好的名声）扬于后代，后之人称（称赞）其善，而推本（推本：追根溯源）其父母之贤（贤德）。是（这就是）光显其父母也，而后孝乃（才是）完备（完备：完美全备）。故曰"终"。

【注释】

①立身行道：为人处世，做正义的事业。

【原文】

孝经　"夫孝，始于事亲（事亲：侍奉双亲），中于事君，终于（终于：归根结底在于）立身。"

御注　孝本（本原，本质）爱亲，故以事亲为始；移孝可以作忠①，故以事君为中；忠、孝道立，方谓之扬名显亲（显亲：使双亲显耀），故以立身（立身：喻处世为人）为终。

【注释】

①移孝作忠：把对父母的孝顺转化成为对君王的效忠。

孝经诠解

【原文】

孝经 "《大雅》曰：'无念（无念：无忘）尔祖（尔祖：你的祖先），聿修厥德①。'"

御注 《大雅》，《诗②·文王》之篇。周公追述文王之德以（用来）告成王者。夫子引此，以见（以见：表示）为人子孙，当念（缅怀）其祖宗，而聿修其德，则孝之道始可尽（努力完成）也。

【注释】

①聿修其德：继承发扬先人的德业。

②"诗"：指《诗经》，是我国最早的一部诗歌总集，收周代诗歌三百零五篇，分为"风、雅、颂"三类。

天子章第二

【原文】

御注 此章言天子之孝。天子至尊，故居"五孝"之首。

孝经 子曰："爱亲者，不敢恶（冒犯，得罪）于人；敬亲者，不敢慢（傲慢，轻忽）于人。

御注 爱者，仁之端（端：原因）；敬者，礼之端；恶者，爱之反①；慢者，敬之反（敬之反：与敬相反）。

孔子首言（首言：首先说）天子之孝，以为（以为：认为）天子以天下事亲②，全在以兢业（兢业：勤恳认真，谨慎戒惧）之心，尽爱敬之道。

爱亲者，必能博爱③，不敢恶于人；敬亲者，必能广敬④，不敢慢于人。推是以行（推是以行：将此推广开来施行），则我所以爱人敬人者，各得其宜（各得其宜：各得其所）；而人之爱我、敬我者，亦无所不至矣⑤。

【注释】

①爱之反：与爱相反的，也就是不仁。

②以天下事亲：把天下百姓当作亲人来侍奉。

③博爱：对人类广泛的爱，也就是对别人有一种热忱的心，去帮助所有需要关心的人。这种爱是广博无私的。

④广敬：对所有人都尊敬、尊重。

⑤这一句即我爱人人，人人爱我，投桃报李，各得其益的意思。

【原文】

孝经　"爱敬尽於（尽於：完全用在）事亲，而德教（德教：道德教化）加于百姓，刑（作为典范）于四海，盖天子之孝也。"

御注　爱亲（爱亲：爱自己的父母）以及人之亲（人之亲：别人的父母），则天下之人爱我而（并且）皆爱吾亲矣；敬亲以及人之亲，则天下之人敬我而敬吾亲矣。

爱以天下，爱之至也；敬以天下，敬之至也，岂非（岂非：难道不是）爱敬尽於事亲乎？

天子者，天下之表（表率）也。上行则下效，君好（喜好）则民从（跟从）。我之爱既尽，则人（人民）亦兴于仁（兴于仁：仁爱之风气兴行），而各爱其亲矣。我之敬既尽（做好了），则人亦兴于礼①，而各敬其亲矣。如是（如是：像这样）则百姓之众，四海②之大，同归于孝矣！

此天子之孝所以为大也。

【注释】

①礼：社会生活中由于风俗习惯而形成的行为准则、道德规范和各种礼节。

②四海：古以中国四境有海环绕，各按方位为"东海""南海""西海""北海"，故常以"四海"泛指普天下。

【原文】

孝经　《甫刑》云："一人有庆，兆民赖之。"

御注　《甫刑》，即《书经·吕刑》①篇。一人，谓天子；兆民②，谓百姓四海。

孔子引《吕刑》之言，谓一人有爱敬之善（好品德），则兆民皆仰赖（仰赖：仰慕倚赖）之。以见（以见：由此可见）天子合天下之孝以为孝也。

【注释】

①吕刑：《尚书·吕刑》，周穆王时有关刑罚的文告，由吕侯请命而颁，后因吕侯后代改封甫侯，故《吕刑》又称《甫刑》。

②兆民：古称天子之民，后泛指众民，百姓。

诸侯① 章第三

【原文】

御注　此章言诸侯之孝，兼公、侯、伯、子、男②。

【注释】

①诸侯：原指由天子分封的国君。进入封建社会后，"诸侯"演变为封疆大吏，朝廷重臣，他们身在贵位，名声显赫，是天子政令的直接实施者。

②公侯伯子男：上古时代按地域大小分封等级的爵位。《通典·职官·封爵》上载："周：公、侯、伯、子、男五等，公侯百里，伯七十里，子男五十里。周公居摄改制，大其封，公五百里，侯四百里，伯三百里，子二百里，男百里"。

【原文】

孝经　在上不骄，高而不危；制节谨度，满而不溢。

御注　在上，在一国臣民之上也。费用约俭，谓之制节（制节：节俭克制）。慎行（慎行：谨慎遵行）礼法，谓之谨度。

诸侯：谓一国之君，其位高矣。高者易危（易危：容易发生危机、危险），若能不以尊自骄①，位虽高，不至于危。享（拥有）一国之赋（赋税），其财满矣。满则易溢，若能制节以谨守侯度②，财虽满，不至于溢（溢：满而流失）。

是知（是知：要知道）贵不与骄期（邀约）而骄自至（自至：自己来

到）；富不与侈期而侈自生，诸侯固当戒（戒备，警诫）之也。

　　孝经　高而不危，所以长守贵也。满而不溢，所以长守富也。

　　御注　居高位而不危，则不以陵傲③召祸而致卑替（卑替：轻蔑、废弃），其位可长居矣。

新二十四孝图（二十）

　　财充满而不溢，则不以僭侈（僭侈：奢侈浪费。僭古通"僭"）费财而致虚耗（虚耗：空竭），其富可长有矣。盖言不危不溢，其道④行之可久也。

【注释】

①以尊自骄：以自己的地位尊贵而骄纵自大。

②侯度：作为君侯应该遵守的法度。

③陵傲：凌侮轻慢。语出《晋书·孙楚传》："楚才藻卓绝，爽迈不群，多所陵傲，缺乡曲之誉。"

④道：好的政治局面或政治措施。

【原文】

　　孝经　富贵不离（丧失，丢弃）其身，然后能保其社稷，而和其民人。盖诸侯之孝也。

　　御注　社，土神。稷，谷神。

　　列国皆有社稷①，其君主（主持）而祭之。诸侯之社稷、民人，皆祖宗受之于天子，而传之子孙者。故上承（奉承，顺从）天子，下抚（存恤；安抚）国人，必小心虑患（虑患：忧虑祸患），长守（长守：长久放在心上）富贵，不离其身，然后能保守（保守：保存、守护）社稷，而民人和悦。此诸侯之孝也。

【注释】

①社稷：本为古代帝王、诸侯所祭的土神和谷神，此借指诸侯列国的国土。

【原文】

孝经　《诗》云："战战兢兢，如临深渊，如履薄冰。"

御注　《诗》，《小雅·小旻》之篇。引此以见为诸侯者，常须戒惧（戒惧：警惕和畏惧），如临渊恐坠、履冰（履冰：冰上行走）恐陷，方能不危不溢①，以尽其孝道也。

【注释】

①不危不溢：不危险，不过分。犹恰如其分。

卿大夫章第四

【原文】

御注　此章言卿大夫①之孝。"卿"与"大夫"不同，而合言之者②，其行同（行同：道理相同。行：道理）也。

【注释】

①卿大夫：卿是古代高级官员的名称。西周、春秋时天子、诸侯都有卿，分上、中、下三等。秦汉时期三公以下设有九卿。他们地位次于诸侯，接受国君封予的都邑，世袭对都邑的统治权，服从君命，对国君有定期纳贡赋和服役的义务。清代则常以三品至五品卿作为官员的虚衔。大夫：位居卿之下，士之上。秦汉后有御史大夫、光禄大夫等，唐代以后称高级文职官阶为大夫。"卿大夫"为二者统称。

②合言之者：之所以放在一起说。

【原文】

孝经　非先王之法服不敢服，非先王之法言不敢道，非先王之德行不敢行。

御注　法服，谓先王所制章服，各有品秩①也。法言，谓礼法（礼法：礼仪法度）之言。德行，谓道德之行。

卿大夫事君从政，承上接下，服饰、言行须遵礼典（礼典：礼仪制度，规矩）。非法服而服之②，是僭服③；非法言而道（说）之，是妄言④；非德行⑤而行之，是伪行（伪行：奸诈虚伪的行为）。三者皆于孝道有亏（亏：毁伤）。故敬慎守之⑥，而不敢违也。

【注释】

①品秩：官品和俸秩，此处泛指等第、次序。

②非法服而服之：穿了不合法度规矩的服装。

③僭服：超越制度规定的，也就是违规的穿着打扮。

④妄言：谬说。《管子·山至数》："不通於轻重，谓之妄言"

⑤德行：在道德意识支配下表现出来的具有道德意义并能进行道德评价的行为。

⑥敬慎守之：恭敬谨慎地遵守这些规矩。

【原文】

孝经　是故（是故：因此，所以）非法不言，非道不行；口无择言，身无择行；言满天下无口过，行满天下无怨恶。

御注　是故其不敢之心，不言则已，言必守法；不行则已，行必遵道①。口之所言，身之所行，皆遵道法，故无可择（挑选）。言之多虽满天下，既有礼法，自无有率口（率口：随口，顺口）之过失。行之多虽满天下，既有道德，自不招人之怨恶矣。盖三者之中，言行犹为切要（切要：十分必要，非常需要）。故重（重复，反复）言以明之。

【注释】

①遵道：遵循正道、法度。语出《楚辞·离骚》："彼尧舜之耿介兮，既遵道而得路；何桀纣之昌被兮，夫唯捷径以窘步。"

【原文】

孝经　三者备矣，然后能守其宗庙。盖卿大夫之孝也。

御注　三者，即"服、言、行"是也。礼（祭神求福），卿大夫立三庙①，以祀（祭礼）先祖，必三者无亏（无亏：没有亏缺），然后能保守宗

祀（宗祀：对祖宗的祭祀）。卿大夫之孝，当如是也（当如是：应当就是这样）。

【注释】

①三庙：指古代大夫为供祀祖先所立之庙。《礼记·王制》："大夫三庙：一昭，一穆，与太祖之庙而三。"《礼记·祭法》："大夫立三庙二坛，曰考庙，曰王考庙，曰皇考庙，享尝乃止。"

【原文】

孝经　《诗》云："夙（早）夜匪懈（匪懈：不懈怠），以事一人。"
御注　《诗》，《大雅·蒸民》之篇。一人，谓君也。
引此以明（说明）为卿大夫者，能早夜不惰，敬事（敬事：恭敬谨慎地侍奉）其君，则戒惧①之心常存，自无"三者"之失也。

【注释】

①戒惧：小心翼翼。《左传·桓公二年》："文物以纪之，声明以发之，以临照百官，百官於是乎戒惧，而不敢易纪律。"

士章第五

【原文】

御注　此章言士之孝。
孝经　资（取用）于事父以事母，而爱同；资于事父以事君，而敬同。

御注　士①始升公朝②，离亲入仕（离亲入仕：离开双亲入朝为官），家修（家修：在家中修学）而廷献（廷献：于朝廷中奉献）之。故言取于事父之行（道理）以事母，则爱母与爱父同；取于事父之行以事君，则敬君与敬父同。

子未尝不敬母也，而爱先之，母以鞠育③而爱厚也。然充（尽量展示，发挥）其爱母之心，承欢色养④，不敢少违母意，非敬乎（非敬乎：不就是恭敬吗）？

臣未尝不爱君也，而敬先之，君以尊高（尊贵，高贵）而敬生（产生）也。然揆（揣度）其敬君之心，奔走服勤⑤，不忍少负（少负：稍稍辜负）君恩，非爱乎？

总之，爱敬皆出于诚心，其自然之性情，有如此者（有如此者：就是这样的）。故分言（分言：分别说明）以明其真挚之极，而其理未尝不兼具（兼具：同时具有）也。

【注释】

①士：古代诸侯设上士、中士、下士，"士"的地位次于大夫。

②始升公朝：刚开始做官。公朝：古代官吏在朝廷的治事之所，借指朝廷。语出《庄子·达生》："当是时也，无公朝，其巧专而外骨消。"

③鞠育：抚养；养育。语本《诗·小雅·蓼莪》："父兮生我，母兮鞠我，拊我畜我，长我育我。"

④承欢色养：迎合心思，承顺颜色，博取欢心。多指侍奉父母、君王等。

⑤服勤：勤劳服持职事。《礼记·檀弓上》："事亲有隐而无犯，左右就养（侍养父母）无方，服勤至死，致丧三年。"

【原文】

孝经　故母取其爱，而君取其敬，兼（兼备）之者父也。

御注　此言事父之道兼爱敬（兼爱敬：既爱又敬）也。为臣子者，於君与父母，其爱敬之心原无分别，惟亲至（亲至：亲爱过分）则敬不极（敬不极：尊敬不够）。盖言情亲（情感上亲爱）而礼节仪文（仪文：礼仪形式）之恭（奉行）自少（自少：自然会缺少），非谓（非谓：不是说）不敬也。尊至（尊至：尊敬过分）则爱不极，盖言心敬（心敬：内心敬爱）而左右依恋之时不多，非谓不爱也。

惟父则得朝夕奉养与母同，奉教秉命（奉教秉命：唯命是从）与君同。故云事父之道兼爱敬者，正以明（正以明：正说明）爱敬之真心俱有其极（俱有其极：都达到极致），无少（无少：没有半点儿）虚伪之义。

孝经　故以孝事君则忠，以敬事长则顺。

御注　士，初离膝下①，方登仕籍②，或未尽知（或未尽知：可能不是很懂）事君、事长之道（礼法规范）。然而，爱敬父母者所谓孝也。以此孝道事吾君，则不忍欺（欺骗蒙蔽）君之心，即爱亲之孝也；不敢慢君之心，即敬亲之孝也。为人臣（人臣：臣子，臣下）而至于（至于：做到）不忍欺，不敢慢者，不谓之忠也可乎（不谓之忠也可乎：能说他不忠吗）？

长（长官，上级），谓卿大夫也。以事父兄之敬用之事长，则此心常存谨畏（谨畏：谨慎敬重），自不至（至于）有骄陵（骄陵：骄横凶暴）之心，悖慢③之行。而同寅协恭④，以为师法⑤，可谓顺（顺理）矣。究（探究）之忠顺，皆本（来源）于事亲之孝也。

【注释】

①膝下：人在幼年时常依于父母膝下，因以"膝下"代指幼年。后用作对父母的敬辞。

②方登仕籍：刚进入官场。仕籍：指记载官吏名籍的簿册。

③悖慢：亦作"悖嫚"。违逆不敬；背理傲慢。

④同寅协恭：《书·皋陶谟》："百僚师师，百工惟时…同寅协恭，和衷哉。"这是皋陶在帝舜面前对禹所说的话，后用为同僚恭谨事君，共襄政事之典。

⑤以为师法：以此作为学习和效仿的对象。

【原文】

孝经　忠顺不失，以事其上，然后能保其禄位，而守其祭祀①，盖士之孝也。

御注　上，兼君、长（长官、上级）而言。

士亦得（亦得：也要）立宗庙祀其先祖。言（言：说的是）能合（符合）忠与顺，而不失其道（礼法规范），以事君与长，则君谅（信任）其忠，卿相（卿相：执政的大臣）乐（喜欢）其顺（顺从），然后能保其俸廪②之禄（禄位，官职），官爵之位，而永守祖先之祭祀。盖③士无田则不祭④，故禄位与祭祀相关。而士之孝，当如是也。

【注释】

①祭祀：祭拜祖先的传统礼俗仪式，表示对死者的追悼、敬意。祭：有

酒肉的祭祀，即牲祭。

②俸廪：公家发给的金钱和粮食。

③盖：此处作为连词用，以承接上文，表示理由。

④士无田则不祭：语出《孟子·滕文公下》："士之失位也，犹诸侯之失国家也。《礼》曰：诸侯耕助，以供粢盛；夫人蚕缫，以为衣服；牺牲不成，粢盛不洁，衣服不备，不敢以祭。惟士无田，则亦不祭。"意思是：读书人出来做官，也就有一份田，如果没有做官的时候，或者他的祖上做过大官，他也会有一些田。如果他没有田，就不能举行祭祀。

【原文】

孝经　《诗》云："夙兴夜寐（夙兴夜寐：早起晚睡），无忝（愧）尔所生。"

御注　《诗》，《小雅·小宛》之篇。所生，谓父母。引此以见（表示）为士者，当小心勉力，早起夜寐，求无辱其父母，而无辱之道（道：方法，途径，要点），则在于忠顺不失也。

庶人章第六

【原文】

御注　此章言庶人（庶人：泛指平民百姓）之孝。

孝经　用天之道①，分地之利②，

御注　庶人服田力穑③，举农亩之事（举农亩之事：务农），顺（顺：顺应）四时之气④。春气发生，则当耕种；夏气长养，则当芸苗⑤；秋气收敛，则当割获；冬气闭塞，则当盖藏⑥。

推之，凡事而必顺时（顺时：顺应天时），此用天道也。分别（辨别）山林、川泽、邱⑦陵（大土山）、坟衍⑧、原隰⑨"五土"⑩之高下（高下：具体性质与好坏），随其地之宜产者而播种之，此分地利也。

不顺天道，则先时后时⑪而物无以生；不辨地利，则终日勤动而物终不成⑫。二者皆得，则生植⑬成遂（成遂：成功），衣食自然充裕矣。

【注释】

①用天之道：做任何事情都要顺应自然规律，这里是指按时令变化安排农事，即春生、夏长、秋收、冬藏。用：顺应，依循，利用。道：规律，原理，准则。天之道：指春温、夏热、秋凉、冬寒的季节变化以及阴、晴、风、雨、雷、电等自然现象的规律。

②分地之利：区分各种不同的土质、地势以及当地的气候，因地制宜，种植适宜当地生长的农作物，从而获得最好的收成。分：区别，分辨。利：利弊。

③服田力穑：指努力从事农业生产。语出《尚书·盘庚上》："若农服田力穑，乃亦有秋。"服：从事；穑：收获谷物。

④四时之气：古人有四季之气说：春季主生，春阳之气始生，是万物复苏的季节；夏季主长，阳气旺盛，是草木繁茂秀美的季节；秋季主收，阴气始生，阳气渐衰，是草木自然成熟的季节；冬季主藏，阴气隆盛，阳气潜藏，是万物生机潜伏闭藏的季节。

⑤芸苗：除去秧苗中的杂草。芸通"耘"，除草。

⑥盖藏：储藏。语出《礼记·月令》："［孟冬之月］命百官，谨盖藏。"

⑦邱：同"丘"，小土山。《说文·邑部》："邱，地名。"段玉裁注："今制，讳孔子名之字曰邱。"孔子名丘，清雍正三年上谕，除四书五经外，

凡遇"丘",并加"阝"旁为"邱"。)

⑧坟衍：指水边和低下平坦的土地。语出《周礼·夏官·邍师》："掌四方之地名，辨其丘陵、坟衍、原隰之名"。

⑨原隰：平原和低下的地方。隰：低湿的地方。

⑩五土：指"山林、川泽、丘陵、坟衍、原隰"五种土地。语出《孔子家语·相鲁》："乃别五土之性，而物各得其所生之宜。"

⑪先时后时：种植时间超前或者滞后于季节时令。

⑫终日勤动而物终不成：成天勤劳但最终啥也种不成功。

⑬生植：指农业生产。《晋书·良吏传·王宏》："朕惟人食之急，而惧天时水旱之运，夙夜警戒，念在於农。虽诏书屡下，敕厉殷勤，犹恐百姓废惰以损生植之功。"

【原文】

孝经　谨身节用（谨身节用：行为谨慎，节约费用），以养父母，此庶人之孝也。

御注　衣食既足，仰（对上）足以事父母，而父母安之；即俯（对下）足以育（供养）妻、子，而乐（使……高兴）我妻孥（儿女）；父母之心，亦用慰（用慰：因此而欣慰）也。

然凡人（凡人：一般人，普通人）之情（常情），稍充裕则多生事（生事：找麻烦，惹是非），尤必（尤必：尤其要）谨身（谨身：约束自己）守法，不敢放纵，以远（远离，避开）耻辱罪戾①，而不遗（留给）父母之忧。

且财有馀则易耗费，又当省俭用度，不敢奢侈。公赋既完②，私用不窘（私用不窘：家用也不匮乏），以无阙（无阙：不会缺少）二亲之奉（奉养）。如此养其父母，不徒（仅仅）口体之养（口体之养：喻管吃、穿），即谓之养志③亦可。庶人之孝，诚当如是也。

【注释】

①罪戾：罪过。出自《左传·庄公二十二年》："赦其不闲於教训而免於罪戾，弛於负担，君之惠也。"

②公赋既完：既能足够缴纳官府的赋税。

③养志：培养、保持不慕荣利的志向。语出《庄子·让王》："故养志者忘形，养形者忘利。"

【原文】

孝经　故自天子至于庶人，孝无终始，而患不及（不及：无法落实）者，未之有也。

御注　上自天子，下至于庶人，虽有尊卑之分，其根于一（于一：出于一个）本之（本：本来的）天性，则一（一样）也。

孝虽有"五等"之别其所以各尽其道，以抒（表达，发泄）其不能自已之情（自己之情：自我控制的感情），则一也。若心欲行孝，则随所处（随所处：随时随地）而皆可以自尽（自尽：自我做到）。盖自有身（有身：出生）以后，无日非（无日非：没有一天不是）为人子之日，则无日非常尽此孝道（常尽此孝道：经常尽这个孝道）之时，岂有久暂之殊（久暂之殊：长期和一时的区别）？姑待之日（姑待之日：暂且等到有一天），而以力不及为患（力不及为患：顾虑力量不够）者，此必无之理①也。为人子者，贵、贱、贫、富，皆当自勉，不可以所遇（所遇：所遇到的情况）不同而生怠缓（怠缓：松懈）之心也。

【注释】

①无之理：没有这个道理，道理上说不过去。

三才章第七

【原文】

御注　此章言孝道之大及本孝立教之义。

"天、地、人"谓之"三才"。

孝经　曾子曰："甚哉，孝之大也！"子曰："夫孝，天之经也，地之义也，民之行也。"

御注　曾子平日以保身（保身：自己做到）为孝，不知孝之通于天下，无限（无限：不限，不论）尊卑。故闻夫子之言，始知孝道之大，遂叹美（叹美：感叹赞美）之。而夫子遂言：民性之孝，原于（原于：来源于）天地。天之"三光"有度①，而以生物（生物：兴生万物）覆帱②（覆帱）为常（正常），故曰经；地之"五土"有性③，而以承顺利物④为宜，故曰义。得（感知到）天之性为慈爱，得地之性为恭顺，是即（是即：这就是）孝也。孝为百行之首，人所当常行（所当常行：应当经常遵行）者，故曰民行（民行：人民的行为）。由是观（由是观：由此可见）之，孝合"三才"以为大⑤，在天为经，在地为义⑥，在民为行（道理），其实一理也。

【注释】

①三光有度：古时将日、月、星称之为"三光"。有度：日月星辰的运

行都有各自的规则。

②覆帱：犹覆被，意思为施恩，加惠。语出《礼记·中庸》："辟如天地之无不持载，无不覆帱。"

③有性：各有不同的地理、地质特性。

④承顺利物：尊奉、顺从有益于作物生长的基本原则。

⑤孝合三才以为大："孝"因为符合"三才"所以为大。《易·说卦》："是以立天之道曰阴与阳，立地之道曰柔与刚，立人之道曰仁与义。兼三才而两之，故《易》六画而成卦。"

⑥天经地义：天地间历久不变的常道，理所当然的事。经：规范，原则；义：正理。

【原文】

孝经 "天地之经，而民是（因此）则（效法，遵循）之。则天之明（天之明：天道彰明的规律），因（顺应）地之利，以顺天下。是以（是以：因此）其教不肃而成，其政不严而治。"

御注 凡民生于天地之间，禀（领受）天地之性。天地既具此经常之理，人法（效法）天地，亦当以此为常行（常行：平时的行为准则）也。

夫（助词，用于句首表发端）民自初生以来，皆知爱亲，爱亲之心即孝也。然此爱亲之心，有不知其然而然①者。穷（追究）之而无原（无原：找不到根源），执之（执之：拿起来）而无体（无体：没有实体），用之而无尽（无尽：无穷尽，无止境）广大而无际。岂非天地之经乎？

但民不能自法（自法：自己懂得去效法）天地，全赖圣人倡（倡导）之。圣人则（效法，遵守）天之明，承（承沐）"三光"，纪（记载）四时②。而民皆出作入息（出入作息：日常起居、劳作歇息），始知夙兴夜寐③，无忝尔所生④；因地之利，辨五土，播百谷。而民皆耕田凿井，始得晨羞夕膳⑤，敬养无违⑥。

是统因夫天地自然之道，以顺天下人民孝养爱敬之心，而立之政教⑦，实圣人之事也。惟（惟愿）其政教既（确实）顺于人心，是以人皆乐从，教则不待肃戒而自成；政则不待威严而自治（自治：自成规矩）。其化（劝化功能）之神（灵验），有如此者，是益知（是益知：因得益于了解）孝者天性⑧之自然，人心所固有。圣人之政教，所以云顺天下也。

【注释】

①不知其然而然：不知究竟其理由就认可。

②四时：即一年的四季。欧阳修《醉翁亭记》："风霜高洁，水落而石出者，山间之四时也。"

③夙兴夜寐：早起晚睡，勤奋劳作。

④无忝尔所生：无愧于你这辈子。忝：有愧于，羞辱。

⑤晨羞夕膳：早晚侍弄吃喝。羞：进献食物；膳：烹调。

⑥无违：不要违反礼法、天道。《论语·为政》："孟懿子问孝，子曰：'无违。'"

⑦立之政教：使之成为国家的刑赏与教化标准与原则。

⑧天性：我国古代唯心主义哲学称世界的精神本原为"天"。《孟子·尽心上》："尽其心者，知其性也；知其性，则知天矣。"朱熹《集注》："心者，人之神明，所以具众理而应万事者也。性则心之所具之理，而天又理之所从以出者也。"

【原文】

孝经　先王见教之可以化民也，是故先之以博爱，而民莫遗其亲；陈

（陈说）之以德义，而民兴行；先之以敬让，而民不争；道（通导）之以礼乐①，而民和睦；示之以好恶，而民知禁。

御注　政教（政教：刑赏与教化）皆可以化民（化民：教化人民），而本（根据，依据）孝之教，其化尤神②。先王知此教，本（起源）于天地，易于化民也，是故以身先之（以身先之：以身作则）。人君（人君：君王）爱其亲，而推（延伸，推广）此爱亲之心，以博爱其民，民皆法则（法则：效法、遵循）之，施由亲始（施由亲始：从自身开始做起），无有遗弃其亲者矣。陈说德义（德义：道德仁义）之美，以感动民心，民皆兴起（兴起：因感动而踊跃）于躬行（躬行：身体力行），而无有甘于自弃者矣。

又身行（身行：以身作则）敬让③以率先（率先：表率于）天下，而民皆让路让畔④，无有陵竞⑤之行矣。复导（复导：又引导）民以礼，正其身而节（节制）其行；导民以乐⑥，平其心而怡（和悦）其情。礼乐兼备，内外交养（交养：相互熏陶，培养），民皆和顺亲睦，而无乖戾⑦之心矣。

又示（告诉，明示）之以善之当好⑧，恶之（丑恶的东西）当恶（厌恶，排斥）。好则有庆赏（庆赏：赏赐），恶则有刑威（刑威：严厉惩罚），民遂知有禁令而不敢犯矣。

凡此者，皆因天地（天地：此指社会境界）以顺（顺应，适合）天下之事，而教化之捷（成功）应如此，又何疑（怀疑）于孝治之大（作用和意义广大）也！

【注释】

①礼乐：古代帝王用兴礼乐为手段以求达到尊卑有序远近和合的目的。《礼记·乐记》："乐也者，情之不可变者也；礼也者，理之不可易者也。乐统同，礼辨异。礼乐之说，管乎人情矣。"

②其化尤神：其教化功效特别灵验。

③敬让：恭敬谦让。语出《礼记·经解》："是故隆礼由礼，谓之有方之士；不隆礼，不由礼，谓之无方之民，敬让之道也。"

④让畔：古代传说由于圣王的德化，种田人互相谦让，在田界处让对方多占有土地。《史记·五帝本纪》："舜耕歷山，歷山之人皆让畔；渔雷泽，雷泽上人皆让居。"《周本纪》："西伯阴行善，诸侯皆来决平…入界，耕者皆让畔，民俗皆让长。"后遂用作称颂君王德政的典故。

⑤陵竞：侵犯，欺辱，戒惕。陵：古通"凌"。

⑥导民以乐：用美好的音乐来引导和熏陶人民的情操。

⑦乖戾：语言、行为、性情别扭、怪异。

⑧善之当好：应当喜爱善美的东西。

【原文】

孝经 《诗》云："赫赫师①尹，民具尔瞻（民具尔瞻：人民都尊仰你）。"

御注 《诗》，《小雅·节南山》之篇。师尹：周太师尹氏也。

引此谓师尹不过大臣，尚且为民瞻望（瞻望：仰慕），况有天下者？以身行教化②，又何难于化民成俗③乎？由是而知，教明于上（教明于上：上面的讲明道理），化行于下（化行于下：下面的转化为具体行为），观感兴起（观感兴起：思想和行为都统一）之益，良匪浅也。

【注释】

①师：太师，为周三公（太师、太傅、太保）中地位最高者，辅佐周王，治理国家。

②以身行教化：自己身体力行，以实施教化。

③化民成俗：教育、感化人民，使之形成良好的习俗。

孝治章第八

【原文】

御注　此章言由孝而治之义。

孝经　子曰："昔者明王（明王：圣明的君主）之以孝治天下也，不敢遗小国之臣，而况于公、侯、伯、子、男乎？故得万国之欢心，以事其先王。

御注　此言天子之孝治也。

昔者明哲（明哲：明智，通达事理）之王，以孝道而治理天下也。推（推广）其爱敬之心，至于（至于：表示达到的范围）附庸小国之臣，尚不敢遗忘以阙其礼①，况于公、侯、伯、子、男五等之君乎？以此之故，举（穷尽）天下万国之众，而皆得其欢悦之心，尊君亲上，同然无问（同然无问：无论谁都同样如此）。人心和（平和，和谐）而王业盛，社稷灵长（灵长：广远绵长）而宗庙奠安（奠安：安定）。以此奉事其先王，则孝道至（尽善尽美）矣。

夫子所以首称（首称：首先说）明王，而言其不敢者（的原因），盖即（盖即：就是说的）不敢恶慢（恶慢：中伤、怠慢）于人之心也。明王联（与）天下为一身，大国小国之君臣是吾四肢百体也，亿兆之民是吾发肤也；鳏寡茕（孤独无依）独、颠连（颠连：颠沛流离）无告（无告：无处求助）者，是吾肤理（肤理：皮肤的纹理）之痌瘝（痌瘝：病痛，疾苦）而不宁（安宁）者也。

清顺治注《孝经》

明王不敢遗小国之臣，即不敢忽（忽略，轻视）丘民^②、侮鳏寡、虐（欺凌）无告，何也？所以（因为）敬吾身也。敬吾身所以敬吾亲矣。故天下之人，莫不尊亲，所谓以天下尊养者也。夫尧舜之道，孝弟而已^③，然以钦明（钦明：敬肃明察）温恭（温恭：温和恭敬），开万世治道（治道：治国的方针、政策、措施）之源。可见"孝道"即"治道"，统不外此一"敬"尔^④。

【注释】

①以阙其礼：对其失礼。阙：缺误，疏失。

②丘民：山民。

③尧舜之道，孝弟而已：孟子曰："尧舜之道，孝弟而已矣"。儒家的观念来源于尧舜之道。尧舜之道虽是尧舜并称，但起决定作用的却是舜帝。舜之所以能由一个普通山民而成为"帝"，其根本就在于他"孝感天地"，舜以对孝的身体力行而感天动地，被尧帝所看重，也被世人所拥戴。因此，尧舜之道的核心内涵便在于"孝"，尧舜之道简称为"孝道"。孝弟：孝顺父母，敬爱兄长。亦作"孝悌"。《论语·学而》："其为人也孝弟，而好犯上者鲜矣。"

④统不外此一敬：总而言之不外乎这一个"敬"字。

【原文】

孝经　治国者，不敢侮于鳏寡，而况于士民乎？故得百姓之欢心，以事其先君。

御注　此言诸侯之孝治也。

诸侯法（效法，仿效）天子，而以爱敬治其国，尚不敢慢于无妻之鳏，无夫之寡，况（何况）知礼义①之士与效力之民（效力之民：劳苦大众）乎？以此之故，所以得百姓之欢心而和其民人②，保其社稷矣。以此而事其先君，岂非孝道之大者乎？盖不敢侮鳏寡，即不骄不溢（自满）之极；得百姓之欢心，即长守富贵之本也。

【注释】

①礼义：奴隶社会和封建社会的等级制度，以及与此相适应的一套礼节仪式即为礼，合于这些的做法即为义。"礼义之士"是指相对"效力之民"的社会上层人士。

②和其民人：使他的人民和谐、顺从。

【原文】

孝经　治家者，不敢失于臣妾，而况于妻子乎？故得人之欢心，以事其亲。

御注　此言卿大夫之孝治，士庶（士庶：士人和普通百姓）亦可推而知也。

卿大夫以孝治其家者，推其爱敬之心，下及於臣妾（臣妾：隶臣与隶妾的并称）之疏贱者①，尚不敢少失（少失：稍稍违背）其心，而况（何况）于妻子（妻子：妻儿）之亲且贵（亲且贵：亲近并且敬重）乎！以此之故，无贵无贱、无亲无疏②，皆得其欢心，而可以事其父母矣。

盖君子（君子：人格高尚的人）之道，莫大乎孝；孝之本，莫大乎顺亲。故仁人孝子欲顺乎亲，必先于妻子不失其好③，兄弟不失其和（亲和），以至一门之内，上下尊卑，秩然雍睦④，然后可养父母之志（目标，志向）而无违也。治家者可不慎（遵循，依顺）乎？

【注释】

①疏贱者：指与自己关系疏远和地位低下的人。

②无贵无几、无亲无疏：不论贵贱亲疏同样待之。无几：无分多少。

③不失其好：不能失去与妻儿之间的和好关系。

④秩然雍睦：人际秩序井然，关系团结和谐。

【原文】

孝经　夫然（夫然：如此这般），故生则亲安之，祭则鬼享①之。是以天下和平，灾害不生，祸乱不作。故明王之以孝治天下也如此。

御注　天子、诸侯、卿大夫以孝治天下、国家，而皆得其欢心，以事其亲诚如是（诚如是：确实是这样）也。

亲生而存（生而存：健康的活着），则安其养②，而心志康泰（心志康泰：身心平安快乐），非徒（非徒：不只是）甘旨之具（甘旨之具：有好吃好喝的）也；亲归而鬼③，则享其祭（享其祭：享受祭祀），而神明咸格（咸格：皆感通），自觉（自会觉得）神气（神气：神灵之气）之易感（易感：容易感应）也。总由于心志之素安（素安：质朴安定），所以神气之易感也。

是以普天之下，和气洋溢，荡荡平平（荡荡平平：形容平和的社会氛围），无乖戾之气，则水旱疾疫之灾害自然不生；无陵悖之行④，则盗贼干戈之祸乱自然不作。

盖以天子身率（身率：以身作则）于上，诸侯以下化而行之（化而行之：受感化而照样施行），人人尽孝，则心和气和，而天地之和应（和应：附和感应）之也。明王之躬行爱敬，而神人（神人：神灵和人）上下，靡不咸悦（靡不咸悦：皆大欢喜），神效如此，岂非孝治之极隆（兴隆）者乎？

【注释】

①鬼享：在宗庙里祭祀先祖。

②安其养：安排照顾好他们的生活起居。

③亲归而鬼：亲人去世了。古人以为人死后魂灵不灭，称之为鬼。

④陵悖之行：骄横凶暴、悖逆不敬的行为。"陵"古同"凌"，为侵犯、欺侮之义。

【原文】

孝经　《诗》云：'有觉（通"梏"。正直；高大）德行，四国顺之。'"

御注　《诗》，《大雅·抑》之篇。

引此言天子有明大（明大：圣明伟大）之德行，则四方之国皆顺从之。盖（语气词）天子以至德要道顺天下（顺天下：使天下顺从），四方皆感（受到感应）之而无不顺，乃理势之必然，孝治之所以易于化民（易于化民：容易感化人民）也。

圣治章第九

【原文】

御注　此章言圣人治世之要道。

孝经　曾子曰："敢问圣人之德无以加于孝乎？"子曰："天地之性，人为贵。人之行，莫大于孝。

御注　曾子既闻孝治之大，极至之效（功效），以为政教之隆（显赫），皆本于德，故问圣人之德，果（果真）无以加（超过）于孝乎？

夫子以为（以为：认为）天以阳生万物，地以阴成万物，天地之生成万物者，虽以阴阳之气①，然（然而）气以成形，而理亦赋（理亦赋："理"同时也被赋予之）焉。人与物均得天地之气以成形，禀（领受）天地之理以成性。物得气之偏，其质蠢；人得气之全，其质灵。是以人能全（全备）其性，则以天、地参（并列）为"三才"，而物不能也。

故天地之性，惟人为贵；而以人之行（行为）言之，则莫大于孝。何也？人之所以贵者，以此性（以此性：因有此特性）也。性之德②为仁（仁慈，仁爱，仁义），仁为人心之全德（全德：最完美的道德），主于爱（主于爱：表现于爱）；而爱莫切（切：贴切）于爱亲，故人之百行，以孝为先。能孝即仁人，仁者必孝。此所以行莫大于孝也。

【注释】

①气：中国古代哲学概念。宋代及以后的客观唯心主义者认为"气"是一种"理"，即精神之后的物质。宋朱熹《答黄道夫》："天地之间，有理有气。理也者，形而上之道也，生物之本也；气也者，形而下之器也，生物之具也。是以人物之生必禀此理，然后有性；必禀此气，然后有形。"

②德：古代指幽隐无形的"道"显现于万物，万物因"道"所得的特殊规律或特殊性质就是所谓之"德"。

【原文】

孝经　孝莫大于严（尊敬、尊重）父，严父莫大于配天，则周公①其人也。

御注 孝之大，无所不至，而莫大于尊敬其父。尊敬之礼，无所不至，而莫大于以父配享上天②。惟天为大，至尊无对（无对：无比），而以己之父配之，则尊敬之者至（达到极至）矣。仁人孝子爱亲之心虽则无穷（无穷：没有止境），而立经陈纪③、制礼之节④，原自有限。谓（称）父为天，古今所同，求其尽孝之大而得自遂其心（自遂其心：满足自己的心愿）。行以父配天之礼者，则始自周公，故曰其人也。盖自武王有天下之后，周公始制此礼⑤，以尊其父文王也。

【注释】

①配天、周公：古帝王祭天时以先祖配祭。曰"配天"。周公：周公：西周初期政治家。姓姬名旦，也称叔旦。文王子，武王弟，成王叔。辅武王灭商。武王崩，成王幼，周公摄政，东平武庚、管叔、蔡叔之叛。继而定典章、制度，复营洛邑为东都，作为统治中原的中心，天下臻于大治，后多作圣贤的典范。

②配享上天：享，通"飨"，合祭；祔祀。义同"配天"。

③立经陈纪：制定作为思想道德行为标准的经典，公布法度纲纪。

④制礼之节：受到礼仪、规矩的节制，管束。

⑤周公制礼：《尚书大传》言："周公摄政，一年救乱，二年克殷，三年践奄，四年建侯卫，五年营成周，六年制礼作乐，七年致政成王。"

【原文】

孝经 昔者，周公郊祀①后稷以配天，宗祀文王于明堂②以配上帝。是以（于是）四海之内，各以（根据）其职（职位大小）来祭。夫圣人之德，又何以加于孝乎？

御注　郊，园丘祭天也。后稷③，周之始祖也。

宗祀，谓别立（别立：专门建立）一庙，为百世不祧之宗④也。

明堂，天子布政之宫也。其制（制式），后为室，前为堂；室幽暗，堂显明。享（祭祀）人鬼⑤尚幽（尚幽：尊崇僻静幽雅），故于室；祀天神尚明（尚明：尊崇明亮光显），故于堂。

上帝，即天也。郊⑥则尊（尊称）之而曰"天"，以形体言（以形体言：从形状和结构而言）也；堂⑦则亲之而曰"上帝"，以主宰（主宰：掌握，支配）言也。

配天，谓冬至祀天于圜丘，以始祖后稷配享也。

配上帝，谓季秋於明堂祀上帝，以文王配享也。周公辅成王，制礼作乐，以万物本乎天⑧，文武（文武：周文王和周武王）之功（功绩），本乎（来源于）后稷，因（因此）祭天于郊，乃尊始祖后稷以配天；万物成形于帝（上帝），人成形于父，因祭上帝于明堂，乃尊父文王以配上帝。此报本反始⑨之礼，所以为治天下之大经⑩也。

周公之尊其祖父者如此，是以德教刑（通"型"，典范，榜样）于四海。四海之内为诸侯者，各以职分（职分：职内应尽之责）所当然，咸来助祭⑪，敬供郊庙之事矣。孝德之感人至此之极。由是观之（由是观之：由此可见），圣人之德，诚（确实）无以加（超过）于孝也。

【注释】

①郊祀：周代祭天的正祭是每年冬至之日在国都南郊圜丘（土之高者曰丘，取自然之丘。圜者，象天圜也）举行。"圜丘祀天"与"方丘祭地"，都在郊外，所以也称为"郊祀"。

②明堂：古代帝王宣明政教、举行大典的地方。

③后稷：传说邰氏之女姜嫄践天帝足迹怀孕生子，因曾弃而不养，故名之为"弃"，善种植，虞舜命为农官，教民耕种有功，封于邰，因称"邰弃"，亦称"后稷"。《诗·大雅·生民》："厥初生民，时维姜嫄…载生载育，时维后稷。"

④不祧之宗：古代帝王的宗庙分家庙和远祖庙，远祖庙称"祧"。家庙中的神主，除始祖外，凡辈分远的要依次迁入祧庙中合祭；永不迁移的叫作"不祧"。

⑤人鬼：指死者的灵魂。语出唐韩愈《原道》："郊焉而天神假，庙焉而人鬼飨。"

⑥郊：古帝王祭祀天地。冬至祭天于南郊，夏至埋物祭地于北郊。

⑦堂：古时整幢房子建筑在一个高出地面的台基上。前面是堂，通常是行吉凶大礼的地方，不住人；堂后面是室，住人。

⑧以万物本乎天：因为世间万物都是上天所生。

⑨报本反始：报本：报答恩惠；反始：归功到根源。即受恩思报，得功思源的意思。

⑩大经：常道，常规。语出《左传·昭公十五年》："礼，王之大经也。"

⑪助祭：古代谓臣属出资、陪位或献乐以佐君主祭祀，后也称以财物助人祭祀。

【原文】

孝经 "故亲（亲爱父母之心）生之膝下，以养父母，日严（日严：日益尊敬），圣人因严（尊重）以教敬（尊敬），因亲以教爱。圣人之教不肃而成，其政不严而治，其所因（凭借）者，本也。"

御注　此承上言圣人之德无加於孝，而圣人之教人以孝，亦非有所强拂（强拂：强迫）也。

凡人亲爱之心生于童幼。当嬉戏于父母膝下之时，便知亲爱父母。比及（比及：等到）稍长（长大），渐知礼义，则其奉养父母也，日加尊严于一日①，此人之本性良知良能②也。而圣人之教，因其日严之心，而教之以敬，恐其狎恩恃爱③而易失（失误）于不敬（不敬：怠慢，失礼）也；因其亲（亲近）之心而教之以爱，恐其尊敬过恭（过恭：过于肃敬有礼貌）而至于疏（疏远）也。

夫（助词。用于句首表发端）爱敬无所待教（无所待教：不需要别人教的。教：传授），而此言教爱敬者，《乐记》（《礼记》之第19篇）曰："礼者为异，乐者为同（聚合）④；同则相亲，异则相敬。""乐胜则流⑤"，是爱深而敬薄⑥也；"礼胜则离"，是严多而爱少也。不教敬，则不严；不和亲（和亲：和谐亲爱），则忘爱。爱敬虽

新二十四孝图（二十一）

人性所同具，圣人恐其溺欲（溺欲：沉湎于本能欲望中）而忘本，故教之也。然亦不过启（启发）其良心，固其本性，非有所待于外也。故其教则不待肃（警诫）而自成（自成：自然会完成），其政（政治）不待严而自治（自治：自然会严整、有规矩）。以其所因（凭借）者，爱敬之本心，天性之固有也。

【注释】

①日加尊严于一日：一天比一天更加尊重敬爱。日加：日益。

②良知良能：我国古代唯心主义哲学家认为"人之初，性本善"是不学而知、不学而能、先天具有的判断是非善恶的本能。

③狎恩恃爱：习惯并倚赖于宠爱，即被娇惯了。

④礼者为异，乐者为同：礼能区别各人的辈分，乐则能使人们和合。

⑤乐胜则流：和合过分了就会失之庄重。

⑥爱深而敬薄：亲爱有余而尊敬不足。

【原文】

孝经　父子之道，天性也，君臣之义也。父母生之，续莫大焉。君亲临之，厚莫重焉。

御注　父子之道（辈分，关系），其亲（其亲：他们之间是血亲）也，天性然（如此）也。虽有强暴（强暴：强横凶暴）之人，见子则怜①。至于襁褓②之儿，见父则笑，果何为而然哉（果何为而然哉：为什么会这样呢）？此父子之道所以为天性而不可解（分割）也。

父慈子孝，乃天性之本然，加以日严，又有君臣之义。然亦（然亦：其实也就是）天分（天分：天生）之自然也。

夫人子③之身，气（元气，生命之本元）始于父，形（身体）成于母，其体本相连续。从此一气（一气：不间断），而世世接续。为亲之枝（派生出来的分支），上以承祖考（承祖考：继承祖先），下以传（传续）子孙。人伦之道④，至亲之续⑤，孰大于此？惟其至亲也，所以至尊（至尊：最尊贵，最崇高）。

《易》（《易·家人》卦）曰："家人有严君（严君：父母之称）焉，父母之谓（父母之谓：说的就是父母）也。"父母既为我之亲，又为我之君（一家之主）而临乎其上（临乎其上：高高在上），则恩义之厚，孰重于此？此爱敬之心所以（导致），不能自已（自已：抑制或者约束自己）也。

【注释】

①见子则怜：看到自己的孩子就会产生怜爱。

②襁褓：背负婴儿用的宽带和包裹婴儿的被子，亦指婴儿。

③人子：子女。《礼记·曲礼上》："凡为人子之礼，冬温而夏清，昏定而晨省。"

④人伦之道：孟子首先提出的社会的主要道德关系以及应当遵守的道德规范，指父子有亲，君臣有义，夫妇有别，长幼有叙，朋友有信。后人又称为"五伦"。

⑤至亲之续：血统的延续。"至亲"指血统关系最亲近的戚属。

【原文】

孝经　故不爱其亲而爱他人者，谓之悖德（悖德：悖逆道德。）；不敬其亲而敬他人者，谓之悖礼。以顺则逆①，民无则（无则：失去标准）焉。不在于（在于：取向于）善，而皆在于凶德（凶德：违背仁德的恶行），虽得之，君子不贵（不贵：鄙弃）也。

御注　德，主爱；礼，主敬。爱敬之心，原于一本（一本：同一根源）。故必爱敬其亲，而后推以爱敬他人者，则于德礼不悖而谓之顺（合乎道理）；若不爱敬其亲，而先爱敬他人，则于德礼也悖矣。悖，则谓之逆（不合道理）。

立教者，将以顺示则（示则：作为楷模）；而先以（给予）应顺者而逆行之，民又何所取法②乎？夫顺，则为善而吉（善而吉：美好而且吉祥）；逆，则为不居（存心）于善，而皆居于凶德。舍爱敬之善行，就（趋向，谋求）悖逆（悖逆：违反正道）之凶德，虽或（也许）得志而为民上③，君子不贵也。

【注释】

①以顺则逆：本来应该顺从天意，现在却自己违背。

②何所取法：怎么能以之为学习的榜样。

③为民上：地位在老百姓之上，指当上官或身价倍增。

【原文】

孝经　君子则不然，言（所言）思（想到）可道（为人称道），行（行为）思可乐（可乐：可以使人愉悦喜欢。乐），德义（德义：道德信义）可尊，作事可法（可法：可以效法），容止（容止：容饰和仪态举止）可观（鉴戒，借鉴），进退可度（效法），以临（面对）其民。是以其民畏而爱（畏而爱：敬畏而且爱戴）之，则（仿效）而象（取法）之。故能成其德教，而行其政令。

御注　君子则顺而不逆。所贵（崇尚）者，推爱敬其亲之心以及他人，则本原之地（本原之地：根源所在）先正（先正：首先端正、合理）。故其爱敬之心发之（发之：表现出来）而为言，必思可道而后言①，言无不信矣。爱敬之心措（施行）之而为行（行动，行为），必思可乐而后行，行无不悦矣。

由此而立德行义（立德行义：树立德业，躬行仁义）不违正道，故可尊

（可尊：值得尊崇）。由此而制作事业（制作事业：做事业），动（往往，常常）得（适宜，符合）物宜②，故可法（效法）。推之于容止，则威仪（威仪：外表形象）必合规矩而可观（观瞻）。推之于进退，则动静不违礼法而可度。如是则立身行道、处世接物之间，无非爱敬，即无非德礼③。以此临御（临御：君临天下，治理）其民，民皆视其威如神明，俨然（俨然：形容威严的样子）人望而畏之；亲其德如父母，蔼然（蔼然：和气友善状）咸慕（咸慕：皆敬慕）而爱之，法其端范④而日思仿象（日思仿象：每天都想着要效仿）之。

上顺（顺理）以率下（率下：率领下面的），下顺以效（效忠）上，故德教成而政令行，又何待于严肃哉？

是章前言（是章前言：这一章先说）人人皆有此爱敬之心，而圣人独能自尽（自尽：自己努力做到）；后言（后言：然后说）圣人因皆有此爱敬之心而教之，使各随分（随分：按照自己的名分，位分）自尽。由是观之，圣人之德，无加于孝，益明（益明：更加明白）矣。

【注释】

①思可道而后言：考虑到可以说之后再说出来。

②物宜：指事物的性质、道理、规律等。

③德礼：道德与礼教。《论语·为政》："道之以德，齐之以礼。"

④法其端范：效法他正直的榜样。

【原文】

孝经　《诗》云：'淑人君子（淑人君子：贤良美好、人格高尚者），其仪不忒（差错）。'"

御注　《诗》，《曹风·鸤鸠》①篇。引此以见淑人君子威仪不差，为人法则（法则：作为榜样）者，皆本于孝也。

【注释】

①鸤鸠：即布谷。《诗·曹风·鸤鸠》："鸤鸠在桑，其子七兮。"

纪孝行章第十

【原文】

御注　此章纪（纪：通"记"）孝子事亲之行，有当尽者（当尽者：应当做到的）五，当戒（戒除，戒慎）者三。

孝经　子曰："孝子之事亲也，居则致（给予）其敬，养则致其乐，病则致其（致其：为他）忧，丧（过世）则致其哀（悲痛、悲伤），祭（祭奠）则致其严（严肃）。五者备矣，然后能事亲。"

御注　人子能事其亲而称孝者，於平居（平居：平素，平时）之时当致其恭敬，起居饮食必加虔谨（虔谨：恭敬谨慎）。如昏定晨省①，出告反面②，夔夔（夔夔：戒惧谨慎的样子）斋慄（斋慄：敬畏恐惧）者是也。

奉养之时，当尽其欢乐，承颜顺志（承颜顺志：笑容承欢，顺依行事），无所拂逆（无所拂逆：没有违背），所谓有深爱者，必有和气婉容③是也。

父母有疾（病痛），则当尽其忧（尽其忧：忧心忡忡），岂惟（岂惟：何止）医祷必备④，汤药必亲（亲自送上），如行不翔⑤，言（言语）不惰，色容不胜，衣不解带者是也。

若亲丧亡，则尽诚尽礼⑥，擗踊（擗踊：捶胸顿足。擗）哭泣，终（极尽）其哀情。

若春秋祭祀，则诚敬斋戒⑦，防其嗜（嗜：贪）欲。讫（穷尽，去除尽）其邪物（邪物：违背礼法的邪秽之物），致其严肃。备此五者，则生事丧祭，无一不尽其爱敬之心，然后为能尽事亲之道也。

夫人之一身，心为之主⑧；士有百行，孝为之原（本）。为人子者，诚（心志专一）以爱亲为心，而不忘事亲之孝。常有以致其敬，则敬存（在）而心存。遇养（奉养父母）则乐，遇病则忧，遇丧则哀，遇祭则严（严肃）。然则五者尤当以致敬为要也。

【注释】

①昏定晨省：子女侍奉父母的日常礼节，即晚间安排床褥，服侍就寝；早上省视问安。《礼记·曲礼上》："凡为人子之礼，冬温而夏清，昏定而晨省。"

②出告反面：外出和返回都要禀告父母。反通"返"。语出《礼记·曲礼上》："为人子者，出必告，反必面，所游必有常，所习必有业。"

③和气婉容：和睦的感情与温和的表情。语出《礼记·祭义》："有愉色者，必有婉容。"

④医祷必备：请医生及时治疗和为之祈祷。

⑤行不翔：古人在庄重场合有一种行走姿势叫"翔"。《礼记》："行而张拱曰翔。"古人的衣袖宽大，长度与宽度几乎相等，大体呈正方形，古人叫"端衣"。穿这种衣服上朝时，要展现一种仪容美。双手作合抱之状，两肘外展，拱手于胸前，所以衣袖是垂着的，徐徐朝前走的时候，两袖迎风飘动，好像鸟在飞翔的样子，故名。翔的姿式，在有些场合是不允许的。《礼

记》：“父母有疾，冠者不栉，行不翔。”父母亲在病中，每天痛苦不堪。如果晚辈此时还"翔行"，成天摆出这种很潇洒的姿势，就说明内心不以父母为忧。

⑥尽诚尽礼：竭尽自己的诚意和礼仪。

⑦斋戒：古人祭祀之前，必沐浴更衣，不喝酒，不吃荤，不与妻妾同寝，以示虔诚庄敬，称为斋戒。

⑧心为主：中国古代哲学认为，人的主观意识是最重要的，故曰"心为主"。

【原文】

孝经　事亲者，居上不骄，为下不乱，在丑不争。居上而骄则亡，为下而乱则刑，在丑而争则兵。三者不除，虽日用三牲之养，犹为不孝也。

御注　事亲者，既有"五要"，又有"三戒"。

居人上（居人上：喻地位高，当官在上），则当庄敬（庄敬：庄严恭敬）以临下，而不可骄；为人下，则当恭敬以事上，而不可悖乱；在丑类①，则当和顺以处众（处众：与大众相处），而不可争忿（争忿：争斗、怨怒）。

盖善事亲者，常以父母为心（为心：放在心中），谨慎持恭（持恭：保持恭敬），不敢有一毫之失，则"骄、乱、争"三者其所必无也。非然（非然：不这样）者，居上而骄矜（骄矜：骄傲自负）自持（自持：自以为了不起。持：通"恃"），则危亡之祸随之；为下而悖乱不驯（悖乱不驯：胡作非为，不驯顺），则刑辟（刑辟：刑法，刑律）之罪及之；在丑而争忿不平，则兵刃之害（兵刃之害：刀光之灾）加之矣。

以上三者，皆危身（危身：危及自身）取祸（取祸：招来灾祸）、忧及其亲（忧及其亲：给亲人带来祸患）之事，于守身安亲（安亲：父母安心接受子女奉养）之道未有当（未有当：很不好）也。若不能除，虽日用三牲②之养（奉养），不可谓不厚（优厚）矣，然终必毁伤身体，遗（留给）父母"忧（忧患）、污（玷辱）、累（牵累）"名行（名行：名声和品行），为（算是）父母辱（耻辱），不可谓之孝也。可见孝不徒（仅仅）在口腹之养，而贵在守身（守身：保持自身的节操）。为人子者，可（怎能）不戒哉？

【注释】

①丑类：下层的百姓群众。亦用指坏人恶人。

②三牲：古祭祀用三牲，有"大三牲"猪、牛、羊和"小三牲"鸡、鸭、鱼的说法。此处当指日常吃的鸡鸭鱼之类。

五刑章第十一

【原文】

御注　此章言五刑①以不孝为大。盖明（盖明：乃说明）刑所以弼教（弼教：辅助教化，多指以刑辅教）也。

【注释】

①五刑：中国古代对五种罪行的五种刑罚。最初为墨（将墨涂于犯人刺刻后的面额部）、劓（割去犯人的鼻子）、剕（弄断犯人之足）、宫（阉割男人生殖器，破坏女人生殖器）、大辟（对死刑的通称）五种。隋代至清代改为笞、杖、徒、流、死五种。

【原文】

孝经　子曰："五刑之属三千，而罪莫大于不孝。"

御注　五刑：墨、劓、剕、宫、大辟也。

五刑之属（类属），其条有三千①之多，而罪之大者，莫过于不孝。

盖刑以纠（刑以纠：用刑法来惩治）不孝之人，则民皆上德（上德：崇尚道德。上：通"尚"）而无不孝之子。是（这）教典（教典：教育法规）资（凭借）于刑（刑法）也。

【注释】

①三千：五刑条例之总数。《吕刑》曰："墨罚之属千；劓罚之属千；剕罚之属五百；宫罚之属三百；大辟之罚其属二百。"

【原文】

孝经　"要（要挟）君者无上；非（通'诽'，诋毁）圣人者无法；非孝者无亲。此大乱之道（开端，先导）也。"

御注　人生（人生：人的生存、生活中）莫大于君亲（君亲：君王和父母）；道法（道法：遵循效法）莫尊（尊崇）于圣人。

君者，臣下所禀命（禀命：接受命令）而恭敬以从（服从）之者也。乃（竟然，居然）敢要胁（要胁：要挟胁迫）之，是无上①也。

圣人制礼作乐，传之万世而共遵者也。乃敢非毁②之，是无法③也。

为人子者，当行孝道以事二亲（二亲：指父母），天理人伦④之极则（极则：最高准则）也。而敢非毁之，是无亲⑤也。

夫人之一身（一身：一辈子），君治（统治，管理）之；师明圣道以教⑥之；父母生之。所谓"民生于三"（三：指"君治、师教、父母生"）也。若不忠于君，不则（效法，以为榜样）于圣，不爱于亲，三者有一于此，皆罪恶之极，大乱之道也，刑必加之。而不孝之罪与要君非圣等，故罪莫大于不孝也。孝足以治；不孝足以乱。孝之所关（关系）诚（确实）重矣哉！

【注释】

①无上：狂妄到心目中没有君主、尊长的概念。

②非毁：诽谤，诋毁。"非"通"诽"。《墨子·贵义》："今为义之君子，奉承先王之道，以语之，纵不说而行，又从而非毁之。"

③无法：肆无忌惮，为所欲为，心目中没有法律。

④天理人伦：宋代的理学家认为封建伦理是客观存在的道德法则，把它叫作"天理"。封建社会中人与人之间由礼教所规定的君臣、父子、夫妇、兄弟、朋友及各种尊卑长幼关系称之为"人伦"。

⑤无亲：心目中没有父母双亲。

⑥师明圣道以教：老师阐明圣人之道来实施教育，即"师教"。

广要道章第十二

【原文】

御注　此章广言（广言：展开来讲）首章"要道"之义。

孝经　子曰："教民亲爱，莫善于孝；教民礼顺，莫善于悌（敬爱兄长，敬重长辈）；移风易俗，莫善于乐；安上治民，莫善于礼。"

御注　治平①之道，莫先乎（于）教；教民之道，必顺其心。故教民相亲相爱，无有善於（无有善於：没有好过于）事亲之孝者。以孝为亲爱之本也。教民有理（有理：守规矩）而顺（和顺），莫有善于悌者，以悌乃理顺之首也。

君德（君德：人主的恩德）因乐而章（彰显）。欲转移民风，变易民俗，莫善于乐，以其感最神（灵验）而和人心也。

名分②因礼③而辨（区分），欲安（安定稳妥）上之位而下以治民（治民：管理民众），莫善於礼。以其辨上下而定民志（明志：民心民意）也。夫孝弟、礼乐，皆教民之道。然弟（通"悌"）者，孝之易行（做到）者也；礼者，节此者也；乐者，和（和谐）此者也。四者举其要而言之，实一本（一本：同一根由）也。然则圣人所以为教之道，诚约（简约）而易操（操作）也哉！

【注释】

①治平：治国平天下。《礼记·大学》："身修而后家齐，家齐而后国治，国治而后天下平"。

②名分：地位与身份。语出《庄子·天下》："《易》以道阴阳，《春秋》以道名分。"

③礼：社会生活中由于风俗习惯而形成的行为准则、道德规范和各种礼节。

【原文】

孝经　"礼者，敬而已（敬而已：也就是尊敬）矣。故敬其父，则子悦；敬其兄，则弟悦；敬其君，则臣悦；敬一人，而千万人悦。所敬者寡

（少），而悦者众（多），此之谓要道也。"

御注　前言（前言：前面说到）"孝、悌、礼、乐"皆可教民，至此又申（重复，一再）言礼教之功效也。

礼以敬为主，礼非敬不生（产生，滋生），则敬者，礼之本（基础），所以行孝也。

父母於子，一体而生（一体而生：是一个统一的整体），爱易能（易能：容易做到）而敬难尽。其所以有序（次序）而和（和顺）者，未有不由于敬而能之也。故由其效（效果）而推言之，上（君主）自敬其父，而天下之为子者皆悦以事（悦以事：高兴地侍奉）父；上自敬其兄，而天下之为弟①者皆悦以事兄；上自敬其君（《仪礼·丧服》："君，至尊也"），而天下为臣者皆悦以事君。是（这）敬止（仅，只）一人，而悦乃（却）千万人。敬者至（极）少，而悦者至众。所持（凭借。通"恃"）者至约（简要），而天下之道已该括（该括：包罗，概括）而无遗矣。

盖敬父、敬兄、敬君之心，原人心之所同具，所以君好民从（跟从），举一而包万者，其本一（本一：是一个本原）也。天下、国家本于身（人），身本于亲（父母双亲）。事亲孝，则九族②睦（和睦），而四海准（四海准：遍天下以之为准则）。故立（确立）爱自亲始（自亲始：从父母开始），立敬自长（兄长）始。达之（达之：达到），天下各亲其亲，各长（尊敬）其长，而天下平。守约（守约：奉行简约）而施博，迩（近）可远③在兹，故曰要道也。

【注释】

①弟：这个"弟"对兄而言，泛指同父母、同父或同母而后生的子女。

②九族：指从自己往上推到父、祖、曾祖、高祖四代，往下推到子、

孙、曾孙、玄孙四代，连同自己一代，共为九族。一说是父族四、母族三、妻族二，共为九族。

③守约而施博，迩可远：守约而施博：所操者简易而施予者广大。语出《孟子·尽心下》："言近而指远者，善言也；守约而施博者，善道也。"

广至德章第十三

【原文】

御注　此章广言首章"至德"之义。

孝经　子曰："君子之教以孝也，非家至而日见之也。教以孝，所以敬天下之为人父者也；教以悌，所以敬天下之为人兄者也；教以臣，所以敬天下之为人君者也。

御注　君子之教人以孝，非必家至而户到①，日见（日见：每天见面）而面命②之也。固有本原，又在于施（实施）之得其要（得其要：掌握其纲要、要点）尔（助词，用于句末表示肯定）。

教之以孝，使凡为人子者，皆知尽事父之道，是即（是即：这就是）所以敬天下之为人父者矣。

教之以悌，使凡为人弟者，皆知尽事兄之道，是即所以敬天下之为人兄者矣。

教之以臣，使凡为人臣者，皆知尽事君之道，是即所以敬天下之为人君者矣。

盖致一身（人）之敬者终有限，而上行下效，使人各自致其敬③者，斯（乃，则）无穷也。总以因（总以因：全是因为）其至性（至性：天赋之卓绝的品行）而感（感悟）之。一顺立，而天下大顺，又何待家至日见而后为

教也。

【注释】

①非必家至而户到：不必要家家户户亲自去教。

②面命：面命耳提，当面告说。《诗·大雅·抑》："匪面命之，言提其耳。"

③各致其敬：各人都尊敬自己该尊敬的。

【原文】

孝经　《诗》云："恺悌（恺悌：亦作'恺弟'。和乐平易）君子，民之父母。非至德，其孰（谁）能顺民如此其大者乎！"

御注　《诗》，《大雅·洞酌》①之篇，言君子以和平、乐易之道，化民成俗，故宜为（宜为：应当成为）天下苍生②之父母也。夫子既引此诗，又言若非（若非：如果不是）至德之君，孰（谁又）能顺民心而行教化如此其广大者乎？极言以赞（极言以赞：极力赞扬）至德之无以加也。

【注释】

①洞酌：1. 从远处酌取。2. 指供祭祀用的薄酒。

②苍生：原意为草木丛生之处，此借指百姓。《文选·史岑（出师颂）》："苍生更始，朔风变律。"刘良注："苍生，百姓也。"杜甫《行次昭陵》诗："往者灾犹降，苍生喘未苏。"

广扬名章第十四

【原文】

御注　此章广言首章"扬名"之义。

孝经　子曰："君子之事亲孝，故忠可移（移用之）于君。

御注　君子，能孝者也，以孝作忠。忠者，孝之推（延伸）也。故能为孝子，必知其能为忠臣。君、父，一天[1]也；忠、孝，一本（一本：一个意义）也。人臣有一毫之不忠者，非孝也。

【注释】

[1]一天：和上天一样。古尊称君主和父母均为"天"。

【原文】

孝经　"事兄悌，故顺可移於长。"

御注　孝则必悌。以弟（次第）作顺（作顺：作为长幼顺序），顺者，弟之推也。故能尽弟道[1]，必能敬事长上（长上：上司和长辈）。盖兄与长之亲疏虽有不同，而伦[2]与序（序：次序）则相等也。故待长上有凌悖（凌悖：侵犯、欺压和违逆、怨恨）之行者，必其家庭失同气[3]之和（和睦，和谐）者也。

【注释】

[1]弟道：敬爱兄长的道德规范。"弟"通"悌"。

②伦：人与人之间的道德关系。

③同气：有血缘关系的亲属、同胞。

【原文】

孝经　"居家理，故治可移于官。

御注　孝悌，则家事必理（治理得很好）。家事既理，即可移于居（做、当）官，而官事以治①。治官者，理家之推也。故《易》曰："家道正，而天下定矣。"②由是观之，何有于（何有于：对于……有什么关系呢）一官所治之事也乎！

【注释】

①以治：因此而治理得有条理、有规矩。

②语出《易经》第三十七卦：家人风火家人巽上离下。家人，女正位乎内，男正位乎外。男女正，天地之大义也。家人有严君焉，父母之谓也。父父，子子，兄兄，弟弟，夫夫，妇妇。而家道正，而天下定矣。

【原文】

孝经　"是以行成於内，而名立於后世矣。"

御注　诚如是（诚如是：真的这样），则行成於内①，达于外（达于外：实现于外部）。不惟（只）光显一时，而名既立（名既立：功名、美名就树立起来）矣，必垂（留传，流传）于后世，所谓扬名显亲者信（确实）矣。

是知（是知：要知道）欲立名者，必求其实；实则在于笃（切实）於行孝弟（通"悌"），而无待（等待，需要）于外求也。

【注释】

①行成于内：人做事成功之道在于内在素质修养。

谏诤章第十五

【原文】

御注　此章言臣子当谏诤（谏诤：直言规劝）以尽忠孝之义。

孝经　曾子曰："若夫①慈爱、恭敬、安亲、扬名，则闻命矣（闻命矣：知道教导了）。敢（斗胆）问：子从父之令，可谓孝乎？"子曰："是何言与②，是何言与！"

【注释】

①若夫：句首语气词，用在句首或段落的开始，表示另提一事。
②是何言与：这是什么话！

【原文】

御注　爱出於内，慈（指对父母的孝顺）为爱体（体现）；敬生於心，恭为敬貌（外部表现）。生（自己活着），则安亲（安亲：使父母安宁，孝养父母）而不遗（留给）亲之忧（忧患）；殁（自己死了），则扬名（扬名：美名远扬）而不遗亲之辱（不遗亲之辱：不给父母留下耻辱）。凡若此义（凡若此义：凡是这种意义），夫子于前章言之详（言之详：说得很详细）矣，故曾子言既"闻命"也。又以事亲有隐而无犯①，似乎宜（应当）从父之令（从父之令：一切都听父亲的）而无所违逆，方谓之孝，故疑而问之。

而夫子则言，苟（如果）有非（错误）而从，则理所不可（理所不可：道理上不允许），故再言以深警（深警：严重警告）之。以见（以见：由此可见）以从令（从令：听话）为孝者，是陷父于非道（非道：不合道义）也。

孝经　昔者天子有争（通"诤"）臣七人，虽无道，不失其天下；诸侯有争臣五人，虽无道，不失其国；大夫有争臣三人，虽无道，不失其家；士有争友，则身不离於令名（令名：好名声）；父有争子，则身不陷於不义。

御注　此言谏诤之不可阙（缺失）也。

臣之谏（规劝）君，子之谏父，自古攸然（自古攸然：古来就有。攸：久）。天子之臣多矣，凡为臣者，皆当谏诤。就中（就中：其中）得真，能谏诤者七人焉，则谠议日闻[1]，忠言时献（时献：时常呈现），即有阙失，不惮（不惮：不怕）再三陈告，斯救正（救正：纠正，匡正）之益甚多，故能不失其天下也。言七人者，见天下至广（至广：很大），天子之事至多，一日二日万几[2]，善（搞好了），则亿兆[3]蒙（承蒙）其福；不善，则宗社（宗社：宗庙和社稷，泛指国家）受其祸。一有所失（一有所失：一旦有失误），则关系于利害安危者不小。而七人之少，尚足以保之于不失，谏诤之功，其大如此，非（不一定）以七人为定数（定数：确定的数量）也。

至于诸侯，有一国存亡之足虑（足虑：需要考虑），国虽小于天下，事虽简于天子，然举动之间，一有过差（过差：过失差错），则一国之仰赖于君者何在也[4]？故有谏诤之臣五人，则绳愆纠谬[5]，格（纠正）其非心（非心：邪心），亦可以保守土地、人民於不失（人民於不失：不失民心）也。

大夫则有治家之责（责任）。家虽不可与国等（等同），而非礼非义（非礼非义：不合伦理、道义），驯至[6]祸败（祸败：灾祸与失败），一家之关系于其身者，亦无异（无异：没什么区别）也。故有谏诤之臣三人，早夜箴规（箴规：劝诫规谏）陈说（陈说：讲清楚）可否，则可以保守其家也。

士虽无谏诤之臣，苟（如果）有忠告善道⑦之争友⑧，则德业（德业：道德操行与事业）相劝（相劝：互相勉励），过失相规（相规：互相规劝），身之所行，无非美善，而令名随之矣。

父有苦口几谏（几谏：婉言劝谏）之争子，则爱敬所积（爱敬所积：爱敬之情感蕴积），天性所感（感悟），有以谕亲于道⑨，岂至（岂至：怎么还会）惑于非道（惑于非道：迷惑于错误之中），任意行之，而竟（最后）陷于不义之地乎？观此而知，君臣、父子、朋友之间，纳谏（纳谏：接受规劝）受诤之益如此其大，而敬君、安亲、取友之道，不外于此也。

【注释】

①谠议日闻：天天听到正直的议论。谠：敢于直言。

②万几：详见前注。又见《孔传》："几，微也，言当戒惧万事之微。"

③亿兆：指广大庶民百姓，犹言众庶万民。语出汉蔡邕《太尉汝南李公碑》："宪天心以教育，沐垢浊以扬清，为国有赏，盖有亿兆之心。"

④一国之仰赖于君者何在也：全国人民能依靠君主什么呢？

⑤绳愆纠谬：纠正过失。绳：纠正；愆：过失；谬：错误。语出《书·冏命》："惟予一人无良，实赖左右前后有位之士，匡其不及，绳愆纠谬，格其非心，俾克绍先烈。"

⑥驯至：逐渐招致。语出《易·坤》："履霜坚冰，阴始凝也；驯致其道，至坚冰也。"

⑦忠告善道：诚恳劝告，善加诱导。语出《论语·颜渊》："忠告而善道之，不可则止。"

⑧争友：能直言规劝的朋友。《荀子·子道》："士有争友，不为不义。"

⑨有以谕亲于道：有什么问题就跟父母说清楚道理。

【原文】

孝经　故当不义，则子不可以不争于父，臣不可以不争于君。故当不
义，则争之，从父之令，又焉得为孝乎？

御注　此承上言。若有不义之事，则天下国家，所关至大。

为人子者，至情（至情：至诚的情感）不能自已，必起敬起孝①，积诚
（积诚：蕴积诚心）以感动之。见志不从，又敬不违，三谏不听②，则号泣
而随之③，必至于（至于：一直到）从而后已④。非谓一言即止（谓一言即
止：说一次就算完），毫无关切之意也。

为人臣者，情义有所难释（难释：难以释怀），必披陈（披陈：剖析）
利害，明切（明切：明言切谏）以劝止之。倘有不从，必须极谏（极谏：极
力规劝）。或引古以喻今，或委屈以献纳⑤，必至于从而后已。非以一言塞责
（一言塞责：说一下敷衍了事），自沽（自沽：私自用来获取）敢谏之名也。

为臣子者，平居既尽其爱敬之诚心；当（遇到）不义，又必尽谏诤之情
分。若为子而徒知（徒知：只是知道）从父之令，则竟陷父于不义矣。故曰
"焉得为孝！"甚言（甚言：极力表明）不可不争（通"诤"）也。

【注释】

①起敬起孝：更加恭敬；产生敬慕之心。语出《礼记·内则》："父母有
过，下气怡色，柔声以谏，谏若不入，起敬起孝。"郑玄注："起，犹更也。"

②见志不从，又敬不违，三谏不听：见自己的意见不被听从，照样尊敬
而不违抗，再三说明也不听。语出《论语·里仁》子曰："事父母几谏。见
志不从，又敬不违，劳而不怨。"

③号泣而随之：然后就要哭诉苦谏之。

④必至于从而后已：一定直到他们听从才算罢休。

⑤委屈以献纳：压抑自己心中的委屈，提出意见以供接受。

感应章第十六

【原文】

御注　此章言孝弟感通之事。

孝经　子曰："昔者，明王事父孝（事父孝：以孝道侍奉父亲），故（因此）事天明①；事母孝，故事地察②；长幼顺，故上下治（严整，有规矩）。天地明察，神明彰（彰显护佑）矣。"

【注释】

①事天明：能够明白上天庇护万物的道理。唐玄宗《纪泰山铭》有"天生蒸人，惟后时，能以美利利天下，事天明矣；地德载物，惟后时相，能以厚生生万人，事地察矣。天地明察，鬼神著矣。"

②事地察：能够明察大地生长万物的道理。

【原文】

御注　《易》曰："乾，天也，故称乎父。坤，地也，故称乎母。"

父有天道（天道：大自然的规律），天以至健①而始（始：滋生）万物，则（等同于）父之道也。母有地道（地道：大地的规律），地以至顺②而成（养育）万物，则母之道也。"

王者继天作子③。父事天（父事天：供奉上天如父），母事地，父母、天地，本同一理。故事父之孝可通于天，事母之孝可通于地。

明王（明王：圣明的君王）事父既能孝，则于事天也，能明（理解）其经常之大（经常之大：道理之深奥博大）矣；事母既能孝，则于事地也，能析（辨析）其曲折之详（曲折之详：复杂中的细节端详）矣。

推孝为弟（推孝为弟：由"孝"说到"悌"），而宗族、长幼皆顺于礼，则凡上、下、尊、卑，皆化（受感化）而治（有规矩），无一不顺其序，则人道④尽善矣。

夫孝而至于（至于：达到）事天地，能明察⑤，则天时顺而休征应⑥；地道宁（平安）而万物成（肥壮茂盛）。神明之佑（庇护帮助）于是乎彰（彰显出来）矣。明王孝德感通⑦之神（灵验），孰大于此乎？

【注释】

①天以至健：天道运行非常阳刚雄劲。《周易·乾卦》曰："天行健，君子以自强不息"。

②地以至顺：地道运行非常包容阴柔。语出《周易·坤卦》曰："地势坤，君子以厚德载物"。坤，顺也。

③继天作子：古以君权神授，故称帝王为天子。

④人道：中国古代哲学中与"天道"相对的概念。一般指人事、为人之道或社会规范。

⑤明察：明晰地看到，机警地察觉。

⑥休征应：喜庆的征兆得到应验。休：喜庆，美善，福禄。

⑦感通：此有所感而通於彼。意即一方的行为感动对方，从而导致相应的反应。《易·系辞上》："《易》无思也，无为也，寂然不动，感而遂通天下之故。"

【原文】

孝经　故虽天子，必有尊（更尊贵的）也，言（说的是）有父也；必有先（同辈年长之男性）也，言有兄也。宗庙致敬，不忘亲也；修身慎行，恐辱先（祖先）也。宗庙致敬，鬼神著矣。

御注　孝弟之通于天地、神明如此。故虽天子至尊①，尊无二上②，而必有尊于天子（尊于天子：比天子更尊贵）者，盖（就是）父也。

天子至尊，固（固然）莫之敢先（莫之敢先：没人敢占先），而必有先于天子，则兄也。即至伯叔诸兄，（伯叔诸兄：伯伯叔叔的儿子中较己年长的），亦皆祖考之遗（祖考之遗：祖先的后代），亦必推爱敬之心，以礼遇（礼遇：以礼相待）之也。

至于宗庙之祭，必致其敬，事死如生，不敢有一毫之不诚，是不忘其亲也。然必修持其身③，谨慎其行（行为），恐万一有失，辱（辱没，玷污）先祖而毁盛业（盛业：盛大的功业）也。

新二十四孝图（二十二）

夫孝至于宗庙致敬④，则洋洋乎（洋洋乎：形容盛态）如在其上，如在其左右。祖考来格（来格：来临。格：至），享于克诚（享于克诚：感受到至诚），鬼神⑤之德，于是乎著（显著）矣。明王孝德感通之神（灵验），又孰有大于此乎？

【注释】

①天子至尊：天子最尊贵。《荀子·正论》："天子者势位至尊，无敌於天下。"

②尊无二上：独一无二的尊贵。

③修持其身：陶冶自己的身心，涵养自己的德性。

④至于宗庙致敬：到宗庙去祭祀祖先和神灵，以表示敬意。

⑤鬼神：天神曰神，人神曰鬼。又云"圣人之精气谓之神，贤人之精气谓之鬼。"《礼记·仲尼燕居》："鬼神得其饗，丧纪得其哀。"

【原文】

孝经　"孝悌之至，通（通达）于神明，光（发扬光大）于四海，无所不通。"

御注　孝之大，至于（至于：达到了）天、地、鬼、神相为感应，则遍天地之间，孝道洋溢，神人无间（间隙），上下和悦。盖孝悌既臻（到）其极，则至性（至性：指天赋的品性）自然通彻（通彻：贯通）于神明，德教自然光显于四海，远近幽明①，无所隔碍（隔碍：隔阂和障碍）。

孝德感通之大，至于如此，所谓"以顺天下，民用和睦，上下无怨"也。至矣！无以复加矣！

【注释】

①幽明：指有形与无形的事物。语出《易·系辞·上》："仰以观於天文，俯以察於地理，是故知幽明之故。"

【原文】

孝经　《诗》云："自西自东，自南自北，无思不服（无思不服：无人想不服）。"

御注　《诗》，《大雅·文王有声》之篇。引此以见天下四方，虽至广大，此心、此理，无不同者，则"无所不通"之义明矣。

事君章第十七

【原文】

御注　此章广言"中于事君"之义。

孝经　子曰："君子之事上也，进（在朝做官）思（考虑，思索）尽忠，退（退居在家）思补过，将顺（将顺：行进顺应）其美，匡救其恶，故上下能相亲也"。

御注　内则父子，外则君臣，人之大伦①也。父、子主恩（主恩：主要是恩情）；君、臣主敬（尊敬）。

君子之事君上也②，进见於君，必思竭（竭尽）其忠爱之心，知无不言，言无不尽，嘉谟嘉猷③，入告（入告：向上禀告）我后（君主，帝王），以至（达到）尽其职守，直（符合）其操行，致身受命（致身受命：接受命令，不惜献身），无一非尽忠之道也。

既（既然）见而退，则思己之职业，或有未尽；身之阙失，或有不修（不修：没有做好的，不对之处），必思补（补救）之，计无过差（过差：过失，差错）而后能自安（自安：自己感到心安），恐（惟恐）己身之不

正，无以（无以：无法来）感动于君也。

至于君有美意善事，则将顺而成（顺而成：顺应并促成）之，惟恐不及④；君有未善（未善：不好、不完善）之处，则匡救而正之（匡救而正之：设法挽救以纠正），惟恐彰著（彰著：显现出来）。

盖忠臣之事君，如孝子之事亲，先意承志⑤，迎几（迎几：顺应意向，抓住苗头）致力（致力：全力以赴）。一念之善，则助成之，无使（无使：别让他）优游不决。⑥，阻遏（阻止抑制）而中止也；一念之恶，则谏止（谏止：劝止）之，无使昏蔽（昏蔽：受蒙蔽）不明，遂成而莫救（遂成而莫救：成为事实而不可挽救）也。

陈善闭邪⑦，虑（考虑）之以早，防之于豫，戒于未然（未然：还没变成现实），止于无迹（止于无迹：中止于还没有显著的迹象）。若（如果）必以犯颜敢谏⑧，尽命守死⑨，而后为（算作）忠，未若（未若：比不上）防微杜渐⑩为忠之益（更好）也。

若非君子，进则面从（进则面从：当面顺从），退有后言（退有后言：背后议论），激君之怒，以取高名⑪，谤君之非（谤君之非：指责君王的过错），以明己洁（以明己洁：以表示自己清白）。故臣心伪巧（伪巧：伪诈奸猾）而君愈疑且厌（愈疑且厌：越发生疑且讨厌）之。上下相疾（非难），何得为忠乎？

惟君子忠爱，出于至诚，则上心洞鉴（洞鉴：明察）。下以忠事上，上以义（恩义）接（对待）下；君臣同德，如父子之一气（一气：喻同心同德），元首（元首：头）股肱（股肱：大腿和胳膊）之一体（一体：同一个身体）。君享其安，臣获其荣，是以君臣上下，自然相亲也。

【注释】

①大伦：伦常大道，指古代统治阶级所规定的关于君臣、父子关系的行

为准则。语出《论语·微子》"欲洁其身，而乱大伦"。

②事君上也：侍奉君主。

③嘉谟嘉猷：高明的经国谋略和治国的好规划。语出《书·君陈》："尔有嘉谋嘉猷，则入告尔后于内，尔乃顺之于外。"

④唯恐不及：生怕其做不到。喻尽快去促成。

⑤先意承志：谓孝子先父母之意而承顺其志。语出《礼记·祭义》："君子之所为孝者，先意承志，谕父母於道。"

⑥优游不决：犹豫不决。优：犹豫；游：虚浮不实。

⑦陈善闭邪：臣下对君主陈述善法美政，借以堵塞君主的邪心妄念。陈：述说；善：善法美政；闭：堵塞。

⑧犯颜敢谏：敢于冒犯君主或尊长的威严而委婉地劝其改正错误。

⑨尽命守死：尽力而为，至死不变。

⑩防微杜渐：在坏事情、坏思想萌芽的时候就加以制止，不让它发展。杜：堵住；渐：指事物的开端。

⑪激君之怒，以取高名：以故意激起君王愤怒的做法来沽取自己的高名望。

【原文】

孝经 《诗》云："心乎（在于，存有）爱矣，遐不谓矣①。中（内）心藏之，何日忘之。"'

御注 《诗》，《小雅·隰桑》之篇。引此言臣心爱君，身虽在远，而不自谓远（不自谓远：不认为远）。

盖爱君一念（念头，想法），出于至诚，恒（永远）藏于中，无日暂忘（无日暂忘：没有一天须臾忘记）也。使非（使非：假使不是）本于孝者（本于孝者：出于孝心），何以能忠于君若是（若是：像这样）也？为人臣者，必如此事君，始（才）可为忠臣，始能尽为子之孝。故曰"中于（中于：内心在）事君"也。

【注释】

①遐不谓矣：地处边陲也不算远哦！遐：边陲。

丧亲章第十八

【原文】

御注　此章言孝子慎终追远①之事。

【注释】

①慎终追远：慎重地办理父母丧事，虔诚地祭祀远代祖先。终：人丧。远：指祖先。语出《论语·学而》："曾子曰：'慎终追远，民德归厚矣。'"

【原文】

孝经　子曰："孝子之丧亲也，哭不偯①，礼无容（端正的仪容），言不文（华丽。与"野"相对），服美（服美：穿着华美）不安，闻乐（美妙的音乐）不乐（快乐），食旨（美味）不甘（鲜美可口），此哀戚（哀戚：悲痛伤感）之情也。

【注释】

①哭不偯：哭个不停，哭声不断。偯：哭的余声，曲折委婉。

【原文】

御注 孝子于父母生成之恩，昊天罔极①。一旦不幸，而居（处在）亲之丧，思（想到）吾之一身，父母生之，本同体也。存殁顿异②，恩育睽离（睽离：分离。睽），哀痛之极，不能自已。

发于声为哭，其哭也，气竭而息（气竭而息：哭得闭过气），声不委曲③；动于貌④为礼（为礼：施礼），其礼也，稽颡⑤（稽颡：）触地，不修容仪（不修容仪：顾不得修饰容仪）；出于口为言（出于口为言：说起话来），其言也，直无馀词（直无馀词：直截了当，没有多话），不为文饰（不为文饰：不做文辞修饰）；至于衣服（穿）之美，有所不安，故服缞麻（缞麻：粗麻布的丧服）；悲哀在心，故闻乐之和⑥，有所不乐；食味之旨，不知其甘，故疏食水饮⑦。

总以（总以：总之由于）孝子之心，惟（通"唯"，只有）痛念（想到，念及）亲之舍我而去。言动（言动：言行）之间，耳目之娱（愉悦的感受），口体之奉（供养），自无斟酌（斟酌：反复考虑后决定取合）之心也。然此六者皆孝子哀痛之真情，出于自然，非勉强而为之也。

【注释】

①昊天罔极：《诗·小雅·蓼莪》："父兮生我，母兮鞠我……欲报之德，昊天罔极。"昊天者苍天，昊：元气博大貌。朱熹集传："言父母之恩，如天无穷，不知所以为报也。"后因以"罔极"指父母恩德无穷。

②存殁顿异：顿时生死两分开了。

③声不委曲：哭声嘶哑。委曲：犹委婉。

④动于貌：行为表现于礼节外貌方面。

⑤稽颡：古代一种跪拜礼，屈膝下拜，以额触地，表示极度的虔诚。语出《仪礼·士丧礼》："吊者致命，主人哭拜，稽颡成踊。"

⑥和：古代音乐术语，指单纯以吹奏乐器演奏。

⑦疏食水饮：只吃粗粝的饭食与喝水。语出《礼记·丧大记》："君之丧…士疏食水饮，食之无算。"

【原文】

孝经 三日而食，教民无以死伤生。毁不灭性，此圣人之政也。丧（悲悼）不过三年，示民有终也。

御注 礼，三年之丧①。水浆不入口者三日。三日之后，不妨饮食。教民无以哀死而伤己之生②，盖爱亲出于天性；若哀毁而至于伤生，则反至于灭性③。《礼》所谓"不胜丧，比于不慈不孝"④是也（是也：说的就是这个道理）。

故虽毁瘠⑤而不使至于灭性。此圣人之政，所以全天下之孝（全天下之孝：指集天下尽孝之大成）也。

至于三年之丧，天下达礼（达礼：通行的礼仪），不得过（过分），亦不得不及（达到标准）也。孝子之情无尽，圣人立制止于三年，使人知有终竟（了）之时也。此皆圣人因（根据）人情而节文⑥之，无贤愚贵贱一⑦也。

【注释】

①礼，三年之丧：古代丧服之礼。臣为君、子为父、妻为夫等要服丧三年，为封建社会的基本丧制。语出《论语·阳货》："三年之丧，期已久矣。"

②无以哀死而伤己之生：不要因为哀悼死者而伤害自己的生命身体。

③灭性：谓因丧亲过哀而毁伤生者。语出《礼记·丧服四制》："毁不灭性，不以死伤生也。"

④不胜丧，比于不慈不孝：丧礼办得不妥当，就如同不爱其子，不孝其亲。语出《礼记·曲礼上》："不胜丧，乃比於不慈、不孝。"

⑤毁瘠：因居丧过哀而极度瘦弱。瘠：瘦弱。

⑥节文：制定礼仪，使行之有度。语出《礼记·檀弓下》："辟踊，哀之至也。有算，为之节文也。"

⑦无贤愚贵贱一：没有贤、愚、贵、贱之分。一：另一，例外。

【原文】

孝经 为之棺（为之棺：以棺殓尸）椁（套在棺外的大棺）衣衾①而举（举：安放）之；陈（陈：陈设，放置）其簠②簋③而哀戚之；擗踊④哭泣，哀以送之；卜（用卜卦来选择）其宅兆（宅兆：阴宅，墓地）而安厝（安厝：停枢待葬。厝：停枢）之；为之（为之：给制作）宗庙，以鬼享⑤之；春秋祭祀，以时（以时：按季节，时间）思（纪念）之。

御注 亲之始（刚）亡也，为（设置）之棺以（用以）藏体，椁（古代套于棺外的大棺）以附（附着）棺，衣衾以周身，然后举而敛（通"殓"。给死者穿衣，入棺）之，必尽其心也。

其朝夕奠（祭奠）也，陈列簠簋，而不见亲之存，则哀伤痛戚之，必致其诚（致其诚：表达其诚意）也。

其将葬而祖饯⑥也，不忍其亲之去，女擗男踊，相与号哭，涕泣而尽哀（尽哀：表达哀伤之情）以往送之。

至于为墓于郊，不可苟（苟：马虎，不审慎）也。则必卜其墓穴茔域（茔域：坟墓，坟地。茔：），得吉而葬（得吉而葬：找风水宝地来埋葬）之，务求其安固（安固：平安）也。以上四者，皆慎终（慎终：居丧尽礼之礼也。

　　为庙于家（为庙于家：设置自己家族的祠堂），必有制（制：规定的法度）也，则依制立庙。三年丧毕，迁主（主：死者的牌位）于庙，始以鬼礼（鬼礼：祭祀祖先的礼节）而享（奉祀）之，使神有所依（依附）也。寒暑变更，益用（益用：逐渐能）增感（思念），必有怵惕（怵惕：诚惶诚恐）凄怆（凄怆：凄惨悲伤。怆：）之心。春秋祭祀，因时而展孝⑦，思（思：心中）不忘亲也。

　　以上二者，皆追远之礼也。

【注释】

　　①衣衾：此指装殓死者的衣服与单被。衾：覆盖尸体的单被。
　　②簠：古祭祀宴享时盛黍稷稻粱的容器。长方形，口外侈，有四短足及二耳，盖子与器形状相同，合上为一器，打开则成大小相同的两个器皿。西周晚期开始出现，春秋、战国流行，后世有仿制。
　　③簋：古祭祀宴享时盛黍稷的器皿。一般为圆腹，侈口，圈足。商代的簋多无盖、无耳或有二耳。西周和春秋的簋常带盖，有二耳，四耳。
　　④擗踊：捶胸顿足，形容极度悲伤之状。擗：抚心，捶胸，踊：跳脚。
　　⑤鬼享：指古代在宗庙中供祭品奉祀祖先，亦泛指祭祀。语出《周礼·地官·鼓人》："以路鼓鼓鬼享。"
　　⑥祖饯：祖奠。出殡前夕设奠以告亡灵之仪式。
　　⑦因时而展孝：按时来表现自己的孝心。

【原文】

孝经　生事爱敬，死事哀戚，生民（生民：生灵，每个人）之本尽矣，死生之义备矣，孝子之事亲终矣。

御注　孝子之事亲，于其生也，尽爱敬之道；于其死也，尽哀戚之情。生民之本，孝为之先，于是而尽（于是而尽：这样才算尽心尽力）矣；养生送死，其义最大，于是而备（于是而备：做到这样才算完备）矣。孝子事亲之道，亦于是而终矣。

夫孝之大，至于（至于：贯穿于）生死始终，无所不尽其极。于（极于：达到）膝下亲严之性[1]始为（始为：才算）完足；于天经地义之理，始相贯通；于德教政令之化[2]，始能畅遂（畅遂：畅茂顺遂）。谓之"德之本，而教所由生"，又何疑乎？为人子者，不可以不知也。

【注释】

①膝下亲严之性：当初作为孩子时对父母的那种感情。

②德教政令之化：道德教化和国家法令所要达到的"治"。化：太平。唐人避高宗李治讳，改"治"为"化"。

第五章　清雍正注《孝经》

【原文】

《钦定四库全书·御纂孝经集注》提要

臣等谨案：

《孝经集注》一卷，世宗宪皇帝①御纂，雍正五年制序，颁行我朝。

列圣（列圣：历代帝王、圣人）相承②，宏敷（宏敷：广泛传布）孝理，故於（对于）是经（是经：指孝经）阐发（阐发：阐述，发扬）尤备（尤备：格外完备）。世祖章皇帝既为之注③，复（又）有衍义（衍义：推演意义）之辑（编撰汇集），而圣祖仁皇帝缵成之，本末条贯④，义（涵义）无遗蕴⑤。

清雍正

【注释】

①世宗宪皇帝：清雍正皇帝胤禛（胤禛：）之庙号。

②相承：先后继承；递相沿袭。

③注：给书中字句做解释。古代有"传、注、故、训、笺、疏、章句、解诂"等，后通称"注"；此处指清顺治的《御注孝经》。

④本末条贯："本末"原意为树木的根和梢，比喻事物的根源和结局；"条贯"指一个事情的内部结构条达、贯穿。

⑤遗蕴：遗漏的深奥含义。

【原文】

世宗宪皇帝虑其篇帙浩富（浩富：很多），或（或许）未能家喻户晓，乃命约（约：简约）为此注，专释经文，以便诵习，而词旨（词旨：文辞意旨）显畅（显畅：浅显通畅），俾（使）读者贤愚共晓①。其体例悉（全都）仿朱子②《四书章句集注》③为之，洵（实在是）万古（万古：历来）说经（说经：讲解儒家的经书）教孝之至极矣。

乾隆四十六年十月恭校（校勘）上

总纂官：（臣）纪昀、陆锡熊、孙士毅

总校官：（臣）陆费墀④

【注释】

①贤愚共晓：有才能的人和愚笨的人都能理解知晓。

②朱子：对南宋哲学家、教育家朱熹的尊称。

③《四书章句集注》：朱熹最有代表性的理学名著之一，包括《大学章句》1卷、《中庸章句》1卷、《论语集注》10卷，《孟子集注》14卷，系统地反映了朱熹作为集大成者的理学思想。明朝统治者重视理学，《四书章句集注》成为官定的必读注本和科举考试的依据。明、清两朝都指定为官方教科书。

④陆费墀：（墀：1731—1790）字丹叔，号颐斋，晚号吴泾灌叟。浙江桐乡人。乾隆三十一年进士，改庶吉士，授编修，官至礼部侍郎。乾隆三十

八年受任为四库全书馆总校及副总裁，与纪昀、陆锡熊等人共同编纂《四库全书》。书编成后，呈帝观览，因书中有伪谬语，纪昀、陆锡熊和他同被斥责，而他处罚尤重。责令他出资装治、整修文澜阁、文汇阁、文宗阁三阁图籍，书面用叶木匣。又因事被处罚以革职，家被抄后，仅留千金以养家眷，余资皆充三馆装治图书之用。旋即忧愤卒。和纪昀合纂有《历代职官表》。工诗文，著有《颐斋赋稿》《枝荫阁诗文》集。

御制《孝经》序

【原文】

《孝经》者，圣人所以（用来）彰明（彰明：颁示，昭示）彝训①，觉悟②生民。溯（追溯、推求）天地之性，则知人为万物之灵；叙（谈述）家国之伦③，则知孝为百行之始。人能孝於其亲，处（居家不仕）称惇实（惇实：敦厚、笃实。）之士，出（出去做官、做事）成忠顺之臣。下（臣下，百姓）以此为立身之要④；上（君主）以此为立教（立教：树立教化进行教导）之原（本原，根本），故谓之"至德要道"。自昔圣帝哲王（圣帝哲王：贤明的君主，圣君），宰世经物（宰世经物：掌管天下，处理事务），未有不以孝治为先务（先务：首要的任务）者也。

【注释】

①彝训：指尊长对后辈的教诲、训诫。彝：常规。

②觉悟：由迷惑而明白；由模糊而认清。此处用于使动词。

③伦：人伦道德之理。

④立身之要：安身处世的要点，要诀。

【原文】

　　恭惟（恭惟：恭敬地按照）圣祖仁皇帝①纉（通"纂"，汇集，编辑）述（阐述前人成说）世祖章皇帝②遗绪③，诏命（诏命：皇上下命令）儒臣④编辑《孝经衍义》一百卷⑤，刊行海内，垂示（垂示：留传以示后人）永久，顾（但是）以篇帙⑥繁多，虑（担心）读者未能周遍，朕乃命专译经文，以便诵习。

【注释】

①圣祖仁皇帝：康熙皇帝玄烨的庙号。

②世祖章皇帝：清顺治皇帝福临之庙号。

③遗绪：前人留下来的功业；此处指顺治皇帝的《御注孝经》。下简称"顺治本"。

④儒臣：汉称博士官为儒臣，后泛指读书人出身的或有学问的大臣。

⑤《孝经衍义》一百卷：指《御定孝经衍义》一百卷。该书为顺治十三年奉敕所修，至康熙二十一年告成。康熙皇帝亲为鉴定，制序颁行。

⑥篇帙：书籍的篇卷。帙：书衣，包书套子，用布帛制成。

【原文】

　　夫《孝经》一书，词简义畅，可不烦（不烦：不需烦劳）注解而自明，诚（确实，真正）使内外臣庶①，父以教其子，师以教其徒，口讽（抑扬顿挫地朗读，背诵）其文，心知其理，身践（履行，实践）其事。

为士大夫②者，能资（取用）孝作忠，扬名显亲③；为庶人④者，能谨身节用⑤，竭力致养（致养：奉养）。家庭务（必会）敦（踏实）於本行，闾里⑥胥（都，皆）向（趋向）於淳风（淳风：敦厚古朴的风气。淳）。

如此，则亲逊（亲逊：信任、谦让）成化（成化：成为习俗风气），和气熏蒸⑦，跻（达到）比户可封⑧之俗，是朕之所厚望也夫（也夫：感叹词）。

雍正五年十二月初三日

【注释】

①庶：平民百姓；引申为普通，一般。

②士大夫：古代官僚阶层称为士大夫，也指有名望有学问的读书人。

③扬名显亲：名声传扬，使双亲显耀。

④庶人：西周时用以称农业生产者；春秋时其地位在士之下，工商皂隶之上；秦汉后泛指无官爵的平民。

⑤谨身节用：修身以使行为谨严合礼，节省日常费用。

⑥闾里：乡里，泛指民间。"闾"原指里巷的大门，后指民户聚居处；里：乡村的庐舍、宅院，泛指乡村居民聚落。

⑦和气熏蒸：和睦的氛围升腾散发。

⑧比户可封：差不多每家每户都有可受封爵的德行。泛指风俗淳美。

开宗明义章第一

【原文】

御注　此章开张（开张：开示）一经（对经典著作的尊称）之宗本①，

显明五孝（注见顺治本）之义理，故以"开宗明义"名章（名章：作为章名）。

孝经　仲尼居，曾子侍。子曰："先王有至德要道，以顺天下，民用和睦，上下无怨，女知之乎？"曾子辟席曰："参不敏，何足以知之？"子曰："夫孝，德之本也；教之所由生也。复坐，吾语女。"

御注　女，音"汝"（你），下同。辟，音"避"。夫，音"扶"。语，去声[2]。

仲尼，孔子字，名丘。曾子，孔子弟子，名参，字子舆。居，燕居（燕居：闲居），闲暇之时。侍，侍坐也。至者，至善之义。要者，简约之名。

道（道义）也，德（品德）也，一（统一的）也。自（从）其得（知晓，明白）於心而言，曰"德"；自其行於身（行於身：身体力行）而言，曰"道"。德之至（尽善尽美），即所以为道之要（纲要，要点）。

顺者，谓（说的是）先王以此至美之德、要约（要约：简约洗练，紧要）之道顺（顺服）天下人心而教化之，故天下之人被服（被服：蒙受）其教，自相和协（和协：和睦相处，同心协力）而亲睦，上下尊卑举（皆，全）无所怨也。

辟席者，离坐席而起对也。《礼》："师有问，则辟席起对。"

敏（聪慧，通达），达也。

孝，即所谓至德要道也。人之百行，如章中所言"忠、顺、敬、让"之类。凡得於心（得于心：心领神会）者，无往非德[3]。然一（一个）孝立（建立，确定）而百善从，是德为百行之根基，故曰德之本。

至于君子尽孝於亲，而所以教（教化）家、教国、教天下者，又靡（无、没有）不自此推（推论，推演）之。举（穷尽）天下之大，事事皆从吾孝中出，故曰教之所由生（产生，滋生）也。

命之复坐者，以（因为）孝之义甚大，非立谈（立谈：站着说）所能尽（说清楚，说得完），故使复位而坐，详以告知也。

【注释】

①宗本：根本，本旨；原指佛教教义的真谛。

②去声：古汉语字调有"平、上、去、入"四声，与现代汉语字调"阴平、阳平、上声、去声"四声有别。

③无往非德：不会追求不符合道德的东西。

【原文】

孝经 "身体发肤，受之父母，不敢毁伤，孝之始也。立身行道，扬名於后世，以显父母，孝之终也。夫孝，始於事亲，中於事君，终於立身。"

御注 夫，音"扶"。身，谓一身。体，谓四体（四体：指整个身躯四肢）。发，毛发。肤，肌肤也。

凡（凡是，所有）人之身，举（总括，就）其大而言则（就是）一身四体（肢体）；举其细而言则毛发肌肤，此皆受之于父母者。

为人子者，爱吾父母，因以爱吾父母所遗（给予）之身，常须战兢戒慎（战兢戒慎：畏惧戒慎、警惕谨慎），不敢少有（少有：稍有，略有）毁伤，此行孝之始也。

又须以道修身，卓然（卓然：高超出众）有立，大行（大行：大气行事）于天下，流声（流声：流传好名声）于后世，使万世而下，贤（使……贤）其子，因推本其所生之自，而以光显（光显：荣耀）其父母，此行孝之终也。

故夫所谓孝者，始于聚百顺①以事亲，中于尽一心（尽一心：一心一意，一门心思）以事君，而终于敦（敦厚，笃实，勤勉）百行（百行：一切行为）以立身（立身：安身处世）。

盖孝以事亲犹为（犹为：乃是）人子之常（常情），必其得君而事[2]，能以亲之身（亲之身：亲人的身份），广（扩大，推广）亲之志（志向），移孝以为忠，乃全（成全）事亲之道。然一行未敦（一行未敦：有一个行为疏忽），而身有不立[3]，则即为忠孝之亏（欠缺）。故其终尤在（终尤在：最终还是在于）能立其身，斯（此）为宇宙（宇宙：天下）之完人（完人：完美的人），而称孝道之极也。

【注释】

①聚百顺：蓄积一切顺遂，犹尽一切可能。

②必其得君而事：他得到侍奉君王的机会，必然……

③身有不立：没能很好地安身处世，无所建树。

【原文】

孝经　《大雅》云："无念尔祖，聿修厥德。"

御注　聿，以律切[1]，同"遹"。

《诗》有《风》《雅》《颂》之三经，《大雅》，《小雅》其一也。

"无念"二语（二语：这两句）见《大雅·文王》篇。无念，念也。聿，述也。

引诗之意，言（说的是）凡为人子者，当常念尔之先祖，常述（继承）修（学习）其功德而勉于行孝[2]也。

【注释】

①切：亦作"反切"，是古汉语注音方法，用两个字注读另一个字，例

如"塑，桑故切或桑故反"。

②勉于行孝：用于勉励自己遵行孝道。

天子章第二

【原文】

御注　前章虽通（不分）贵贱言之，其迹未著[1]，此章至下庶人章，凡（总共）五章，谓之"五孝"，各说行孝奉亲之事而立教焉。天子至尊，故标（像树梢）居其首。

【注释】

①未著：不够明显清楚。

【原文】

孝经　子曰："爱亲者，不敢恶於人；敬亲者，不敢慢於人。爱敬尽於事亲，而德教加於百姓，刑於四海，盖天子之孝也。

御注　恶，去声。亲，谓父母也。恶，憎恶也，为爱之反。慢，敖（通"傲"）慢也，为敬之反。德教，谓至德之教（教化）。刑，仪刑（仪刑：典范）也。

天子之身，乃德教之所自出（自出：出自于）。故为天子而爱其亲者，必其於人（於人：对别的人）无所不爱，而不敢有所恶於人；敬其亲者，必其於人无所不敬，而不敢有所慢於人。

夫惟（只有）不敢恶人，而以无所不爱之心爱其亲；不敢慢人，而以无所不敬之心敬其亲，然后爱敬为尽（完全）于事亲。而天子以此至德要道之教行于一人（行于一人：自己先做到；），加（施及）于百姓，则四海之大，皆知有所视效（视效：学习、效法的）仪刑，趋（追求、归附）爱、趋敬，而同归于孝，民用（因而）和睦，上下无怨，此乃天子之孝当为如是（当为如是：应当就是这样），而非诸侯卿大夫之可比也。

孝经　"《甫刑》云：'一人有庆，兆民赖之。'"

御注　甫，音"辅"。《甫刑》，《尚书》作《吕刑》[①]。一人，谓天子。庆，善也。

言天子一人有善，则兆庶（兆庶：亿兆普通百姓）皆倚赖（倚赖：依靠，依赖）之。善，则爱敬是也。二语所以通结（通结：联系和总结）上文之义。

【注释】

①尚书：原称《书》，到汉代改称《尚书》，意为上代之书。是我国第一部上古历史文件和部分追述古代事迹著作的汇编，它保存了商周特别是西周初期的一些重要史料。

《尚书·吕刑》是周穆王时有关刑罚的文告，由吕侯请命而颁，后因吕侯后代改封甫侯，故《吕刑》又称《甫刑》。

诸侯章第三

【原文】

御注　次（次于）天子之贵者，诸侯也，故次及於诸侯。

孝经　在上不骄，高而不危；制节谨度，满而不溢。高而不危，所以常

守贵也。满而不溢，所以常守富也。富贵不离其身，然后能保其社稷，而和其民人，盖诸侯之孝也。

御注　离（丧失，丢弃），去声。在上，在一国臣民之上。骄，矜（自夸）肆（放纵）也。危，倾危也。制节，制财用之节限。谨度，谨守法度也。溢，奢侈泛溢也。社，土神。稷，谷神，国之主①也。

言（说）诸侯在一国臣民之上，其位高矣，若能不敢自为矜肆，则身虽居高而不至于倾危（倾危：有倒台的危险）；积一国之赋税，其财充满矣，若能制立（制立：建立制度）节限（节限：节约、节制），谨守法度，则财虽充满而不至于泛溢。

又言居高位而不危，则不失其位之尊显而贵，是所以长守此贵也；处充满而不溢，则不失其财之盈足而富，是所以长守此富也。

夫惟（只有）富贵长久，如此乎不离其身，然后方能保有其社稷而和调②其民人（民人：人民），谓社稷以此安，而一国之民亦用（因而）和睦，上下亦为无怨也。此则诸侯之孝，当如是也。

【注释】

①国之主：古代帝王都祭祀社稷，后来就用社稷代表国家，故称"国之主"。

②和调：和睦。此作动词用。《墨子·兼爱中》："兄弟不相爱，则不和调。"

【原文】

孝经　《诗》云："战战兢兢，如临深渊，如履薄冰。"

御注　《诗》，《小雅·小旻》之篇，引之重以（重以：重在用以）戒勉诸侯也。盖诸侯如不念先世积累之艰勤，而一或（一或：一旦有）骄溢，以至失其富贵，而不能保其社稷人民，则辱及其亲，而不孝为大矣。

战战，恐惧。兢兢，戒谨。临渊恐坠，履冰恐陷也。

卿大夫章第四

【原文】

御注　次诸侯之贵者，卿大夫也，故次及于卿大夫。

按：王朝（王朝：朝廷）侯国（侯国：诸侯之国）其卿大夫之位分（位分：地位身份）虽不同，然章中乃统论（统论：一起论述）其当行之孝，不必泥（拘执于）引《诗》"以事（'事'犹'侍'也）一人"之词而谓专示（专示：只是专门教导）王国之卿大夫也。

孝经　非先王之法服不敢服，非先王之法言不敢道，非先王之德行不敢行。是故，非法不言，非道不行；口无择言，身无择行；言满天下无口过，行满天下无怨恶。三者备矣，然后能守其宗庙，盖卿大夫之孝也。

新二十四孝图（二十三）

御注　"德行"，"择行"，"行满"之"行"，并去声。恶，去声。法服，礼法之服。法言，礼法之言。德行，道德之行。

先王，盖古之以孝治天下者，故其服为法服，其言为法言，其行为德行也。

无择，谓言行皆与道法相合而无可选择也。

非先王之法服不敢服，惟恐服之不中（正），为身之灾（为身之灾：给自己带来灾祸）也；非先王之法言不敢言，惟恐言轻而招辜（罪）也；非先王之德行不敢行，惟恐行轻（行轻：行为轻率、轻佻、轻浮）而招辱也。

以此之故，非法则不言，言则必合于法；非道则不行，行则必中（符合）于道。出于口者，无可择之言；行於身者，无可择之行。是以言之多至於（达到）遍满天下而无口过；行之多至于遍满天下而无怨恶也。

服（穿着）法服，道（说）法言，行（施行）德行，三者既全备矣，斯能长守其宗庙，以奉其先祖之祭祀。此则卿大夫之孝当如是（当如是：应当是这样）也。

孝经　《诗》云："夙夜匪懈，以事一人。"

御注　《诗》，《大雅·蒸民》篇。夙，早也。匪，犹"不"也。懈，惰也。一人，天子也。

引诗之意，盖言卿大夫当早起夜寐，以事天子，而不得懈惰也。此乃深致其劝勉之意。

士章第五

【原文】

御注　古有上士、中士、下士之三等，然其位总（都）居卿大夫之下，故以"士"名章。

孝经　资於事父以事母而爱同，资於事父以事君而敬同。故母取其爱，而君取其敬，兼之者，父也。故以孝事君则忠，以敬事长则顺。忠顺不失，以事其上，然后能保其禄位而守其祭祀，盖士之孝也。

御注　长，上声。资，取也。长，谓卿大夫。上，则兼（兼指）"长"与"君"言之也。

"资于事父以事母而爱同"，谓取事父之道以事母，而爱母同于爱父。

"资于事父以事君而敬同"，谓取事父之道以事君，而敬君同于敬父也。

"母取其爱"，"君取其敬"者，盖母主于恩，而君主于义。故（因此）事母虽未尝不敬，而专取其爱；事君虽未尝不爱而专取其敬。合爱与敬而兼之者，则惟（只有）父然也[①]。

为士者，移（推延，转而用）事父之孝以事君，则为忠；移事父之敬以事长，则为顺。守其忠顺而不失，以事其上，然后能长保其禄位，永守其祭祀。此则为士之孝当如是也。

诸侯言社稷，卿大夫言宗庙，士言祭祀，各以其所事为重也。若（至，到）下文，庶人则荐[②]而不祭，又非士之比矣。

【注释】

①这一段的大意：所以爱敬这孝道是相关联的，不过对母亲方面，偏重在爱，就取其爱。对长官方面，偏重在敬，就取其敬。爱敬并重的则是父亲。

②荐：无酒肉作贡品的祭祀，素祭为"荐"。《谷梁传·成公十七年》："祭者，荐其时也，荐其敬也，荐其美也，非享味也"。

【原文】

孝经　《诗》云："夙兴夜寐，无忝尔所生。"

御注　忝，音腆。《诗》，《小雅·宛》之篇。忝，辱也。所生，谓父母也。

引诗以深惕（深惕：加强戒示）为士者当早起夜寐以行孝，无致（无致：别搞得）禄位不保而祭祀不守，以辱其父母也。

庶人章第六

【原文】

御注　庶人，泛指众人；学为士①而未受命②，与农、工、商贾之属皆是也。一云（一云：还一种说法）兼（连同）府吏胥徒③言之。

【注释】

①学为士：指考取了一定学历资格的人。"士"亦泛指知识分子。

②受命：受到君王的任命做官。

③胥徒：本指百姓中服徭役者，后泛指官府衙役。

【原文】

孝经　用天之道，分地之利，谨身节用，以养父母，此庶人之孝也。

御注　养（奉养），去声。天之道，谓春生、夏长、秋敛、冬闭，四时之天运（天运：大自然的规律）也。地之利，谓土地之高、下、燥、湿，生植农桑（生植农桑：泛指农业生产）之利（资源）也。谨身者，谨修其身不妄为（妄为：胡作非为）也。节用者，省节饮食、衣服、丧祭之财用，不妄费（妄费：浪费）也。

庶人未受命为士，既（也就）不得以（不得以：不够格）事君，所事者惟父母而已，故以能养父母为孝。其用天之道而耕耘、收获，一顺乎（一顺乎：一切要顺应符合）时令（时令：季节）；分地之利而禾、黍、菽、麦，一任乎土宜（任乎土宜：依据土地的性质）。

又必谨守其身而不敢放纵，省节其用而不敢奢侈。以此为事（责任），奉养其父母，则不徒（仅仅）能养父母之口体（口体：喻吃穿），而养志①亦无不足矣。此则庶人之孝所当然也。

【注释】

①养志：奉养父母能满足其意愿。

【原文】

孝经　故自天子至於庶人，孝无终始，而患不及者，未之有也。

御注　上节与前四章分论"天子，诸侯，卿大夫，士，庶人"当行之孝，此则总言以结（总结）之。上自天子以下至庶人，其尊卑虽殊，而事亲之孝，当无终始之异①；若或有始无终，而自患（忧虑、担心）己身（己身：自己）不能及於（及於：做到）孝者，未有此理也。

盖为决言②，以勉人之力於（力於：致力于）行孝。

【注释】

①无终始之异：没有开始与结果的区别。

②盖为决言：这是正理。决：分辨、判断。

三才章第七

【原文】

御注　"天、地、人"谓之"三才①"。

孔子陈说五等之孝既毕，而曾子叹孝道之大，因言天经、地义②、民行③之事，可教化於人，故以"三才"名章，次"五孝④"之后。

【注释】

①三才：天、地谓之二仪，兼人谓之"三才"。

②天经、地义：天地间不可更改的道理。

③民行：人民做的事情。《易·系辞·下》："因贰以济民行，以明失得之报。"《晏子春秋·问下二五》："政教错，而民行有伦矣。"

④五孝：即"五等之孝"，乃《孝经》的骨架，故朱熹撰《孝经勘误》认为："其篇首六七章为本经，其后乃传文"。

【原文】

孝经　曾子曰："甚哉，孝之大也！"

子曰："夫孝，天之经①也，地之义②也，民之行也"。天地之经，而民是则之，则天之明，因地之利，以顺天下。是以其教不肃而成，其政不严而治。

御注　夫，音"扶"（助词，用于句首表发端）。行，去声。（经，常也，天以生覆③为常（纲常），故曰"经"。义，宜（正当、适宜）也，地以承顺（承顺：遵奉顺从）利物（利物：有利于万物）为宜，故曰"义"。则，法也。因，凭也、依也。肃，戒肃也。严，威严也。

曾子因夫子陈说"五孝"而深叹其大，故夫子以弥（终极，广博）大之义告之。言孝之为道，虽出于人心，然天为乾④父，不能外之以为（外之以为：另外成为）生覆之经⑤；地为坤⑥母，不能外之以为承顺利物之义⑦；民生天地之间，不能外之以为慈爱敬顺之行。是（因此）孝乃天之经，地之义，民之行也。

夫以孝为天地经常之理，而民于此取法（取法：效法）而为行，则孝本天下人心之本然（本然：天然，本来）固有者。故圣人上法天道之常明⑧，下因地道之义利⑨，惟（就是）顺乎（顺乎：顺应）天下本然爱敬之孝而导之。是以敷（施行）之为教，则不待戒肃而自成；发（用）之为政，则不假（借助）威严而自治（自治：自成条理、秩序、规矩）也。

【注释】

①经：常道，常行的义理、准则、法制。

②义：正义或道德规范的要求、意义、道理。

③天以生覆：《周易·系辞传》："天地之大德曰生"。意思是天地最大的功德就是孕育生命，并且承载、维持着生命的延续。

④乾：阳，与"坤"相对，亦指男性，为《易》卦名。

⑤生覆之经：指生命延绵的道理。

⑥坤：阴，亦指女性。

⑦利物之义：有益于万物的道义。《易·乾》："利物足以和义"。

⑧法天道之常明：效法上天那永恒不变的规律。

⑨因地道之义利：利用大地自然四季中的优势。

【原文】

孝经　先王见教之可以化民也，是故先之以博爱，而民莫遗其亲；陈之以德义，而民兴行；先之以敬让，而民不争；导之以礼乐，而民和睦；示之以好恶，而民知禁。

御注　行，去声。好、恶，并（都是）去声。先王，泛指古先帝王。

孝经诠解

清雍正注《孝经》

"见教之可以化民"，承上（承上：承接前面的意思）因（顺应）天地之常经，而其教不肃而成，其政不严而治来。

遗，犹弃也。兴，起也。睦，和之至也。

言先王身行（身行：身体力行）博爱之道，以率先斯民[1]，则人知爱亲而无有遗弃其亲者；陈说德义之美，以教诲斯民，则人为兴起（人为兴起：人人都踊跃为之）而未有不勉（尽力、努力）於行者。先之以（先之以：首先用）恭敬谦让而为斯民之倡（提倡，导向），则人相敬让而不争；导（引导）之以"五礼六乐[2]"，而施陶淑（陶淑：陶冶使之美好）之教，则人皆秩然有礼（秩然有礼：秩序井然，礼貌周到），雍然顺适（雍然顺适：和谐欢悦，顺心适意）而和睦。

又示之以为善者之必好（为善者之必好：善有善报。好：为不善者之必恶（为不善者必恶：恶有恶报），则人知国禁（国禁：国家的禁令）而不犯。总见（总见：总结）先王之顺（安定）天下以化民，而民之速化[3]。如此以结上文"其教不肃而成，其政不严而治"之义也。

【注释】

[1]率先斯民：以身作则，为民表率。

[2]五礼六乐：古代儒家要求学生掌握六种基本才能：礼、乐、射、御、书、数。出自《周礼·保氏》："养国子以道，乃教之六艺：一曰五礼，二曰六乐，三曰五射，四曰五驭，五曰六书，六曰九数。"礼：礼节，即今德育；乐：音乐；射：射箭技术；御：驾驭马车的技术；书：书写，识字；数：算术。

[3]速化：原意为"快速入仕做官"，此喻为"很快被教化"。

【原文】

孝经 《诗》云："赫赫师尹，民具尔瞻。"

御注 《诗》，小雅节《南山》之篇。赫赫，明盛貌。师尹，周太师尹氏也。

引诗之意盖言先王之在上者，能教以化民而为民所瞻仰，故民为之速化也。此借师尹以深赞夫（于）先王也。

孝治章第八

【原文】

御注 前章明（阐明）先王因（凭借）天地之常经①，顺（治理、管理好）天下以为教（政治与教化）。此章则言明王（明王：圣明的君主）以孝而治天下也，故即以"孝治"名章，次"三才"之后。

孝经 子曰："昔者明王之以孝治天下也，不敢遗小国之臣，而况於公、侯、伯、子、男乎？故得万国之欢心，以事其先王。"

御注 昔者，谓先代。明王，明哲之君。遗，忽忘也。小国之臣，谓土地褊（不宽广）小，如附庸之君之类。

公、侯之地，方百里；伯，七十里；子、男，五十里，乃国之大（范围）者。万国，极言其多。先王，即行孝明王之祖考②也。

夫子（夫子：孔夫子）言昔者明王之以孝道而治理天下也，推其爱敬之心至于（至于：延及到，达到）附庸小国之臣，尚不敢有所遗忽，而况於公、侯、伯、子、男大国之臣乎？

以此之故，所以合天下大小万国之众，而皆得其欢悦之心。以此事奉其先王，则尊养之至（尊养之至：尊奉侍养很周全），明王能以孝道倡其化（倡其化：倡导其教化）于上矣。

【注释】

①常经：永恒的规律。语出《汉书·谷永传》："夫去恶夺弱，迁命贤圣，天地之常经，百王之所同也。"

②祖考："考"是对死去的父亲之称呼。语出《礼记·曲礼下》："生，曰父，曰母，曰妻；死，曰考，曰妣，曰嫔。"祖考"泛指祖先。

【原文】

孝经　治国者，不敢侮於鳏寡，而况於士民乎？故得百姓之欢心，以事其先君。

御注　鳏，姑顽切。老而无妻曰"鳏"，老而无夫曰"寡"，二者所谓天下之穷民而无告者。侮，慢忽（慢忽：轻慢，欺负，侮弄）也。

一命（一命：受任一个职位）以上为"士"。诸侯皆有卿大夫，止（通"只"）言"士"者，举（举例）小以见大耳（语气词）。百姓，谓百官族姓。先君，始受命（最先受天命）为国君者也。

夫子言诸侯分治一国者也，当体（体现）明王孝治天下之心；而亦以孝治其国，推其爱敬之心以及於国人，即至于鳏寡之微（卑微）亦不敢侮慢之，而况於士民乎？

以此之故，所以合国（合国：全国）中百官族姓之众，无不得其欢悦之心。以此事奉其先君，则可谓能体明王孝治之心以为心①，而成其化②于国矣。

①体明王孝治之心以为心：承继明王孝治的思想作为自己的思想。体：承继，沿袭。

②化：治，太平。唐人避高宗李治讳，改"治"为"化"。唐李贤注《后汉书》亦随文改易。

【原文】

孝经　治家者，不敢失於臣妾，而况於妻子乎？故得人心之欢心，以事其亲。

御注　臣（奴仆）妾，婢仆也，贱（地位低下）而疏（疏远，不亲近）者。妻子，贵而亲者。亲，谓父母也。

夫子又言（说到）卿大夫，各（皆）治一家（卿大夫之封地）者也，亦当体（体会）明王孝治天下之心，而以孝治其家，推其爱敬之心，即下及於臣妾，曾（副词：乃，竟）不敢少失（少失：稍稍错失）其心。彼疏贱者尚如此，而况於妻子之亲贵者乎？

以此之故，所以合（融合、协调）一家之众，无贵、无贱、无亲、无疏，而皆得其欢悦之心。以此事其父母，则可谓能体明王孝治之心以为心，而成（实现，完成）其化于家矣。

孝经　夫然，故生则亲安之，祭则鬼享之，是以天下和平，灾害不生，祸乱不作。故明王之以孝治天下也如此。

御注　夫，音扶。生，谓父母存时。祭，谓没（通"殁"，死）后奉祀。安者，其心无忧。享者，其魂来格（来格：欣然来临。格：至）也。人死曰鬼，气屈（断绝）而归也。灾害，如水旱疾疫之类生于天①者。祸乱，如贼君（贼君：杀害君王）弑②父之类作于人者（作于人者：人为的）。

上文既言天子、诸侯、卿大夫皆以孝治天下、国家而得人之欢心，以事其先王、先公（先公：先辈）与亲（双亲）。此又总承（承接）上文而言，夫惟（夫惟：才会）如此。故其生而养，则亲安之；没而祭，则鬼享之。是以普天之下和睦太平。和，则无乖戾（乖戾：怪异，不合情理）之气，而灾害不生。平，则无悖逆（悖逆：违反正道，犯上作乱）之争，而祸乱不作。

总由（总由：总之因为）明王身为率（率先）行孝道於上，而诸侯以下化而行之③，故明王之以孝治天下也，有如此之美也。

【注释】

①生于天：古人把水、旱灾害和疾病瘟疫算作天灾。

②弑：封建时代称臣杀君，子杀父母为"弑"。

③下化而行之：接前句即"上行下效"之义。

【原文】

孝经　《诗》云："有觉德行，四国顺之。"

御注　行，去声。《诗》，《大雅·抑》之篇。觉，大也，义取（义取：意思是）天子有大德行，则四方之国顺而行之，以赞美明王之孝治也。

圣治章第九

【原文】

御注　曾子闻明王孝治以致和平，因问圣人之德更有大於孝否？孔子因问而说圣人之治，故以名章，次孝治之后。

孝经　曾子曰："敢问圣人之德，无以加於孝乎？"子曰："天地之性，人为贵；人之行，莫大於孝。孝莫大於严父；严父莫大於配天，则周公其人也。"

御注　行，去声。圣人，以在位者言之。严，尊敬也。配，合也。周公，名旦，文王①之子，武王之弟，成王之叔父，食采②於周，位居"三公"，故称周公。

前章夫子陈说明王之孝治天下，能致灾害不生，祸乱不作，是言德行之大，故曾子有推广之思（思考）而为此问。

"天地之性，人为贵"者，谓天地生人与物，皆有一副（符合）当然之理，是之谓性（谓性：称为天性）。然（然而）人得其全，物得其偏，是人为天地之心（中间）而（并且是）万物之灵，故云然也（云然：这样说）。

人之百行多端，而以孝为本，故曰："人之行，莫大于孝"。承之以（承之以：按照顺序说。承：次第）"孝莫大于严父，严父莫大于配天"者，言人子之孝其亲者，无所不至，而莫大于尊敬其父；尊敬其父者，亦无所不至，而莫大于配享上天也。

盖上天之尊，尊无与对（尊无与对：尊贵无比），而能以己之父与之配享，则所以尊敬其父者至矣！极矣！不可以复加矣！然仁人孝子爱亲之心虽无穷，而立经、陈纪、制礼③之节（管束、节制）则有限，自古及今，惟周公辅佐成王始行配天之礼。故曰："则周公其人也。"

【注释】

①文王：姓姬名昌，谥号文王，寿命97岁，商代人；公元前1152年农历9月15日出生，公元前1056年去世；公元前1105年至前1056年在位50年。

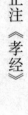

②食采於周：食采：享用封邑的租赋，亦作"食菜"。姬旦的封地在周（现陕西岐山北）。

③立经、陈纪、制礼：立经指建立常行的准则、法制；陈纪是施用的法则、准则；制礼是人应遵守的日常行为准则、道德规范和各种礼节。

【原文】

孝经　昔者周公郊祀后稷以配天，宗祀文王于明堂以配上帝，是以四海之内各以其职来祭。夫圣人之德，又何以加于孝乎？

御注　郊祀，祭天也，祭天於南郊，故曰郊。宗祀，谓宗庙之祭也。后稷，名弃，周之始祖，舜①尝（曾经）命（任命他）为稷正（稷正：管农业的官），使（让他）教民播种百谷，始封于邰②为诸侯，以君（统治）其国，故称曰"后稷"也。文王，名昌，武王之父。明堂，王者出政布治之堂③也。

天以形体（形体：形状和结构）言，上帝以主宰（主宰：掌握，支配）言，天也，帝也，一也④。

郊祀后稷以配天，宗祀文王以配上帝，谓郊祀祭天则以后稷配祭，而尊（尊崇）后稷犹乎（犹乎：就像是）天。宗祀祭上帝则以文王配祭，而尊文王犹夫上帝也。

周公之所以尊敬其祖父者如此，是以德教刑于四海（刑于四海：治理全国）。而四海之内为诸侯者，各以其职（常道，本分）之所当然（当然：应该做的），皆来助祭敬供郊庙之事。

夫以孝推之至于配天，而又尽得四表⑤之欢心，以事其亲，孝之大也，诚（确实）可谓至极矣。则夫圣人之德，又有何者可以加于（加于：大过）孝乎？

【注释】

①舜：五帝之一，传说中我国父系氏族社会后期部落联盟的贤明首领。姚姓，有虞氏，名重华，史称虞舜或舜。相传受尧禅让，后禅位于禹，死在苍梧。

②邰：古国名，尧封稷于邰，而国姜姓他处，至武王又封神农后于焦。"邰"在今陕西省武功县西南。

③出政布治之堂：处理政事的地方。

④天也，帝也，一也：天和上帝是一回事。

⑤四表：四方极远之地，亦泛指天下。

【原文】

孝经　故亲生之膝下，以养其父母日严。圣人因严以教敬，因亲以教爱。圣人之教不肃而成，其政不严而治，其所因者，本也。

御注　夫子答曾子之问尽矣。此复申言（复申言：一再表达、告知）圣人教人以孝之故（缘故）也。

亲，亲爱也。膝下，谓孩笑①之时也。

言人子亲爱父母之情已生於膝下②孩笑之时，以此至情而养其父母；然随其年之渐长，则日加尊敬，而尊卑之际③，又自有一定不可忽（乱）之分在（分在：区别所在）焉。此人子良心之发（抒发、发泄），最为真切，人皆有之，不待学而能（不待学而能：无师自通）者。

圣人之立教亦惟④因（依托，凭借）严（尊重）以教敬（端肃庄敬），因亲以教爱（爱戴），循（遵循）其人性之固然⑤而不加矫强（矫强：勉强）。故其教不待戒⑥肃（儆戒）而自成，其政不待威严而自治。民之大顺

清雍正注《孝经》

（大顺：顺乎伦常天道），有不期然而然者（不期然而然者：没有预料到的效果），盖孝为德之本，而圣人之因严教敬，因亲教爱，总因之以立教焉，是"其所因者，本也"。

【注释】

①孩笑：特指婴儿笑。

②膝下：人在幼年时常依于父母膝下，所以用"膝下"代指幼年。后用作对父母的敬辞。

③尊卑之际：长辈和晚辈的区分。《礼记·乐记》："所以示后世有尊卑长幼之序也。"

④亦惟：也只是。"惟"做副词，意为"只是"

⑤固然：事物的发展变化内在的必然规律。

⑥戒：指防非止恶的规范。

【原文】

孝经　父子之道，天性也，君臣之义也。父母生之，续莫大焉。君亲临之，厚莫重焉。

御注　此承上文"所因者，本也"句而发明（发明：进一步的阐发说明）人子爱敬之情所以当尽（当尽：应当努力完成）之故（缘故）。

父子之道为天性，谓父子之爱，原于（原于：来源于。"原"为"源"的古字）天，率（顺从）于性（本性），而本于所固有。然子之事父，犹臣之事君，其尊卑之分（位分），又自有截然不可忽（乱）者，是父子之间又有君臣之义也。

续者，继先传后之谓也。续莫大（莫大：没有比这更大）者，父母生子，子以（连词"则"）生孙，人伦①继续於此。微（没有）父母则吾何所托生（何所托生：从哪里诞生）？而人类几乎灭矣。然则（然则：既然这样，那么）人伦之大，孰有大于父母者乎？

厚莫重（厚莫重：最厚重）者，以父之亲，等（等同）君之尊，而临乎（临乎：对待）人子，则恩义之罔极②，与天同高，与地同厚，莫有重焉（介词。相当于"於"）者矣。此可见人子爱敬之当先，所以莫有甚（超过，胜过）于父母也。

【注释】

①人伦：中国封建社会的主要道德关系以及应当遵守的道德规范。
②罔极：无穷尽。

【原文】

孝经　故不爱其亲而爱他人者，谓之悖德；不敬其亲而敬他人者，谓之悖礼。以顺则逆，民无则焉，不在于善，而皆在于凶德，虽得之，君子不贵也。

御注　此反说（反说：反过来讲）为上（尊长）者爱敬之失（失误，错乱）而悖于德礼之事。

"不爱其亲而爱他人"，"不敬其亲而敬他人"，谓君自不爱其亲而令他人爱亲，自不敬其亲而令他人敬亲也。

"悖德""悖礼"云者（云者：之说），德主（要素，根本）於爱；礼主於敬故（的缘故）也。夫（句首助词）人君惟身（惟身：只有自身）能爱敬，而后以政教（政治与教化）及人（及人：及于别人），斯（则，乃）顺天下之人心。今则自逆不行（自逆不行：自己违反而不做到），而翻（翻过来）使天下之人法（效法）行於逆道，故人无所取法（取法：效法）而为准则。斯乃（斯乃：这就是）"不在於善，而皆在于凶德"。如此之君，虽曰得志於民上①，乃古先哲王、圣人君子之所不贵也。

在，谓心之所在。凶（逆），谓害于（害于：有害于）德礼也。

【注释】

①於民上：在老百姓之上，指当统治者。

【原文】

孝经　君子则不然，言思可道，行思可乐，德义可尊，作事可法，容止可观，进退可度，以临其民，是以其民畏而爱之，则而象之。故能成其德教，而行其政令。

御注　"行"，去声；"乐"，音"洛"。

此承（承接）"君子不贵"句而表明君子之不然（不然：不是这样，不以为然）。

君子，泛指圣帝明王。道，行也。作，为也。容，主动。止，主静。

"言思可道"，谓必其言之可行於民者，而后言。

"行思可乐"，谓必其行之为民所欢悦者，而后行。

"德义可尊"，谓立德行义（立德行义：树立德业，躬行道义）不违正道，而可为民之尊崇。

"作事可法"，谓制作事业（制作事业：做事）动（往往，常常）得（适宜，符合）物宜①，而可为民之式法（式法：仿效，效法）。

"容止可观"，谓威仪容貌（威仪容貌：穿着打扮）合于规矩，而可为民之观瞻（观瞻：观赏，瞻仰）。

"进退可度"，谓周旋动静（周旋动静：行为举止）不越绳尺②，而可为民之轨度③。

君子之谨其言行，慎其动止，举措如此，由是（由是：于是）以其身而临莅斯民④，则民畏（敬畏）其威（威严）而敬如神明，爱其德而亲如父母；会极归极（会极归极：拥戴归望之极），如众星之共北辰⑤，无不法（效法）则（仿效）而象效（象效：仿楷模而行）之。故德教以此而成，政令以此而行也。

【注释】

①物宜：指事物的性质、道理、规律等。

②绳尺：木匠用来标明直线、量度长短的工具。也比喻规矩法度。

③轨度：法则，制度；度：限度，规范。

④临莅斯民：来到他的人民中间。斯：指示代词。

⑤众星之共北辰：北辰：指北极星。天上众星拱卫北辰，比喻有德的国君在位，得到天下臣民的拥戴。《论语·为政》："为致以德，譬如北辰，居其所而众星共之"。

【原文】

孝经　《诗》云："淑人君子①，其仪不忒。"

御注　忒，音特。《诗》，《曹风·鸤鸠》篇。淑，善也。忒，差也。

诗言原美（原美：原来是赞美）善人君子盛德（盛德：高尚的品德）之威仪（威仪：庄重的仪容举止），此则借以赞美君子之能顺人心而成其德教。

纪孝行章第十

【原文】

御注　前数章俱统论乎孝道、孝治，此章则详述乎孝子当行之事也。故以"纪孝行"名章，次于"圣治"之后。

孝经　子曰："孝子之事亲也，居则致其敬，养则致其乐，病则致其忧，丧则致其哀，祭则致其严，五者备矣，然后能事亲。"

御注　居，谓平居。致者，推之而致其极也。病，谓疾之甚也。

孝子之事亲，当无一时无一事而不念及于亲者，其必平居则礼仪祗肃①，尽其恭敬而不敢忽（怠慢）；奉养则承颜顺志②。尽其（尽其：尽量让他们）欢乐而不敢违（使不如意，不顺心）。病则行止（行止：不离开）语嘿③，何所不致④其忧（担忧）？丧则哭泣擗踊，何所不致其哀？祭则洁（清洁）俎豆⑤，肃骏奔⑥，何所不致其严（尊敬，尊重）？

持（把握）此五者以事亲，而生存死没，咸备其道⑦，庶几（庶几：也许能）尽志（尽志：竭尽心志）于亲，而无愧于子⑧矣。故曰"能（胜任，能做到）事亲"也。

此节乃纪（纪：通"记"，记载，记录）孝子当行之善，以示勉（告勉）也。

【注释】

①祗肃：恭敬而严肃。祗：恭敬；肃：庄重。

②承颜顺志：笑容承欢，顺依行事。

③嘿：不说话，不出声；同"默"用。

④何所不致：哪里还会不表示？

⑤俎豆：俎是古代祭祀和帝王举行宴会时陈置牲体或其他食物的礼器，豆：通"斗"；酒器。

⑥肃骏奔：举止庄重，不乱跑动。肃：儆戒；骏奔：亦作"骏犇"，急速奔走。

⑦咸备其道：全都符合、具备了孝的道义，礼节。

⑧无媿于子：无愧为人子。媿：古同"愧"。

【原文】

孝经　事亲者，居上不骄，为下不乱，在丑不争；居上而骄则亡，为下而乱则刑，在丑而争则兵，三者不除，虽日用三牲之养，犹为不孝也。

御注　丑，等类（等类：等级类别）也。三牲，牛、羊、豕（猪）也。

居上，则当庄敬①以临下（临下：对待下属），而不可骄矜（骄矜：骄傲自负）；为下，则当恭谨以事上，而不可悖乱；在丑，则当和顺以处众（处众：和众人相处），而不可争竞（争竞：斤斤计较）。此论人子保身（保身：保全自己）以事亲之常（伦常，道理）。

居上而骄，则失道（失道：违背道义）而取亡；为下而乱，则犯分②而致刑（致刑：导致惩罚）；在丑而争，则启（引发）釁（祸乱，仇怨）而召兵（召兵：导致刀兵杀戮）。此论人子危身以及亲之祸。

"三者不除，虽日用三牲之养，犹为不孝"者，谓"骄、乱、争"三者之不能除，则危亡之祸必至，虽日具（日具：每天备办）牛、羊、豕三牲之养（奉养，事奉）以进（奉献）于亲，亲得安坐而食乎？故曰："犹为（犹为：还是叫作）不孝也"。

此节又纪（记）不善之行，以示戒也。

【注释】

①庄敬：庄严恭敬。《礼记·乐记》："致礼以治躬则庄敬，庄敬则严威。"

②犯分：僭越等级、名分。《荀子·性恶》："然则从人之性，顺人之情，必出於争夺，合於犯分乱理而归於暴。"分：名分，位分。

五刑章第十一

【原文】

御注　圣王之教虽不肃而成，其政虽不严而治，然（但是、然而）世有骄乱忿争而自罹（遭受；自罹：犹"自作自受"）于罪恶者，刑辟（刑辟：刑法，刑律）亦不可不加也。故以"五刑"名章，次于"纪孝行"之后。

孝经　子曰："五刑之属三千，而罪莫大于不孝。要君者，无上；非圣人者，无法；非孝者，无亲。此大乱之道也。"

御注　要，平声。五刑，墨、劓、剕、宫、大辟也。三千，合五刑条例之总数也。《吕刑》曰：墨罚之属千（属千：一千种），劓罚之属千，剕罚之属五百，宫罚之属三百，大辟之罚其属二百。"五刑之属三千"，夫子之言盖本于此。

要，胁（胁迫）也。无上，无君（无君：蔑视君王）也。非，诋毁也。无法，谓弁髦①法度也。无亲，谓蔑视其亲也。

盖君者，臣之所禀令（禀令：受命对象）也，而敢於要胁之，是为无上；圣人者，法之所从出也，而敢於非诋（非诋：诽谤诋毁。"非"通"诽"）之，是为无法；人莫不有父母之当孝也，而敢以孝道为非，是为

无亲。

此三者乃大乱之道，而总为不孝，刑辟之加，盖不容缓矣。

【注释】

①弁髦：弁，黑色布帽；髦：童子眉际垂发。古代男子行冠礼，先加缁（黑色）布冠，次加皮弁，后加爵弁（爵弁者，冕之次，其色赤而微黑，如爵头然），三加后，即弃缁布冠不用，并剃去垂髦，理发为髻。故以"弁髦"喻弃置无用之物。引申为"鄙视"。

广要道章第十二

【原文】

御注　首章略云（略云：简述）至德要道之事，而未为详悉（尽，全），於此复申（复申：再次申说）而演（阐发，推演）之。故云"广"（扩充）也。

"要道"先於"至德"者（的缘故），谓以要道施化（施化：实施教化），化行①而后德彰（彰显），亦明（说明）道、德相成，所以互为先后也。

【注释】

①化行：成功的实施了教化。

【原文】

孝经 子曰："教民亲爱，莫善于孝；教民礼顺，莫善于悌；移风易俗，莫善于乐；安上治民，莫善于礼。礼者，敬而已矣。故敬其父则子悦，敬其兄则弟悦，敬其君则臣悦，敬一人而千万人悦。所敬者寡，而悦者众，此之谓要道也。"

御注 此夫子述"广要道"之义。

言孝，所以（所以：也就是）爱其亲也，然欲教民以相亲相爱，则莫有（莫有：没有）善於（善於：好过于）孝。

悌，所以敬其长也，然欲教民以有礼而顺（和顺），则莫有善於悌。

乐（乐于）斯（此）二者（二者：指"孝""悌"）之谓乐。然欲移改民风而变易其俗，则莫有善於（善于：好过于）乐。

节文①斯二者之谓"礼"。然欲上安其君，而下治其民，则莫有善於礼。

若礼之为礼②，则主（预示，表示）於敬而已矣。尝为（尝为：试着）推广乎（于）敬之功用，以此之敬而敬人之父，则凡为之子者无不悦（高兴）；以此之敬而敬人（他人）之兄，

新二十四孝图（二十四）

则凡为之弟者无不悦；以此之敬而敬人之君，则凡为之臣者无不悦。夫此之敬，止加于一人而彼则千万人悦，"所敬者寡，而悦者众"，诚（确实是）所谓守（治理，管理）者约（少）而施（施行）者博（广泛，普遍，多）也。此之谓要道之义也。

【注释】

①节文：制定礼仪使行之有度。

②礼之为礼：以礼节来厚待别人。

广至德章第十三

【原文】

孝经 子曰："君子之教以孝也，非家至而日见之也。教以孝，所以敬天下之为人父者也；教以悌，所以敬天下之为人兄者也；教以臣，所以敬天下之为人君者也。"

御注 此夫子述"广至德"之义。言君子之教人以孝也，非必家至（家至：上门）而为之喻（告知），日见（日见：每天见面）而为之督（督促）也。

教之以孝，使凡为人子者，皆知尽（尽力做到）事父之道以敬其父，是即（是即：这就是）我之所以敬天下之为人父者也。

推（进一步）而教之以悌，使凡为人弟者，皆知尽事兄之道以敬其兄，是即我之所以敬天下之为人兄者也。

又推之而教之以臣，使凡为人臣者，皆知尽事君之道以敬其君，是即我之所以敬天下之为人君者也。夫（夫：语气助词）致（导致，使得）吾之敬者虽有限，而能使人各自致其敬者则无穷。

此孝之所以为至德也。

孝经 《诗》云："恺悌君子，民之父母。"非至德，其孰能顺民如此其大者乎？

御注　恺，音"凯"。《诗》，《大雅·泂酌》之篇。恺，乐也。悌，易也。

盖言君子有如此恺悌乐易之德，民爱之如父母。盖能以至德为教，顺天下之心，故其效如此其（副词，表示论断，相当于"乃"）大也。

广扬名章第十四

【原文】

御注　首章略言"扬名"之义而未审（详细），而於此广之，故以名章，次"广要道""至德"之后。

孝经　子曰："君子之事亲孝，故忠可移于君；事兄悌，故顺可移于长；居家理，故治可移于官。是以行成于内，而名立于后世矣。"

御注　长，上声。行，去声（今读阳平）。

此夫子述"广扬名"之义。言君子之事亲，苟①极其孝矣，以之事君则为忠，故"忠可移於君"。事兄，苟极其悌矣。以之事长则为顺，故"顺可移於长"。居家（居家：治理、处理家事），苟极其理矣，以之居官（居官：治理、处理公务）则必治（有规矩，严整），故"治可移於官"。

"孝、悌、忠、顺"，齐治（齐治：齐家治国。齐：整治）之道，其相通有如此（如此：关系是这样）。故士人②惟患（忧虑，担心）内（指家务，内部事务）之所以事亲、事兄、居家者行（做）未成（做好，成功，成就）耳（语气词；表示结束）。

夫苟（如果）孝悌、修齐（修齐：修身齐家）之行成于内，必其忠顺治理之勋猷（勋猷：功业、功绩。猷）著（表现）于外，彪炳（彪炳：光彩焕发；照耀）宇宙，辉映竹帛③，而后世之名，曷（疑问代词，相当于"何"）有极（尽头，终了）哉！显亲（显亲：光宗显祖）之孝，此焉

（之）寓（寄托）矣。

【注释】

①荀：如果。

②士人：人民；百姓。

③竹帛：竹简和白绢，古代书写载体，此代指史册。

谏诤章第十五

【原文】

御注　曾子既闻"扬名"以上之义，而又问"子从父之令"。夫子以令有善恶，不可尽从，乃为述谏诤之事。故以名章，次"广扬名"之后。

孝经　曾子曰："若夫慈爱、恭敬、安亲、扬名，则闻命矣！敢问：子从父之令，可谓孝乎？"

御注　夫，音扶。令，去声。

"慈爱、恭敬、安亲、扬名"是曾子包摄（包摄：总结、概括）夫子之所已言者（已言者：已经说过的）言之。又以"子从父之令，可谓孝乎"为问者，盖为子者，原一（原一：本来是）以顺从为孝，但于（对于）父母之命令，若不问可否（可否：对错）而悉（尽，全）从之，又恐有违于道（事理），此其所以疑于心而问也。

慈爱，如养（赡养，抚养）致其乐（安乐）；恭敬，如居致其敬；安亲（安亲：孝养父母），如不近兵刑（兵刑：杀戮，伤害）；扬名，如立身行道，扬名於后世之类。

孝经　子曰："是何言与！是何言与！昔者天子有争臣七人，虽无道，不失其天下；诸侯有争臣五人，虽无道，不失其国；大夫有争臣三人，虽无道，不失其家；士有争友，则身不离於令名；父有争子，则身不陷於不义。故当不义，则子不可以不争於父，臣不可以不争於君。故当不义，则争之，从父之令，又焉得为孝乎？"

御注 与（语气词），平声。争、诤同。离（丧失）、令，并去声。"争"与"诤"同，盖是非必争，可否必辩。所谓面折廷诤[1]，不欺而犯（不欺而犯：不欺骗而冒犯）者也。令，善也。焉，何也。

两言（两言：两次说）"是何言与？"，深明（深明：深刻阐明）父令之不可一于从（一于从：一概听从）也。

"昔者"以下，是推广而言。为臣子者，若见君父之过（过错），皆不可以苟顺（苟顺：勉强、轻易顺从）而不谏诤。"天子之争臣以七人，诸侯之争臣以五人，大夫之争臣以三人"者，盖位（身份地位）有崇卑（崇卑：高下贵贱），责（责任）有轻重，政（政事）有烦（通"繁"）简，故争臣有多寡也。

然天子有天下者也，故云"不失其天下"；诸侯有国者也，故云"不失其国"；大夫有家者也，故云"不失其家"。总之，以谏诤之得人，故虽无道（无道：暴虐，没有德政），不亟（危急）至于亡也。士无臣，所有惟友，故云"士有争友"。

"不离令名"，谓事无谬误而善名以彰（善名以彰：好名声显著）。不陷不义，谓所事合宜（所事合宜：干的事情合适）而行义（行义：躬行仁义）以得（得益）也。

先言"故当（故当：如果遇到）不义，则子不可以不争於父，臣不可以不争於君"，是总言（总言：总体说）为臣子者当谏争其君父；又曰："故当不义则争之，从父之令又焉得为孝乎？"所以（用来）结（总结）一章之旨（中心大意）而终（终结）"是何言与"之义。见（可见）为子者不可一于从父之令也。

【注释】

①面折廷诤：在朝廷上当面谏诤，指出皇上的错误或缺点。

感应章第十六

【原文】

御注　此章明（阐述）明王孝悌感应①之事，虽为天子言之，诸侯以下亦当自知勉朂②也。

【注释】

①感应：因受外因影响而引起反应。
②勉朂：劝勉，激励。朂：勉励。

【原文】

孝经　子曰："昔者明王事父孝，故事天明；事母孝，故事地察；长幼顺，故上下治。天地明察，神明彰矣。"
御注　长，上声。
《易》曰："乾，天也，故称乎（乎：相当介词"于"）父；坤，地也，故称乎母。"则天有父道，地有母道，原（原：本来就）与父母之道相通者。
古昔明王能事父以孝，则即通于事天之道，故其事天也明：事母以孝，则即通于事地之理，故其事地也察。

又推（推演）事父事母之孝心，以顺^①家之长幼，故凡四海之中，上而（到）尊长，下而卑幼（卑幼：下人，幼辈），又罔（无）不就（依随，按照）吾之均调（均调：均衡协调，和谐）而上下以治（严整，有规矩）。

夫惟明王极孝之所至，至于（至于：达到）"事天明"，"事地察"。如此则三光^②明（明亮，清晰），寒暑序^③，而天道（天道：自然规律）以（文言连词，与"而"用法同）清（清平，太平）；川流岳峙^④奠其常（正常状态），鸟、兽、鱼、鳖若其性^⑤，而地道以宁（安宁）。其神明（神明：英明，圣明）功用（功用：功效）之彰见（彰见：显著），盖有极其盛者哉^⑥？

【注释】

① 以顺：用以理顺，使之依循次序。
② 三光：古指"日、月、星"。
③ 寒暑序：一年四季，冷热正常，有序不紊。
④ 川流岳峙：河川流动，山岳耸立。
⑤ 若其性：顺依其自然规律和特性。
⑥ 盖有极其盛者哉：还有比之更显盛的吗？

【原文】

孝经 "故虽天子，必有尊也，言有父也；必有先也，言有兄也。宗庙致敬，不忘亲也；修身慎行，恐辱先也；宗庙致敬，鬼神著矣。孝悌之至，通于神明，光于四海，无所不通。"

御注 行，去声。

承上文而言，明王不特（仅，只是）以事父母之孝事天地，而致（而致：因而招致、获得）神明（神明：指神灵）之彰已（罢了）也。

虽以天子之尊，必知有父之当尊与有兄之当先①矣。其在宗庙承祭（承祭：承办祭祀）之时，则严威祗肃（祗肃：恭敬肃然）致其恭敬，而不敢有忘亲之心。

及夫②平居无事之时，则修身慎行，极其检摄（检摄：约束监督）而唯恐招辱先之谴（辱先之谴：玷辱先辈之罪）。

明王不过自谓率（表率）其孝道之常（纲常）也，不知以修身慎行之主，兼（同时）又致敬于宗庙对越③之时，先王在天之灵，洋洋乎有如在其上，如在其左右者，而鬼神精爽（精爽：魂魄）之所著④，其视神明之彰（显）见（"现"的古字），又何如其盛哉？

夫孝悌之道，原始于家庭。然和顺之至，精诚之极，至于（使得）"神明彰"，"鬼神著"，即幽（深）而（介词。到，往）神明可以感通⑤。如此则远而四海，必将和气充洽（充洽：周遍），光辉普被（覆盖，延及），又何有不通者乎？

【注释】

①先：以之为先。

②及夫：句首助词。犹"若夫、等到"。

③对越：指帝王祭祀天地神灵。晋刘琨《劝进表》："臣闻天生蒸人，树之以君，所以对越天地，司牧黎元。"

④著：显现。

⑤感通：有所感而通于彼。意即一方的行为感动对方，从而导致相应的反应。语本《易·系辞上》："《易》无思也，无为也，寂然不动，感而遂通天下之故。"

【原文】

孝经 《诗》云："自西自东，自南自北，无思不服。"

御注 《诗》，《大雅·文王有声》之篇。自，从也。义取四方皆感其德化，无有思而不服者，以明（说明）"光（通'广'，充满，发扬）于四海，无所不通"之义也。

事君章第十七

【原文】

御注 此章论君子事君之道，盖为在朝之卿大夫言也，而士亦在其中矣。

孝经 子曰："君子之事上也，进思尽忠，退思补过，将顺其美，匡救其恶，故上下能相亲也。"

御注 上，谓君也。进，谓进见於君。退，谓既见而退。匡，正。救，止也。

君子之事君，无一念（考虑）而不在于君者，进而入告（入告：向上汇报，以事上闻），则思（想要）竭尽其忠而不敢有所欺（欺骗）；退而公馀（公馀：朝事之后）则思补（弥补，补救）塞（遏制，约束）主（指君王）过（过失，过错）而不敢有所狥：曲从）。

至于君有为善之美意，方（始）在将萌（开始）未萌之界，则从而将顺（将顺：顺势促成）之，俾（使）君之美以成；君有匪彝（匪彝：违背常规的行为）之恶意，方在将发（发生）未发之顷（时），则从而匡救①之，俾（使）君之恶以消。是（表示肯定判断）君臣之相悦，犹夫鱼水之相欢，盐梅②之相济（相济：互相调济）。

吾知其上下交（上下交：上下交流沟通）而德业（德业：德行与功业）成矣，其所为相亲（相亲：互相信任）也，岂其微哉③！

【注释】

①匡救：挽救而使之回到正路上来。

②盐梅：盐巴和酸梅；比喻不同的味道。

③岂其微哉：那是多么美好哦。微：通"徽"；美，善。

【原文】

孝经　《诗》云："心乎爱矣！遐不谓矣！中心藏之，何日忘之。"

御注　《诗》，《小雅·隰桑》篇。引此以明君子忠爱之心，久（持久）而不替（废弃，泯灭）。盖其天王圣明之念①，藏之中（内心）者已笃（坚实，深厚），以故（以故：因此）其一进一退，一顺一匡②，举（表示）不敢忘乎君有如此也。

【注释】

①天王圣明之念：天子英明圣哲的念头。

②顺、匡：顺者，整理；匡者，纠正。

丧亲章第十八

【原文】

御注　章中云"生事爱敬，死事哀戚（哀戚：悲痛伤感），生民之本

（本能，本性）尽矣；死生之义①备（齐备）矣；孝子之事亲终（终极）矣"。故以"丧亲"名章，终之於末（终之於末：作为最后结束）。

【注释】

①死生之义：死亡和生存的意义。《易·系辞上》："原始反终，故知死生之说。"

【原文】

孝经　子曰："孝子之丧亲也，哭不偯①，礼无容（端正的仪容），言不文②，服美不安，闻乐不乐，食旨不甘，此哀戚之情也。三日而食，教民无以死伤生，毁不灭性③，此圣人之政也。丧不过三年④，示民有终也。"

御注　丧，去声。偯，隐绮切，音"倚"，又音"伊"。不乐，乐字音"洛"。旨，甘也。毁，哀毁（哀毁：悲哀过度而损害健康）也。

孝子丧亲，哀痛之极，其哭也不偯，气竭而尽，不能（通"耐"）委曲也。其礼也无容（无容：不打扮），触地局蹐⑤，不能为容也。其言也不文，内忧无情（内忧无情：内心忧伤而麻木），不能为文也。服衣之美，有所不安；闻乐之和（和美），有所不乐；食味之旨，有所不甘。凡若此者，乃孝子自然哀戚之情，非有所勉强而为之也。

礼⑥：人子（人子：子女）于父母之始死也，水浆不入口（水浆不入口：不吃不喝）者三日，然过三日则伤生（伤生：伤害身体）矣。教民三日而食粥（三日而食粥：三天后可以吃粥），使之无以（无以：不会因此）哀死（哀死：哀悼死者）而至于伤生，虽毁瘠⑦而不至於灭性。此圣人之为政，所以为生民立命（立命：修身养性以奉天命）也。

丧则定为三年而不过者，孝子报亲之心虽无限量，圣人为之中制（中制：从中干预），以示民有终极之期也。

【注释】

①哭不偯：见顺治本。

②言不文：说话不多加修辞故作文雅。

③毁不灭性：见顺治本。

④丧不过三年：古代丧服之礼，臣为君、子为父、妻为夫等要服丧三年，为封建社会的基本丧制。《论语·阳货》："三年之丧，期已久矣。"

⑤触地局蹐：喻办丧事，到处忙碌。蹐：小步行走，引申指局促。

⑥礼：表示隆重举行的丧礼。

⑦毁瘠：见顺治本。

【原文】

孝经 "为之棺椁衣衾而举之；陈其簠簋而哀戚之；擗踊哭泣，哀以送之；卜其宅兆而安厝之；为之宗庙，以鬼享之；春秋祭祀，以时思之。"（详注参见顺治本相关部分）

御注 簠，音"府"。簋，音"鬼"。擗，音"辟"。踊，音"勇"。厝，音"措"。棺，内棺。椁，外椁。衾，被也。簠簋，祭器也，方曰簠，圆曰簋。擗，拊（拍，击）心（胸口）也。踊，跳跃也。皆哭泣之貌。宅，墓穴。兆，茔域（堂域：坟墓，坟地。茔：）也。安厝，犹言"安置"也。

当亲之始死也，为之棺以周衣，椁以周棺，衣衾以周身，然后举而敛（通"殓"）之。其将葬（其将葬：下葬之前）也，陈（陈设）其簠簋，奠以素器①，则伤痛而哀戚之。其祖饯②也，女擗（捶胸）男踊（跳脚），号哭涕泣，则悲哀而往送之。为墓于郊，则卜其宅兆，必得吉而安厝③之。四者，慎终④之礼也。

为庙於家⑤，则三年丧毕（丧毕：丧礼完毕），迁主（为死者立的牌位）於庙（祠堂），以鬼（祖先）而礼享（礼享：敬神般祭祀）之。及其久也（及其久也：久而久之），寒暑变迁，益用（益用：逐渐会）增感（增感：增添思念），春秋祭祀，以寓（寄托）时思（时思：经常的怀念）。二者，追远⑥之礼也。

此皆圣人之政，因人之情而为之节文者也。

【注释】

①奠以素器：用没有油漆雕饰的白木素色器皿来放置祭品。

②祖饯：出殡前夕设奠以告亡灵。

③卜其宅兆必得吉而安厝：一定要选好风水宝地安葬之。

④慎终：指居丧能尽礼，所谓慎终追远。

⑤为庙於家：在家里祭祖。庙：动词。祭祖。

⑥二者，追远之礼：在宗庙祠堂树立牌位和每年的春秋祭祀是虔诚祭祀怀念祖先的礼仪。

【原文】

孝经 "生事爱敬，死事哀戚，生民之本尽矣，死生之义备矣，孝子之事亲终矣。"

御注 此又合（结合）始终（始终：前后）而言之，以结（联接）一书之旨（意图，宗旨），谓孝子之事亲，生则事之以爱敬，死则事之以哀戚。

如此生民之道，以孝为本，於此而尽矣。养生送死，其义为大，於此而备（完备，齐备）矣。孝子事亲之道，於是而终（於是而终：到此为止）矣。

或问：孝子之事亲终矣，岂自是（代词。此，这；这里）而后可遂已（遂已：结束了）乎？曰：非也！孝子之心无穷，身在一日，则思在一日。古者大孝所以有终身之慕（思念，依恋）也。此云终者，毕（全部）之谓也，谓生尽其养，死永其思（永其思：一直怀念、思念），然后子职毕尽无遗，非谓从今日后遂（于是，就）不必容心（容心：留心，在意，放在心上）也。

第六章 《二十四孝》原典详解

孝感动天

【原文】

[虞]舜①，姓姚，名重华，瞽瞍②之子。性至孝，父顽③，母嚚④，弟象傲。舜耕于历山⑤，象为之耕，鸟为之耘，其孝感如此。陶于河滨⑥，器不苦窳；渔于雷泽⑦，烈风雷雨弗迷。虽竭力尽瘁，而无怨怼之心。尧闻之，使总百揆⑧，事以九男⑨，妻以二女⑩。相尧二十有八载，帝遂让以位焉。

队队耕田象，纷纷耘草禽。

嗣尧登宝位，孝感动天心。

【注释】

①舜：传说为古代父系氏族社会后期部落联盟的首领，姓姚，号有虞氏，名重华，史称虞舜。相传舜帝故里是今河南濮阳，其父叫瞽叟，母名握登。他以孝闻名，四方部落举他为尧的继承人，尧考核后，命他摄政。

②瞽瞍：瞎子。

③顽：愚昧。

④嚚（银）：愚蠢。

⑤历山：即今山西蒲州的雷首山。

⑥陶于河滨：在黄河边上制造瓦器。

⑦雷泽：在今山东鄄城县西南，一说在今蒲州附近。

⑧总百揆：总领各官。

⑨九男：尧的九个儿子。

⑩二女：尧女娥皇、女英。

【译文】

虞舜，即舜，姓姚，有虞氏，名重华。父亲是一个瞎子，天生就懂得大孝。他父亲脾气古怪，继母性情变化无常，同父异母的弟弟名字叫象，非常不懂事。舜每天去历山耕田种地，干活时有大象跑来替他拉犁，小鸟飞来为他播种。舜在黄河边制作陶器，制造的器物质量都很好。他到雷泽打鱼，虽遇到烈风雷雨也不会迷失方向。虽然竭尽心力与劳苦，却没有怨恨之心，帝尧听闻到舜的至孝，使他总管国家大事。还让九个儿子侍奉他，并将女儿嫁给他。经过多年的观察和考验，最后把天下禅让给了舜。

【故事扩展】

很久很久以前，在离九曲十八弯黄河不太远的地方有一户人家，只有夫妻二人。农夫名叫瞽瞍，他老实巴交，但愚笨迟钝，顽固不化，且耳软心粗，极易被谎话欺骗。他的妻子名叫握登，心地非常善良，秀外慧中，精明能干，真的是里里外外一把手，这个家一大半是靠她支撑的。自从她来到这个家，日子才好过了一些，虽说不上富裕，但也衣食无忧。

可好景不长，没过几年就遭遇上了十年九不遇的大旱。那一年，赤地千里，颗粒不收。往年虽积存了一点粮食，但在这荒时暴月里无异于杯水车薪，难免饥肠辘辘。两人左思右想，毫无办法。无奈之下，只得忍着饥饿，爬山越岭，如同野兽一般在野外寻找食物，春天捋榆钱，夏天挖野菜，秋天摘野生植物的果实，冬天下套子捕捉野兔，再加上一顿稠、一顿稀的合理安排，周密调剂，还能凑合着度命。

难以预料的是一关未过，一关又至。他妻子有喜了。按理说，这应该高兴、庆贺。可他们俩无论如何也高兴不起来。遇上闹灾荒，两个人已度日如年，要是再添丁，多一张嘴，那日子更没法过了。两人为此愁眉不展。

满脸愁云未散，令他们愁苦的事情又接踵而至。妻子妊娠反应特别厉害，不用说到外面寻找食物，连家里的活也干不成了。稍微吃一点，就呕吐不止，甚至一闻到饭菜的味儿就反胃。可口的饭菜一点没有，勉强吃上几口又都呕吐了。这样一直折腾了近两个月，人一下子瘦了很多，与先前相比，简直判若两人。

家中积存的一点粮食即将告罄，可旱象依然严重。若不能尽快找到解决办法，那就非得饿死不可。

两人商量来商量去，觉得只有到远在二三百里外的深山老林一带采摘可食的野生植物的果实，才有活下来的可能。

瞽瞍背着简单得不能再简单的行李卷儿，妻子拖着日渐沉重且日益疲软的身子一路同行。一路上，他们看到尽是土地龟裂、田园荒芜、饿殍遍野、白骨累累的悲惨景象，伤心的眼泪直往下落，并产生了不想活的念头。转念一想，我们可以一死了之，可一个无辜的小生命不就被作践了吗？那可是造孽啊，天理不容！必须坚强地活下去，才能对得住那还在腹中的小宝贝。

到了深山老林，两人居山洞，饮泉水，食野菜、野果。若有剩余，都放在背阴处阴干。几个月下来，除了自己吃，还积攒了不少的干菜、干果。

天渐渐冷了起来，再待下去，虽然饿不死，却可能冻死在山洞中。就在打算回家的前一天，不幸的事发生了。瞽瞍在上山途中，一脚踩空，从山上滚了下去。一只胳膊的桡骨碰在了坚硬的石头上，断成两截，幸好胎气未伤。

回到家中养了一段日子，伤势倒有些好转，但仍时常隐隐作痛。此痛未消，又添新痛。腹痛一日比一日加剧，这是临产的前兆。她强忍着钻心似的疼痛，三天后才分娩，一个小男孩呱呱坠地了。

这个小男孩，就是后来的虞舜。父母为他起了个姚重华的名字。他浓浓的眉毛，大大的眼睛，活泼可爱，还不足三岁就懂得给疾病缠身的母亲端饭倒水，经常依偎在母亲的怀里，用他丰满而柔软的小手轻轻地抚摸着母亲的脸庞，显得十分亲昵。他的母亲凝视着如此聪明懂事的儿子，心里比喝了蜜还要甜。

小重华的母亲由于长期营养不良，病魔缠身，身体状况越来越差，瘦得皮包骨头，面色蜡黄，气力衰减。如同一盏残灯，随时可能熄灭，又好像风雨飘摇中的一只破船，随时可能沉没。

小重华的母亲在期盼儿子快快长大的幻想中顽强地同死神斗争着。可天公不作美，一场突如其来的流行病还是让她过早地离开了人世。

小重华刚刚四岁就没有了疼他爱他的娘，经常背着父亲偷偷哭泣。小小年纪的他哪里知道灾难和不幸正在悄悄降临。

小重华和父亲相依为命，虽然生活清苦，每日粗茶淡饭，几个月连一丁点儿荤腥也见不到，可仍能经常听到欢声笑语。

过了一年左右，他的父亲在别人的撺掇下张罗续弦。不久，娶来了一个如花似玉的女人，从外表看，确实年轻貌美，比小重华生母要漂亮一些，但心地却不像小重华生母那样善良，而是蛇蝎一般的心肠，且又会花言巧语，背后捣鬼，阴一套，阳一套。成年人恐怕也对付不了，何况是年仅五岁的小孩儿！

但小重华生性孝顺，尽管是个继母，仍把她视为生母一般，一口一个娘地叫个不止。可他的继母从一进这个家门，就把小重华视为眼中钉、肉中刺，横挑鼻子竖挑眼，没有一样使她满意，差不多每天都得把小重华毒打一顿。开始是背着小重华的父亲打，后来是当着他父亲的面毒打。小重华被打得体无完肤，行动都有些不便，可继母还要让他干这干那，一会儿都不让他闲着。

继母如此待他，可小重华从来不在父亲的面前说继母的不是，而是反复检查自己，心里老是在想：自己哪一点做得不好？为什么总是惹得继母不高兴？……

又过了一年，小重华的继母有了自己亲生的儿子，起名象。继母对她的亲生儿子真是宠爱有加，视若掌上明珠，捧在手里怕掉了，含在嘴里怕化了。而对小重华的态度却更加恶劣，手段也非常残忍，非要把他置之死地。当她想到她的亲生儿子因为小重华的在世而不能享有财产继承权时，更是恨得咬牙切齿。

虐待小重华是她的第一招。她让小重华干非常繁重的体力劳动，稍微歇息，劈脸就是一个大嘴巴，打得鼻青脸肿，而流出来的鼻血还不准擦洗。挨骂那更是家常便饭了，粗话、脏话张口就能说得出来，每天最少也得骂上三五次。吃的是残汤剩饭，穿的是褴褛的衣衫。从外表看，和叫花子没有两样。

俗话说："旱地的葱，后娘的心。"此话一点不假。小重华的继母刻毒的心比别的后娘有过之而无不及。她对瞽瞍的性格比谁都了解，知道他耳软心粗，非常容易哄骗。因此她就千方百计地编造谎言，在瞽瞍面前时常说小重华的坏话，挑拨离间，恶语中伤。渐渐地，父亲也站在继母一边，合伙折磨小重华。这是她的第二招。

第三招是更损的一招。小重华的继母为了免背恶名、骂名，施展了更损的一招，这就是背后教唆其亲生儿子象肆意羞辱小重华。象生来就是傲慢无礼之辈，再加上父母的宠惯，更为狂率不逊。小小年纪就好吃懒做，耍赖撒泼，平时就倚仗着父母欺负其哥哥小重华。这一回有其母亲明目张胆地撑腰，更加肆无忌惮。有一天，他按照母亲设下的毒计，坐在炕上干嚎，一边干嚎一边嚷着要骑马，其母亲乘机把小重华喊来，让他当马叫弟弟象骑上。这小东西心狠手辣，骑在小重华的身上还嚷嚷着快点爬，并用小木棍在小重华的屁股上使劲地抽打。不一会儿，小重华已汗流浃背，累得爬不动了。可象还是不依不饶，骑在小重华的身上赖着不下来。小重华只好缓慢地爬行，象十分不高兴，抡拳砸向小重华的后脑勺，接着从后面又打了小重华几个耳光，这才罢休。

如此泯灭人性的羞辱仍然不能解其继母心头之恨，她还要和其丈夫、亲生儿子合谋害死小重华。

有一天夜里，等小重华熟睡后，他们三个人来到一间黑咕隆咚的小屋里，在这里密谋烧死小重华。天刚麻麻亮，他们就迫不及待地把小重华喊了起来，令其在日上三竿前把粮仓修葺完毕。正当小重华专心致志地往仓顶上抹泥之时，小重华的弟弟象鬼鬼祟祟、蹑手蹑脚地进了粮仓，乘机把梯子搬了出去。接着小重华的继母就纵火烧起粮仓来，顿时粮仓变成一片火海。这突如其来的大火，把小重华吓呆了。稍过了一会儿，他才清醒过来，急忙用一顶斗笠遮挡向身边烧过来的大火，一只手拿起铁锹向仓顶捅去，不知是从哪里来的那么大的力气，竟然一下子捅出了一个大窟窿，他借机钻了出去。用力一蹦，蹦到了院墙外面，逃过了一劫。

小重华的继母看到小重华安然无恙地归来，气得差点儿背过气去。

一计不成，又生一计。小重华的继母阴险诡诈，花花肠子特别多。她又同丈夫合谋害死小重华，谎称地里要打井取水浇田，利用小重华下去挖井的机会往井里填土把小重华活埋。小重华特别乖顺，大人们叫干啥，他就去干啥，从来不往坏的方面想。在挖井的过程中，小重华一直就在井下面挖土，他父亲在上面用小筐子提土。在一上一下中，下面装土的人相对轻松一点，小重华从小就非常勤快，又好动，在闲着的那一会儿，突发奇想，从井筒旁往倾斜向上处挖了一个暗道，以供捉迷藏之用。挖好不久，小重华正在往小筐子里装土的时候，忽然从井口处掉下来一大堆土和小石头，砸在小重华的身上，接着又是一大堆。小重华急忙跑到为捉迷藏所用的暗道里躲了起来。

小重华的父亲把从井下提上来的土和石头全部推到井里，兴冲冲地回家向老婆报功。他老婆听他一五一十地说完，高兴得蹦了起来，并夸赞了她丈夫一番，同时允诺用过年时才能吃上的饭菜奖赏有功之人。

小重华的父亲、继母和弟弟象正狼吞虎咽地吃着美味佳肴、庆贺小重华被活埋时，小重华泥土满身地回到了家里。他们一个个目瞪口呆，脸色通红。

尽管如此，但小重华的继母仍然贼心不死，不善罢甘休。于是又密谋了一个更为残忍的淹死小重华的毒计。

小重华的继母暗中将这个毒计告诉她的亲生儿子，安排他要下毒手，在池塘里从后面突然推倒小重华，摁住头在水里淹上几分钟，管保让小重华见阎王。

象把小重华骗到河塘边，按照他母亲的鬼主意行事，很快就把小重华淹在了河塘里。在他看来，小重华必死无疑。

善有善报。小重华平时就善待他们家养的那条狗，宁肯自己饿着肚子，也要喂一喂狗。因此，那条狗也设法保护小重华。那天，狗就一直蹲在不易被人发现的地方看着河塘边发生的事情。它看见小重华被象淹在河塘里时，就想去救。待象离开后，它急忙冲进河塘里，用牙咬住小重华的衣服，把小重华拖到河塘边。幸好小重华不清醒，那会儿喝进去的河塘水并不多，拖到河塘边控了一阵水，就慢慢地苏醒了。

小重华回到家里，浑身还是水淋淋的。他不敢向父母亲说出事实真相，只说是自己不小心掉进了河塘里。

小重华一向是逆来顺受的。对父母从不怨恨，依然竭尽全力地孝敬父母，照样端饭送水，嘘寒问暖。他对小弟弟象比过去更关心，他觉得这是当哥哥的责任。多替父母分点忧，这也是孝敬父母啊！

即使这样，小重华的继母仍不放过小重华。她对小重华的父亲说："小重华是咱们家的祸根，除不掉，也必须把他撵得远远的，不要让我看到。否则，这日子就没法过了。"

小重华的父亲也有此意，一拍即合。

翌晨，他们把小重华喊来。小重华的继母一脸怒色，对着小重华厉声喝道：

"你这个小杂种，给我好好听着！从今天开始你就必须离开这个家，到历山（今山东济南东南）给我种地去。假如有一棵草没有锄掉，就要了你的命！"

小重华听完继母的怒叱，在向二老磕过头后，扛着锄头往历山走去。

历山地广人稀，几十里内没有人烟。但野兽成群，凶猛异常，一不小心，就有可能成为它们的食物。

在这种险恶的环境下，小重华从不担心自己的安危，而是日夜思念自己的父母和弟弟，担忧家里的活没人干，为父母的身体安康与否而担心，为弟弟如何才能走上正道而发愁。

在这里，他对虎豹豺狼虽然避之唯恐不及，但对大象之类的不伤害人类的动物却能善意地对待，相处和谐，关系融洽，连小鸟都在他的善待之列，一群一群地在他的田地上空不停地盘旋。

小重华在历山耕田种地时，大象从山上下来帮助耕田，小鸟从林间飞来帮助除草。为了防止凶猛、残暴的老虎、狮子伤害小重华，猴子在树上瞭望、放哨；为了给小重华消愁解闷儿，百灵鸟飞到树枝上不停地唱歌。

闲下来的时候，小重华仰望天空中朝着家乡方向飘去的朵朵白云，诚请它们代自己问候父母。

当春天小燕子飞来的时候，小重华就请它给弟弟带个话，希望他孝敬父母，明了事理。

假若遇到过往行人，他一定要麻烦人家给他的父母亲捎封信，婉言劝说他们不要干力所不及的活，待他回去由他来完成。

小重华在农闲的时候，就出外走村串户，了解民俗风情。当他得知周围的农户常常因为争夺田界而拳脚相向、邻里不和，更为严重的是部落之间因此发生过多次仇杀。小重华用自己的尊老爱幼、礼让他人的实际行动，感化了当地的人们，他们从此开始谦让起来。

有一次，小重华到雷泽这个地方打鱼，看到当地年轻力壮的小后生，都占着鱼较多的地方，而一些年纪大、身体弱的人却在鱼比较少的地方打鱼。他带头把水深鱼多的地方让给这些老人，而自己却到水浅鱼少的地方打鱼。小后生们见此情形，也都纷纷让出水深鱼多的地方给年老的人。

不到一年工夫，这里的社会风气彻底改变了，尊老爱幼、礼让他人已蔚然成风。很多外地人从几百里之外的地方搬到这里居住。

小重华的孝心和高尚的德行，不仅方圆几百里的人受到了感化，而且孝名得到了传扬，连尧帝的大臣们都知道了姚重华历经磨难而依旧孝心不改的动人事迹。

尧帝多年来一直在觅求德才兼备的人，尤其重视有孝心的人，希望将来能使仁孝行天下，尧帝也打算启用这样的人来辅弼自己治理天下。

当大臣们纷纷向尧帝举荐姚重华时，尧帝当时十分高兴。高兴之余，觉得有点不太放心，决定明察暗访一番。

尧帝到历山微服私访，沿途看到民风淳朴、生产发展的景象，十分欣慰。再细细一打听，农夫们几乎都对姚重华赞不绝口。老百姓的口碑，是一个人德行的最好的见证。

尧帝决定启用姚重华，令大臣把姚重华请到宫中来。

姚重华得到尧帝的召见，与尧帝一起纵谈天下大事，探讨治国之道。

姚重华的许多见解，尧帝非常赏识，并希望他留在朝中。

姚重华向尧帝述说了家中的情况，三番五次地请求尧帝让他回家服侍父母，照管兄弟。尧帝摇头不许。

姚重华无奈，便留在朝中辅弼尧帝。

姚重华在朝中对所有官员都提出上下谦让和宽容的要求，又极力提倡孝道，并带头执行。由此朝中风气大变，官员们相互尊重，和睦团结，尧帝感到十分满意。

从此，尧帝几乎就不再像过去那样为朝廷的政事而日夜操劳了，由姚重华主持朝政，大小事悉数由他全权处理。只不过有时过问一下，或者指点一下。

尧帝看来看去，觉得姚重华德高望重，值得信任。当时，尧帝有两个聪明伶俐、神采飘逸的女儿，一个叫娥皇，一个叫女英，姐妹俩正待字闺中，尧帝就决定把这两个可爱的女儿嫁给姚重华。

姚重华自主持朝政以来，殚精竭虑地处理多种政务，忙得不亦乐乎，很少有空闲。待晚上回到家里已筋疲力尽了。虽然困乏之极，但由于思念父母和弟弟，还是经常失眠。

尧帝发现姚重华瘦了，精神也大不如从前，便问其缘由，姚重华如实禀告。尧帝只得准其省亲。

回到家中，依旧向父母三跪九叩首，并把同他一起回来拜见父母的两个妻子介绍给父母亲。还未等两个儿媳妇给二老行大礼，姚重华的父母就破口大骂起来。

他们骂道：

"一个穷小子还竟然娶了两个老婆，还想当个花花公子，你撒泡尿照一照自己，配不配？真的是个败家子！"

持续骂了很长时间，有些话简直不堪入耳。但他们仍然觉得不解气，又把姚重华狠狠地揍了一顿。

弟弟象妒火中烧，就想杀兄霸嫂。他以井里沙子和土太多，需要淘一淘为由，让其哥哥下去淘井。娥皇和女英从象凶恶的目光中看出下井是凶多吉少，便悄悄地将对策告诉了姚重华。当象投下石头妄图砸死其哥哥时，姚重华早已躲到安全地带，这才得以逃生。

父母和弟弟这样对待他，姚重华既无怨言，也不计较，而且还原谅了他们，继续履行为人之子的义务，担当起为人之兄的责任。

省亲期限已至，姚重华带着两位妻子恋恋不舍地离开家中，回到宫里。

姚重华继续主持朝政。为便于称呼，上上下下一律叫他舜。

尧帝用心栽培舜，派他治理夏地。他爱民如子，以高尚的德行感化人。舜的行孝天下，感动了天。夏地在他治理的几年内，风调雨顺，五谷丰登，六畜兴旺，经济繁荣。不久，四处的人闻风而来，人口数量骤然上升。夏地很快就由一个村庄发展成为一个大都。

舜在夏地期间，到一个地名为陶河的地方，用孝道教化人们，不但感化了人，而且还感动了地。这里用来做陶器的土质量不好，做出来的陶器格外粗糙。后来，土质渐渐变好，做出来的陶器质地细腻、光滑，质量上乘，成了远近闻名的陶都。

十年后，尧帝诏令舜回到都城平阴安邑，在朝中当了国相。

接着，舜把父母和弟弟都接到宫中。如同先前在家一样，清晨起来向父母跪请早安，晚上也要跪请晚安，端茶送水，照顾十分周到。舜的孝心终于感化了父母，继母的态度一百八十度大转弯，由原来的视同仇敌变为现在的亲密无间。弟弟对哥哥的态度也开始转变了，兄弟俩真的是情同手足。

舜代理朝政二十八年后，尧帝经过对舜的各种考验，认为舜能够担当得起继往开来的大任，实现宏图大业，又因自己年事已高，神思困倦，因而做出了把帝位让给舜的决定。舜多次推让，但尧帝态度非常坚决，一定要把帝位让给他。

舜推让不掉，便接受了重托，从此便是舜帝时期。

舜帝果然没有辜负尧帝的重托，执政期间，重视教化，推行仁政，关心民生，体察民意。不几年工夫，孝行天下，财源滚滚，百姓富裕，社会安定，一派太平盛世的景象。

因此，他受到了人们的拥戴，成了人们心目中的圣人。

戏彩娱亲

【原文】

[周]老莱子①，楚人。至孝，奉二亲，极其甘脆②。行年七十，言不称老，着五彩斑斓之衣，为婴儿戏舞于亲侧。又尝取水上堂，诈跌卧地，作小儿啼，以娱亲意。

戏舞学娇痴，春风动彩衣。
双亲开口笑，喜气满庭闱。

戏彩娱亲

【注释】

①老莱子：春秋时楚国隐士，因避世乱，种田蒙山下。其"戏

《二十四孝》原典详解

彩娱亲"故事见《初学记·孝子传》《艺文类聚·列女传》。

②甘脆：甘甜爽口的美味。

【译文】

老莱子，春秋时期楚国隐士，为躲避世乱，自耕于蒙山南麓。他孝顺父母，尽拣美味供奉双亲，七十岁尚不言老，常穿着五色彩衣，手持拨浪鼓如小孩子般戏耍，以博父母开怀。一次为双亲送水，进屋时跌了一跤，他怕父母伤心，索性躺在地上学小孩子哭，二老大笑。

【故事扩展】

老莱子，楚国人，春秋末年著名的思想家。他著书立说，传授门徒，宣扬道家思想，是名副其实的学富五车、才高八斗的一代贤人。

老莱子因看不惯尘世间的名利角逐和诸侯争霸，不愿受人官禄，为人所制，隐居山林。楚惠王五十年（公元前479年）发生了"白公胜之乱"，继而陈国南侵，为避乱世，他携家人逃至纪南城北百余里的蒙山之阳，过着垦荒耕种、饮泉水、食杂粮、树枝架床、蒲草作垫的艰苦日子。

老莱子对父母特别孝敬，他生怕二老遭难受罪，始终不出门远行，不受聘居官。据说楚惠王很赏识他，欣赏他渊博的知识，看重他高尚的品格，曾亲自登门请他出山，他都婉言谢绝了。

他对楚惠王说："一个人不能在家奉养双亲，只图高官厚禄，只贪自己享受，不是有违人性吗？"

楚惠王无言以对，只好打道回府。

老莱子蒙山自耕，用辛勤汗水换回了衣食丰足。他和妻子给双亲做最香甜可口的饭菜，给二老穿质地最精美的衣服。晨夕侍奉，天天问候，使父母心情愉悦，安度晚年。

老莱子不仅自己孝顺父母，还要求儿孙们也必须孝敬，做不到或做得不好的，竟按家规惩处。

有一年旱魃为虐，几十天滴雨未下，禾苗枯焦，致使颗粒未收。

尽管老莱子辛勤耕耘，子孙们也能勤俭节约，但天旱造成的深重灾难，使一家人缺吃少穿，经常处于揭不开锅，不能按时节换衣的困难境地。

为了免除两位老人的忧愁，老莱子想尽办法，尽量在老人面前假装出丰衣足食、衣食无忧的样子，也安顿儿孙们不要在两位老人面前说出实情。

一般情况下，都是老莱子陪着父母吃饭。老莱子每次都把三碗大米饭端到炕桌上，给老父母各一碗，自己留一碗。其实，他自己吃的那碗大米饭，只有上面那一点点米饭，下面的全部是野菜。一次，忙乱中出了纰漏，把一碗本应留给自己的饭错给了老母亲。当他发现时，立马要和老母亲换了过来。

老莱子的老母亲虽然是九十多岁的人了，但眼不花，耳不聋，也不糊涂，马上就明白了。她知道儿子的一片孝心，激动得泪流满面，同时也把儿子责备了一番。

他的老母亲情真意切地说：

"渡过灾荒不是一个人的事情，一家人都要共患难，齐心合力过难关。你每天还要干活，这样长期下去，弄垮了身体，这个家靠谁来撑呢？"

老莱子急忙向老母亲解释，他说野菜极富营养，对身体大有益处。说完，腰一挺，用力拍了拍胸脯，便问母亲他像不像个大小伙子，逗得父母开怀大笑。

自此以后，他再也不敢和老父老母一块儿吃饭了。他急急忙忙地吞完糠、咽完菜后，再给两位老人端饭，且边走边佯装打饱嗝。有时父母让他再吃点儿时，他便装作生气的样子，一边跺着脚，一边揉着肚子说：

"肚皮都快撑破了，还要让人吃，莫非想叫人真的撑死不可！"

老莱子说着躺在父母身边让二老为他揉肚子，还不停地撒娇，逗得父母几乎喷饭。

还有一次，老莱子想给父母亲改善一下伙食。他把家里稍微值钱的东西拿出去，在街上换回一斤猪肉。

香喷喷的猪肉菜做出来后，老莱子已饥肠辘辘，馋得哈喇子都快要流出来了。他怕父母强迫自己吃，便用猪油在嘴唇上抹了一圈，好似满嘴流油刚刚吃过的样子。之后才端着佳肴送给父母。

老莱子的父母看到他嘴上油乎乎的，又一次相信了他的善意的谎言。

经过千磨万难，终于熬到了年关，可过年的新衣服还没有着落。老莱子首先想到的是如何才能给二老做一身新衣服。

老莱子到离家一百多里的一个较大的村庄里，找到一个熟悉的人做保证人才在一户富裕的人家借到了一匹土粗布。

衣服总算做好了，可好说歹说父母就是不穿。

老莱子的父亲硬要把新衣服给儿子穿，声音颤抖地说：

"儿啊！你的心意我明白。我一个长年坐在炕头的人，穿啥都一样。你到外面，穿上破衣烂衫，让人笑话。"

老莱子的母亲接着说：

"莱儿，你爸说得对。给我做的衣服，你拿去给你媳妇穿吧。我一个老太婆有个穿上的就行，你媳妇难免抛头露面，穿得不体面，让人寒碜，也丢咱们家的脸！"

老莱子左说右说，父母始终不应承。子夜将近，老莱子突然穿起色彩斑斓的花衣裳、大红大红的布鞋，又把老虎帽戴在头上，耍着拨浪鼓，给父母唱起了儿歌：

蹦，蹦，蹦高高，

一蹦踩疼了爷爷的脚,

二蹦碰伤了奶奶的腰,

三蹦自个儿脑袋起了个大包包,

……

老莱子的父母听着儿子唱的儿歌,笑得前仰后合,老莱子这才乘机给二老穿上新衣。

别看老莱子是七十多岁的老人,可在父母面前,从来不说自己老了,也不许儿孙们说他老了。

老莱子想尽办法让九十多岁的父母亲快乐地生活,经常扮作顽童,以愉悦父母之心。

常言道:老小孩。人老了,就如同小孩儿一样。脸就像二八月的天,说变就变。这一阵儿还又说又笑,过不了一会儿,就大发雷霆。每当父母不高兴时,老莱子就把儿童的五色斑斓的衣服和大红鞋穿上,再把花帽子戴上,一手摇着拨浪鼓,戏耍于父母身边,一直把两个老人逗得开怀大笑为止。

有一天,不知是两位老人晚上没有睡好,还是因为天气恶劣,一大早就心情不佳。刚数落完了这个,又责备那个,好像不顺心全是儿孙们造成的。老莱子急忙上前,态度极其温顺地向两位老人检讨,并说些老年人爱听的话。可好话说了千千万,两位老人仍然还绷着脸,眉头紧锁,嘴撅得老高。

老莱子眉头一皱,计上心来。他赶紧把儿孙们打发出去,自己换上了五色斑斓的花彩衣,戴上了老虎帽,又把大红大红的布鞋穿上,在两位老人面前蹦了起来。

他一边蹦,一边唱起了儿歌:

"身穿花彩衣,

头戴老虎帽,

吓得妖怪掉头跑,

吓得恶魔嗷嗷叫！"

老莱子在唱儿歌的同时，还学着凶猛的老虎跳跃的动作，张牙舞爪，大声嘶叫。

二老连理都不理，好像没有看到、听到似的，纹丝不动。

老莱子急中生智，学起老鹰抓小鸡。他先学鸡扑棱扑棱扇着翅膀到处跑，又学大公鸡喔喔叫，再学母鸡咕咕叫，不一会儿他学起老鹰来，两臂张开，轻轻摆动，像是老鹰扑扇着翅膀，接着他学老鹰从天空俯冲下来，扑跌在地，并喊着："抓到了，抓到了。"

至此才逗得两位老人扑哧一笑。

老莱子深知人越老越容易感到寂寞，也越害怕寂寞。在基本保证生活必需品的前提下，快乐是老年人最大的幸福。

因此，老莱子总是千方百计地消除两位老人的寂寞，不让他们感到一点孤单。

一次，十里八乡的人都到离老莱子家仅有二里的一个地方观看射箭比赛。按技艺说，老莱子虽然不敢与百步穿杨的杨由基相比，但十里八乡也是赫赫有名的了。

老莱子当然是应该参加比赛的最合适的人选，可他去参加比赛，家中留下双亲，他们肯定会觉得孤独。因此，他放弃了一试身手的良机，留在家中侍奉老人。

家人都去观看比赛后，原来你进我出相对热闹的家里一下子冷清了许多，两位老人的情绪也有些许变化。

突然间，老莱子挑着两只水桶，要去挑水。回到父母居住的屋子里，他故意跌倒，两桶水撒得一点不剩。

两位老人还没有完全反应过来，只见老莱子在地上又打滚，又哭闹，嘴里还不停地大声喊着：

"爹娘快来呀，孩儿跌倒啦，动弹不了啦，快来搭救孩儿呀！呜，呜呜呜……"

两位老人信以为真，正准备动身下地搀扶儿子。再一看，老莱子早已爬起来，快跑到他们面前了，并哈哈大笑起来。与此同时，双亲也突然醒悟过来，也跟着儿子笑了起来。

老莱子的老伴下午回来后，知道了这件事，心里有点内疚，同时又认为其老头子太不爱惜自己的身体，做得有点过分，便好言相劝。她非常疼爱地对老莱子说：

"对父母孝顺是天经地义的，但也不能不爱惜自己的身体。为了博得父母的欢心，你在父母面前屡扮童子，故意作态，这么折腾自己你怎么能受得了呢？要是出个意外，这么大的一个家该怎么办呢？再说你也是白发苍苍的老人了，又是儿孙满堂，应该是老有老相。现在你天天穿上五彩衣，儿孙看着别扭、外人知道也会寒碜你一顿……"

老莱子不等老伴说完，就正言厉色道：

"你这是说的什么话？我就是一百岁也是我父母的儿子，报答父母之恩，从来就不分年龄大小。父母年龄越大，越需要儿女们的关心和照顾。消除老年人的寂寞，免除老年人的孤独之苦，是儿孙们能代替得了吗？孝敬老人不能有一点私心杂念，只有不惜一切，才能回报父母的养育之恩。儿孙们不能理解我屡扮童相的苦心，他们就成不了孝子贤孙。说闲话的外人，也是不明事理之辈。以后你再也不要说这套话了，少讨没趣。"

从此，老莱子的老伴经常教诲儿孙们要以老莱子为楷模，做一个名副其实的孝子。

老莱子的孝名自此之后便很快地在天下传扬开来。

鹿乳奉亲

【原文】

[周] 郯子，性至孝。父母年老，俱患双眼，思食鹿乳。郯子顺承亲意，乃衣①鹿皮，去深山，入鹿群中，取鹿乳供亲。猎者见而欲射之。郯子具以情告，乃免。

诗曰：亲老思鹿乳，身挂鹿毛衣。

若不高声语，山中带箭归。

【注释】

①衣：穿。

鹿乳奉亲

【译文】

郯子，春秋时期人，非常的孝顺。父母年老，患眼疾，需饮鹿乳疗治。他便披鹿皮进入深山，钻进鹿群中，挤取鹿乳，供奉双亲。一次取乳时，看见猎人正要射杀一只麂鹿，郯子急忙掀起鹿皮现身走出，将挤取鹿乳为双亲医病的实情告知猎人，猎人敬他孝顺，以鹿乳相赠，护送他出山。

【故事扩展】

在高高的马陵山的山麓下，有一户家贫如洗的人家在这里居住。

夫妻俩在山上特别贫瘠的几亩田地上终年辛勤耕耘，可由于自然环境恶劣，官府无情地剥夺他们的劳动成果，一年到头仍是经常愁了上顿愁下顿，日子过得十分清苦，两人常常相对泪语凄咽。

在这样悲惨的境遇下，添丁无疑是雪上加霜。自然规律真的是无法抗拒的，就是这样的一个家庭还是生下了一个男孩。人到中年，得子应是高兴的事情，可他们俩口子无论如何也高兴不起来，因此便非常随意地给这个男孩起了一个郯子（这个家庭的男主人姓郯）的名字。

一个小生命来到这个世界上，不管你喜欢与否，也不管你是否重视，他还是要张嘴吃饭的。一个本来就捉襟见肘、日益穷困的家庭，一夜之间又添了一张要吃饭的嘴，你说，轮到谁的头上，能不犯愁呢？

两口子整夜整夜地辗转反侧，愁得睡不着觉。他们在无法可想的情况下，也曾想过以死了断。在谁先走一步这一问题上，两个人争来抢去，最后还是觉得无论谁走这一步，都不能使困窘的生活得以改变，同时还会对这个小生命造成难以挽回的伤害。

因此，他们俩商定，吃多少苦也得把小儿子拉扯成人。

从此夫妻俩便早出晚归，没明没夜地在田里干活。虽然又苦又累，但看着小郯子一天一个样，长得十分可爱，心里也甜滋滋的。

小郯子长到五六岁时，就已经很懂事了。家里的一些活，他尽自己最大努力去干，挑不动一担水，就用小桶子往家里拎，扫地、扫院的活，他全包了，不让父母为此而再受苦受累。吃饭时，他总要把盛在自己碗里的饭菜分给父母一些，吃个大半饱时，就放下碗筷，说自己吃饱了，其目的是让到田里干活的父母多吃一点。

村子里的人都夸小郯子是个孝子。

小郯子还是个很有心计的孩子。别看只有五六岁，实际上他比十来岁的娃娃们想的事还要多。他看着人家地里的庄稼秆子粗壮，颗粒饱满，就探询其原因，回家就告诉父母；他看到人家喂养家畜、家禽，就向父母提出畜养牲口、喂养家禽的建议。

郯子的父母依照小郯子的建议，在田里开始施肥，并挖渠引水浇灌庄稼，再加上精耕细作，长势也是十分喜人，产量骤然猛增。院子里家禽、家畜也渐渐地多了起来，鸡鸣狗叫，牛羊撒欢，一派醉人的田园风光。

小日子逐渐好了起来，小郯子也长大了。

郯子并不满足现状。他要读书，不断增长知识，开阔视野，并树立了不仅要改变家境，而且要改变家乡面貌的远大志向，要使父母过上幸福的生活。

郯子的父母在长期的劳累中，原来很健壮的身体，现在已瘦骨嶙峋了。背驼了。腿脚也不灵便了。虽说才五十刚过一点儿，给人的感觉已和七旬老人差不了多少。

即便这样，郯子父母仍在不停歇地劳作着。他们都想让郯子腾出一些时间上学读书，以使其夙愿得偿。

谁知天不如人愿，郯子父母蓦地患了眼疾，两眼红肿，见风流泪不止，看东西模模糊糊，下地走路都得有人搀扶，否则就有可能跌跤。

两位老人在家养了几天，不仅不见好转，而且还愈来愈严重了。

他们想到眼疾发展下去的可怕后果，不由得哭泣起来。

郯子闻声赶来，当听完父母悲痛欲绝的哭诉后，郯子心情十分沉重，作为父母的儿子，不能使父母从痛不欲生的悲苦中摆脱出来，不能为双亲消除病痛的折磨，还能算一个有人性的人吗？

他定了定神，紧握着父母长满老茧的手语气坚定地说：

"老爹老娘活着，是儿子我的幸福，绝不是累赘。你们养我小，我必须养你们老，这是天经地义的。你们二老怎么能舍得撇下我，让我一个人孤苦伶仃地活在这个世界上。再说，爹娘的病又不是不治之症，儿子我就是上刀山入火海，也要把根除眼疾的药物给你们找来！"

说罢，找到邻居家的一位大叔，向其说明缘由并托其照顾二老后，便急匆匆地、大步流星地上路了。

一路上，郯子跋山涉水，风餐露宿，吃尽了苦头。尽管见人就询问，逢人便打听，也走了好几百里，鞋底磨穿了，脚上打泡了，但仍未查访到一位名医。虽然也请教过几位乡间医生，听他说完情况后，一个个都直摇头，言称从未遇到过这样的病人，自然也不知什么药可以根除这种疾病。

郯子心情沮丧极了，恨不得放声大哭一场。不过，他突然想到了天无绝人之路这句话，立马又振作起来。

他沿着一条崎岖的山路急速行走。走到半山腰处，只见云雾缭绕，幻化作各种奇异景观。他无心欣赏这云海奇观，低头弓腰继续前行。忽然，在云雾的尽头处走来一位老者。这位老者鹤发童颜，背着一个布囊。郯子急忙上前向老者打了一躬，并述说了家中父母正处于人命危急、朝不保夕的时刻以及他寻找药物的整个过程。

这位老者别看是个采药的，其实学问很渊博，且精通医道，救过不少危重病人，只是隐姓埋名不再行医。今天听了郯子的诉说，他被这个十几岁的童子的一片孝心打动了。

老者知道郯子的父母患的这种病并不是药物能够治愈的，只能喝新鲜鹿奶。否则，性命难保，而且时日不多。

老者害怕这个小童心急上火，便用好言好语宽慰了一番。接着将用新鲜鹿奶汁治疗眼疾是他多年积累的经验这一实情告诉了郯子，让他赶紧回家寻找新鲜鹿奶汁。老者看他年幼，办法不多，又把披上鹿皮扮作小鹿混在鹿群中取奶汁的妙计也告诉了郯子。

郯子顿首谢恩，与老者作别而去。

回到家中，按照老者的嘱咐，去猎户家借了一张小鹿的鹿皮。

第二天，郯子就急着上山了。马陵山上有一泓清泉，这里是鹿经常来饮水的地方。可一连两天，连个鹿的影子也未看到。晚上，他只好在山洞里过夜。

钻进山洞，屁股刚一挨地，瞌睡就来了。刚打了一个盹，睡意蒙眬中听到"呦呦"的鹿鸣声。他一骨碌爬起来，披上鹿皮，三步并作两步地跑出了山洞。

一群梅花鹿往那一泓清泉处跑去，郯子紧随其后，并趁机混在其中。

郯子在这群鹿饮水时，瞅准一头又肥又壮的母鹿慢慢地靠了过去。他伏下身子，用嘴含住母鹿的乳头使劲吮吸，母鹿以为小鹿羔在吃奶，也就规规矩矩地站着不动了。郯子乘机拿出准备好的盛放乳汁的器具，两手毫不停歇地挤了起来。

不一会儿，盛放的器具就快流满了。这时候，郯子高兴得不得了。

他一边往外爬，一边在心里默默地念叨："二老有救了！"

正当他要站起来的时候，一支利箭从母鹿身边飞过，接着又是一支，母鹿随即倒下。同时远处还传来猎人们说话的声音：

"那个鹿羔子也不小，一起收拾掉算了！"

郯子从利箭射来的方向看去，其中一个人已经箭在弦上，拉满了弓。他飞快地站了起来，张开两臂向猎人高声呼喊：

"猎人哥哥，我是人，不是鹿！"

郯子随即把鹿皮脱下，再一次对猎人大声说道：

"我真的是人，为救父母我才装扮成鹿！"

猎人们细细一端详，还真的是个人。他们立即放下弓，收起箭，慢慢地走到郯子的而前。

郯子惊魂未定，断断续续地向猎人们说了事情的原委。

猎人们听罢，都深深地懊悔。假如伤了这个孝子，那就等于要了郯子父母的命，这不是伤天害理吗？

郯子还是十分感谢猎人们手下留情，和猎人们告别后，端着盛乳汁的器具回家了。

郯子的父母自打喝了新鲜鹿乳后，眼疾就一天天好起来了。

一家人又开始在欢乐的气氛中生活。

郯子孝敬父母的言行感染了周围的黎民百姓，他们都以他为榜样，尊老爱幼，团结互助。不久，这里的社会风气大为改观，生产蒸蒸日上，人们生活富裕，一派安乐、祥和的景象。

郯子在帮助父母耕田种地之余，开始读书。由于其志向高远，因而在读书时非常刻苦。他记忆力特别强，能过目不忘。经过多年努力，便成为博古通今的大儒。据说，孔子都向郯子求教，以郯子为师。

郯子才华出众，人人钦佩。鲁昭公十七年（公元前 525 年），郯子受到鲁昭公的盛情款待。席间，一位鲁国大夫向郯子问起远古帝王少昊氏以鸟名命官之事，郯子当场数典述祖，滔滔不绝。

郯子说完，举座惊愕，对他的学识之渊博无不佩服，赞叹不绝。

郯子高尚的德行、出众的才华，受到了黎民百姓的拥戴，后来被推荐为郯国的国君。

郯子在执政期间实行仁政，孝行天下，百姓安居乐业，百业兴旺发达。虽区区小国，也令诸侯大国不敢小觑。

由于郯子治国有方，深受百姓拥护，因而威名远扬。在他离开人世后，人们为了纪念他，修建了郯子庙、郯子墓、问官祠。

郯子庙为历代文人墨客顶礼膜拜，不少游人也前来瞻仰，并留下许多脍炙人口的诗章。

在郯子庙大殿前精雕石柱上镌刻着一副楹联：

居郯子故墟纵千载犹沾帝德，

近圣人倾盖虽万年如座春风

郯子虽与世长辞，但他治国时制定的一些典章制度却都保存了下来，对后世产生了十分深远的影响。

百里负米

【原文】

[周] 仲由，字子路。家贫，常食藜藿之食，为亲负米百里之外。亲殁，南游于楚，从车百乘，积粟万钟，累茵^①而坐，列鼎^②而食。乃叹曰："虽欲食藜藿，为亲负米，不可得也。"

诗曰：负米供旨甘，宁辞百里遥。

身荣亲已殁，犹念旧劬劳。

百里负米

【注释】

① 累茵：多层褥垫。

② 列鼎：陈列盛馔。

【译文】

仲由，字子路、季路，春秋时期鲁国人，孔子的得意弟子，性格直率勇敢，十分孝顺。早年家中贫穷，自己常常采野菜做饭食，却从百里之外负米回家侍奉双亲。父母死后，他做了大官，奉命到楚国去，随从的车马有百乘之众，所积的粮食有万钟之多。坐在垒叠的锦褥上，吃着丰盛的筵席，他常常怀念双亲，慨叹说："即使我想吃野菜，为父母亲去负米，哪里能够再得呢?"

【故事扩展】

子路,是仲由的别名,他是春秋时期鲁国卞(今山东泗水县泉林镇卞桥村)人,又是孔子最得意的门生之一,在孔子三千弟子中的"七十二贤人"之列。

子路家境贫寒,过着衣不蔽体、食不果腹的艰难日子。遇到荒年,常常以野菜充饥,所以子路一脸菜色,瘦骨嶙峋。

不过,在父母的眼里,子路却是一个非常乖顺勤快、吃苦耐劳且心灵手巧的孩子。七八岁时,就跟随着父母在田地里干活。不几年的工夫,什么耕呀,种呀,锄呀,割呀,样样都会,成了务农一把手。

子路已经成了父母不可或缺的好帮手。就在这时,孔子办起了私塾这条爆炸性的消息传到了子路的耳朵里。子路按捺不住激动的心情,悄悄地告诉了村里的其他孩子。

慢慢地,子路的父母也得知了这个消息。乍一听到,他们老两口也很兴奋。这样,他们早已有之的美好的愿望就可以实现了。可转念一想,又发起愁来:一是家里穷,去哪儿筹措几束干肉,据说要的并不多,可这个一贫如洗的家里,无论如何也是难以办到的;二是子路若去上学,家里就少了一个帮手,那日子又该怎么过呢?

子路知道家穷,从未向父母提起过上学一事,但父母早就知道儿子的心事。

一天,父母把儿子叫到身边,哭泣着说:

"儿子,我们真的对不住你!本该让你去上学读书,你也知道咱们的家底,咋能筹借到老师所要的几束干肉呢? ……"

子路未等父母说完,也哭了起来。他一边哭一边说:

"爹娘！你们不要为难了，也不要伤心了。孩儿做梦都想上学，条件不允许，也就算了。再说，假如我去上学，那家里的活谁来干呢？你们一天比一天老，身体又都不太好，我去上学，心能安得下来吗？……"

从此，谁也不敢再说起上学的事来。

村子里能凑够几束干肉的孩子都到孔子的私塾里读书去了。子路用羡慕的眼光看着那些孩子。

不知是哪一个上学的孩子，非常遗憾地向孔子先生述说了事亲至孝的子路因凑不够几束干肉而不能来上学的实情。

孔子最重视一个人的德行。那个小孩说的关于子路的孝行，给他留下了深刻的印象。他觉得，年纪这么小的人就知道孝顺父母，将来一定可以成为栋梁之材。

一天，孔子来到子路的家里，向其父母说明了他的来意；子路不用送几束干肉，就可以到学堂读书；另外，农忙时可以回家帮助两位老人干活。

子路的父母连做梦都没有梦到过这样的好事，两个人都喜出望外，热泪盈眶。他们除了向孔子先生谢恩外，还急忙让子路拜师。

子路按照乡间的规矩，向孔子先生行了叩拜大礼，拜孔子为师。

自此，子路便开始了一边帮父母干活、一边到学堂读书的生活。

子路在学堂读书用心，在家帮助父母，下田干活卖力。尽管家中只有几亩瘠田，但在精耕细作下，每年收成还相当不错，再不用愁吃愁穿了。

刚刚有了点转机，不幸的是遇到了天灾。那一年，一场雨都没有下过。虽然播下了种，由于久旱无雨，秧苗枯萎，结果几乎是颗粒无收。

居家过日子，最难的是无米下锅。穿的相对好凑合，缝一缝补一补，倒也能过得去。可一旦没有吃的粮食，那日子可真的是不好过。挖点野菜，采摘些树叶仅可充饥，时间长了，身体强壮的人也扛不住。

子路的父母亲积劳成疾，落了一身毛病，特别是还有严重的胃病，疼起来满炕打滚，豆粒大的汗珠直往下掉。这种情况下，吞糠咽菜，更使病痛加剧。

疼在父母的身上，却疼在子路的心上。

子路要到集市上为父母换上一些大米，可家里又找不出值钱的东西。情急之下，想到了母亲一直珍藏却从舍不得用的妆奁，可那是母亲心爱的宝贝。他把这个主意告诉了母亲。看当时母亲的神情，子路知道母亲实在舍不得。不一会儿，母亲还是忍痛割爱从箱子底翻出来，把非常精美的妆奁递给了子路。

子路翻山越岭，到了集市一看，惊呆了！空荡荡的，别说卖米的，来往的人也屈指可数。

一打听，这地方好长时间都不卖大米了。经一个慈眉善目的老人指点，才知道百里以外的一个地方还有个大集市，说不定那里有卖大米的。

抱着侥幸的心理，子路向百里之外的另一个集市心急火燎地走去。

一路上，渴了，找个水井灌上一肚子凉水；饿了，找点野菜吃上几口。子路心里只想着父母忍受病痛，把自己受的苦累早已抛之脑后了。

走了一天一夜，终于在东方露出鱼肚白的时候，子路来到了这个集市。

尽管这么早，他还是来迟了。集市上早已人头攒动，黑压压一片，长长的队伍早就排在半里之外。子路依照规矩站在了长长的队伍后面。

"卖开了！"前面队伍里不知谁吆喝了一声。子路延颈企踵，但队伍移动还是十分缓慢。他前面只剩下一二十个人了，突然，队伍散开了，听见前面的人说大米已卖完了。

子路焦急地等了半天，竟然落了空，心里十分懊丧。

又苦苦地熬了一天一夜，第二天运气还算不错，总算换上了大米，但只换回了50斤。

子路想到家中父母还等着吃，背上大米就急急忙忙往回赶。

刚一背上走，出气还很匀，不一会儿，就气喘吁吁，脚也抬不起来，全身上下直冒汗。

到烈日当头的时候，子路又饿又渴，身上一点力气都没有了，几乎是一步一步地挪着走。走到一片树林间，他就晕倒了。过了约摸半个时辰，他才渐渐醒了过来。

又走了一阵，突然狂风大作，卷起来的尘土让人连眼都睁不开。子路只好闭住眼睛凭着感觉走。一块大石头把他绊得跌了一跤，摔得鼻青脸肿，全身疼痛。

子路爬起来连步子也迈不开了，他强忍着疼痛继续前行。

老人们常说：风是雨的头儿，狂风刚刚停息，暴雨就接踵而至。瓢泼似的大雨劈头盖脸地浇下来，身上的大米不知一下子重了多少，几乎把子路压得趴在地上。

道路十分泥泞，子路深一脚浅一脚地走着，他根本记不清跌了多少跤了。

好不容易挨到雨过天晴，可他确实已筋疲力尽，连一步也挪不动了。本想歇息一会儿，一想到父母还在急切地盼着他回去时，似乎又来了点精神，背上的大米好像也轻了一些，加快脚步往前猛冲。

夕阳西下，轻烟缭绕。子路来到乱石岗前，乱石岗周围有一片大森林，森林里常有野兽出没，听老人们说不少人在这里丢了性命。子路心里嘀咕着：千万不要碰上。

俗话说：怕什么，偏偏还遇到什么。刚进林子，一条大灰狼突然出现在子路的面前。这条狼肚子瘪瘪的，显然是条饿狼。子路急忙放下大米袋，琢磨如何应对。

一眨眼工夫，这条饿狼就向子路猛扑了过来，子路急忙躲闪，才使饿狼扑了个空。子路忽然想起老人们说过的打狼办法，他趁饿狼还没有转过身的机会，捡起一根干枯了的粗大的松树枝条。

饿狼又一次扑向子路。子路按照老人们说的办法，抡起松树枝条向饿狼的前腿砸去。只听，一声惨烈的号叫，饿狼夹着尾巴瘸着腿落荒而逃。

打跑了饿狼，子路浑身瘫软，险些跌倒。可在这还未脱离危险的关头，松劲泄气就有可能再次面临险境。于是他立马背上大米，艰难地前行。

虽然离家只有二十多里，子路约莫又走了三个多时辰，才汗水淋漓地连走带爬地回到了家中。

卸下大米，子路仅仅歇息了一阵，就给父母做大米饭。

父母看着子路衣服上留下的一片片汗渍，看着子路青一块、紫一块的脸庞，手中虽然端着一碗白花花的大米饭，却一口也吃不下去，只是相对嘘叹。

子路的父母自打吃上了大米饭，胃病渐渐地好了起来，也有精神了，身子骨也硬朗了。

后来，人们都知道子路为父母从百里之外背回大米的事，都夸他是个大孝子。

子路虽然一边耕田、一边读书，由于天资聪敏，勤奋好学，再加上孔子的谆谆教诲，他成了孔子弟子中的佼佼者。

待父母相继寿终正寝后，子路守够了孝期，便随着先生孔子周游列国。子路多闻博识，孝名远扬。周游列国时，他所到之处，无一不受到热烈的欢迎，并争相聘他做宰相。

子路在楚国做宰相时，虽然出有百乘之车，进有僮仆使唤，穿的是绫罗绸缎，吃的是美味佳肴，喝的是玉液琼浆，坐的是绵软垫子，但他并没有欣喜若狂，而是常常为思念早逝的父母禁不住潸然泪下。

在宫中，当处理完政事时，子路总是暗自悲叹道："我现在是一人之下，万人之上的堂堂宰相，可以要风有风，要雨有雨。但我却不能承欢膝下。我多么怀念和父母在一起吃野菜、树叶，且乐在苦中的日子，再为他们到百里之外背大米，可现在一切都是不可能的了！"

一想到未能让父母过上一天幸福的日子，子路就心如刀绞，万般痛苦。因此在他做官期间，就把孝敬父母的一片孝心变为孝敬天下人父母的实际行动，推行仁政，提倡孝道，到处呈现出一派长幼有序、家庭和睦、人民富裕、国家强盛的兴旺景象。

除此之外，子路还是一位"愿车马轻裘与朋友共之而无憾"的那种重友情、讲义气、古道热肠的君子，还是一位殉道尽忠、舍生取义的"卫士"，也是被孔子一向夸赞并处处护卫孔子的好学生。

子路死后，一直受到人们的尊崇。唐开元二十七年追封"卫侯"，宋大中祥符二年，加封"河内侯"，南宋咸淳三年封为"卫公"，明嘉靖九年改称"先贤仲子"。

啮指心痛

【原文】

[周] 曾参①，字子舆，孔子弟子，事母至孝。参尝采薪山中，家有客至，母无措，望参不还，乃啮其指。参忽心痛，负薪以归，跪问其故，母曰："有急客至，吾啮指以悟汝尔。"

母指才方啮，儿心痛不禁。

负薪归未晚，骨肉至情深。

【注释】

①曾参，字子舆，孔子弟子，事亲至孝，孔子和他讲有关孝的道理，后其弟子将这些问答之言编成《孝经》。有关他孝顺父母的故事很多。相传他有次锄瓜误断其根，其父曾点举杖将他打昏在地，他苏醒后，又抚琴而歌。孔子听说后，认为应该小杖则受，大杖则走，曾参让父打昏，是陷父于不义，不能算孝。他主动上门表示接受孔子的教导，承认自己错了。

啮指心痛

【译文】

周朝曾参，字子舆，是孔子的弟子，非常孝顺母亲。曾参经常去山里打柴。一天，家里有客人来，曾母没有准备，等等曾参还不回来，就自己咬自己的指头。曾参在山里忽然觉得心痛，知道是母亲呼唤他，赶紧背着干柴回去，跪下问母亲原因。曾母道："有急客来，我咬指头叫你啊。"

【故事扩展】

相传曾参为夏朝少康子曲烈的后裔，孔子早期的弟子曾点的儿子。

到曾参出生后，家道中落，已经很难维持生计。无奈，他只好跟母亲一道，种田耕地，过着"三日不举火，十年不制衣"的清贫生活。

打小时候起，曾参就勤奋、好学，又特别懂事。俗话说，"寒门出孝子"。此话在曾参身上得到了验证。别看曾参小小年纪，到地里干活一天不误，生怕母亲累出毛病来；回到家里，不是收拾家，就是扫院子，尽量减轻母亲的负担。夜深了，他还要在昏暗的灯光下，陪着母亲说说话，才去睡觉；晨曦微露，他就起身给母亲热水，供母亲洗漱之用。

曾参时时处处心疼母亲，凡是自己能干了的活，他绝不让母亲去干，即使是他力所不及的，他也不会袖手旁观，总是想办法尽力帮忙。

家里烧的柴火没有了，他就主动拿上斧头上山砍柴。

一天，曾参又一个人上山砍柴。母亲站在门口望着渐行渐远的曾参，直到望不见了才转身回家。

过了一会儿，家里来了客人。曾母礼节性地给客人端茶递水，相互问讯了一番，就急忙下厨房给客人准备饭菜。

到厨房一看，曾母傻眼了：米袋里仅剩一两把米，油瓶盐罐空空如也，煮饭的柴火也没有多少，恐怕都不够做一顿饭。

曾母在厨房里急得走来走去，寻思着怎样才能让客人不会感到怠慢，又不要让外人笑话。思来想去，曾母还是一筹莫展。

突然，曾母想到了儿子。要是儿子在跟前，或许不至于如此尴尬，能替我想出些办法来。

曾母情急之下，不由自主地咬了自己的指头，盼望儿子赶快回来，帮助她扭转这十分尴尬的局面。

曾参来到山上，找到茂密的丛林。他脱掉外面的衣服，挥着斧头一刻不停地在砍柴。不一会，已大汗淋漓，衣服都湿透了。

当他正打算稍微歇息一会儿的时候，眼前突然浮现出母亲倚间而望的身影。曾参立即打消了歇息的念头，又挥舞起斧头加劲砍了起来。

正当他砍柴砍得特别欢实的时候，心一下子疼了起了，且疼得如此突兀。他觉得十分蹊跷，平时从来没有过这样的事。他忽然想到了母亲，很可能是老母想念我，让我回家。

曾参再未犹豫，三下五除二地把砍下的柴火捆绑好，立即大步流星地往家里赶。

一进院子，还未来得及放下柴捆，曾参就双腿跪在地上急切地向母亲问道：

"娘，是不是家里有事了？"

曾母看到曾参汗流满面的样子，心疼地先让儿子卸下柴火，之后再向他说了事情的原委。

曾参知道母亲为客人的事非常焦急，就站起来赶快拜见客人。

他按照规矩向客人行了礼，问了好，简单地交谈了几句，就要告退。可忽然想起心疼这一谜团还未解开，由于不便问老母，就向客人请教起来。

客人听完曾参的叙说，向他解释道：

"十指连心，这句话你可能知道，其中的深刻含义人们未必都能了解。实际上，你娘的十指不仅连着她自己的心，而且也连着儿女们的心。儿女们即使远在天涯海角，只要母亲一咬手指头，他们立刻就会感觉到。"

客人说到这里，稍稍停顿了一下，然后语重心长地对曾参说：

"作为儿女，一定要孝顺父母。否则，苍天有眼，会遭报应的。"

从此，曾参更加孝顺父母。

曾参十三岁时师从孔子。在师侍孔子时，向孔子问安亲之道，侍亲至孝，每天有五次问候父母亲着衣的厚薄，还要询问枕头的高低，睡得是否舒服，生怕父母受苦受累。谁要是侍奉得不周到，曾参绝不宽恕。有一次，他的妻子为曾母蒸一个梨，妻子未能蒸得熟透，曾参一怒之下就把妻子赶出了家门，再也不要她了。

孔子周游列国时，本想把曾参也带上，只因其父母健在，不能远游，因此未将其安排在周游者之列。而他自己也严格遵照"父母在，不远游"的训诫，从未盘算随师远游。即使父母多次劝说，也未能打动他的心，仍不改其志。

他依旧在家耕田种地，侍奉父母，利用闲暇，潜心钻研。

由于曾参性格沉静，忠诚老实，谦恭勤敏，轻利重义，又有大丈夫之勇，因而深受孔子的喜爱。

在孔子的悉心教授下，加上自己勤奋刻苦，严格修身，曾参很快就学有所成。一时间，名声大噪。

当时的各个国家纷纷派出使臣前来游说，并用高官厚禄引诱。齐国允诺做"相"，楚国应许当"令尹"，晋国许允为"上卿"，同时馈以重金。

曾参都一一婉辞回绝。他对使臣说：

"请代我向国王禀报，我无法遵命。老父、老母已风烛残年，就是尽力侍奉也来日不多了。古人云：'父母在，不远游'，我不能背上不孝的罪名去为国王效力，还请你们替我多加解释，以免开罪国王。"

曾参说罢，又请使臣把带来的金银珠宝一并带走。他表示这样的礼物坚决不能接受。

从此以后，凡属持厚礼来的客人一概不见，在家悉心侍奉老人，从不在外过夜。

过了八年，曾参的父母相继离开人世。守丧期间，曾参仍哭得十分悲切，竟多日滴水未沾，一口不吃。

曾参在父母生前精心侍奉，在父母死后依然奉行孝道，连亡灵都怕伤害，他父亲生平喜欢吃羊枣子，在父亲去世之后，终身再没有吃过羊枣子。

曾参拒绝高官厚禄的诱惑，面壁三年，潜心研究，成为一代儒学大师。

曾参晚年，在家乡教书授徒，弟子达七十多人。其弟子中出了许多著名的人物，如乐正子春、公明仪、公孟子高、子囊、阳肤等人。春秋时著名的将领吴起，也是曾参的学生。

曾子不仅是个博学多识的人，而且笃实践履，特别注重修身养性。

有一次，他的妻子要到集市上办事，年幼的儿子吵着嚷着也要去。可妻子不愿带儿子去，便对儿子说：

"你在家好好玩，等妈妈回来，把家里养的那头猪杀掉煮肉给你吃。"

儿子听了，非常高兴，再不吵吵要去集市了。

妻子说的那些话是哄骗儿子的，是说着玩的，因此，不一会儿，她早把这事给忘得干干净净了。

不料，曾参却真的把家里的一头猪给宰了。

妻子从集市上回来后，发现曾参把猪真的给宰杀了，便非常气愤地对曾参说：

"我是哄儿子说着玩的，你怎么竟真的把猪杀了呢？"

曾参正言厉色地对妻子说：

"孩子是不能欺骗的！他年纪小，不懂事，还没有辨别是非的能力，他整天跟着父母学。你现在哄骗他，就等于教他学习欺骗，这怎么得了！再说，你现在欺骗了他，他以后就再也不相信你了，那你以后还怎么教育孩子？"

一席话，说得妻子羞愧难言。

曾参还是一个讲究礼仪，维护礼制的人，处处以身作则。

就在曾参弥留之际，鲁国季孙氏赠给曾参箦，箦是专指大夫所睡的竹席。若在箦上去世，那是违背礼制的。因此，曾参叫儿子将箦换成一般的竹席，并留下遗言，叫门人将他的尸体放在灶房里沐浴更衣，一切都按礼制的要求办。

曾参虽然从孔子游学最晚，但得道最早。当时，孔子关于孝的学说还只是停留在零散的言论上。曾参经过潜心研究，将孔子传给他的孝的思想以及搜集到的言论经过深化、加工、完善，最后形成孝的理论，这就是一部传颂千古的《孝经》。

曾参留下的著述还有《曾子》《大学》等，是孔门弟子中著述较多的一个。

曾参的思想学说所产生的影响是深远的，声誉卓著。历代统治者将曾参谥为"太子少保""郕伯""郕侯""郕国公"，元代至顺元年，再被封为"郕国宗圣公"。

单衣顺母

【原文】

[周] 闵损①，字子骞，孔子弟子。早丧母，父娶后母，生二子，衣以棉絮，妒损，衣以芦花。父令损御车，体寒失靷②，父察知故，欲出③后母。损曰："母在一子寒，母去三子单。"母闻改悔。

闵氏有贤郎，何曾怨晚娘。

父前留母在，三子免风霜。

单衣顺母

【注释】

①闵损：字子骞，春秋末期鲁国人，孔子弟子。孔子曾说过："孝哉闵子骞。"闵损不做鲁国权臣季孙氏的

官，以德行见称。

②靷：引车前行的皮带。

③出：休弃。

【译文】

周朝闵损，字子骞，孔子的弟子，是个孝子。他生母早死，父亲娶了后妻，又生了两个儿子。继母经常虐待他，冬天，两个弟弟穿着用棉花做的冬衣，却给他穿用芦花做的"棉衣"。一天，父亲出门，闵损牵车时因寒冷打颤，将绳子掉落地上，遭到父亲的斥责和鞭打，芦花随着打破的衣缝飞了出来，父亲方知闵损受到虐待。父亲返回家，要休逐后妻。闵损跪求父亲饶恕继母，说："留下母亲只是我一个人受冷，休了母亲三个孩子都要挨冻。"父亲十分感动，就依了他。继母听说，悔恨知错，从此对待他如亲子。

【故事扩展】

闵子骞的父亲是个生意人，母亲是大家闺秀，知书识礼，且慈爱和善。闵子骞出生后，虽然父亲因做生意长年在外，但由于母亲的加倍呵护，生活得也相当幸福。

人们说，人生不如意事常八九。大约在闵子骞四岁那一年，一场灾难突然降临到了他们家中，身强力壮的母亲一下子得了大病。

母亲从此卧床不起。闵子骞在母亲的教育下，从小就不仅对长辈特别孝顺，而且还格外懂事。在母亲病重期间，他不时给母亲端水，喂水，还学狗叫，老虎跳，想着法子让母亲开心。母亲吐痰，他就拿来痰盂；母亲咳嗽，他就跑来捶背。

闵子骞母亲的病一天比一天严重，整日咳嗽不止，嘴唇发紫，常常是有

上气无下气。闵子骞心里又着急又害怕，经常偷偷哭泣。

闵子骞母亲看到自己的病情几天来不见好转，也慢慢地知道痊愈是没有希望的，只能趁早安顿后事吧！

一天，她把闵子骞叫到跟前。她两眼满含泪花，双手不停地抚摸着闵子骞的头，然后泣不成声地说：

"儿啊！看来娘的病是没有指望了，说不好听的，也就是有今天没明天。娘多么舍不得离开你和你爹啊！你记住，日子多么艰难，你都要好好读书，这样娘就能含笑于九泉之下。别忘了孝敬你爹。假使你爹要给你娶回一个后娘，只能苦在心里，不要对你爹说，免得他两边为难……"

未等说完，母子就抱头痛哭，泪水湿透了两个人的衣衫。

又过了一天，闵子骞的母亲把闵子骞支走，对着丈夫愁肠寸断地说：

"夫君，看来我是来日不多了。我走了之后，你一定要把子骞培养成人。你一个人拉扯肯定很难，就再娶上一个，可无论如何要对子骞好啊，咱们的子骞多可怜啊……"

过了一阵儿，妻子呼吸突然急促起来，一口痰没有咳嗽出来，就停止了呼吸，撇下父子俩撒手西归了。

小子骞闻知，回到家中伏在妈妈身上号啕痛哭，怎么拉都拉不起来。闻者无不伤心落泪。

小子骞每天都在思念妈妈，但他心里始终记着妈妈弥留之际嘱咐过的话，从不敢在父亲面前哭泣，实在想得难以忍受的话，就跪到背旮旯里哭上一顿。

每当夜深人静的时候，总是丈夫思妻、儿念母，泪眼相对。

从此，父子俩艰难度日，相依为命。

小子骞的父亲照旧做生意，出外时就把小子骞托付给邻居家照管。

斗转星移，光阴荏苒，转眼就是两年。小子骞也长大了，该上学堂了。

小子骞的父亲犯了愁，他心里念叨着：

"儿子要是上学，无人照管该怎么办呢？总不能老是留给邻居家吧！"

村里的好心人看着小子骞的父亲过着又当爹又当娘，顾了家里顾不了家外的艰难日子，就常常到他家里提亲。

开始，小子骞的父亲都婉言谢绝了。后来思来想去，觉得这样下去对小子骞的成长有影响。于是就决定续弦，给小子骞娶个继母。

小子骞的父亲没有忘记妻子临咽气时说过的话，因此媒人来提亲时，他都叮嘱：

"我别的条件和要求都没有，唯一的一个条件，是她必须对小子骞好！"

按照女方父母的允诺，小子骞的父亲就把李氏娶进了家门。

谁能想到，这位李氏竟是人面兽心的一个女人。

开始，虽然她并不亲近小子骞，但也不算苛待，并不经常打骂。自从她有了亲生儿子后，态度和从前就不一样了。

小子骞的继母看自己的儿子样样好，常常把大儿子闵革搂在身边，把二儿子闵蒙抱在怀里，一会儿亲这个一口，一会儿又吻那个一下，如同心肝宝贝。对小子骞则是横眉冷对，怒目相视，不是打，就是骂，如同仇敌。

小子骞的父亲长年在外做生意，并不知就里。有时候问一问小子骞，小子骞总是说："继母对我可好了，比亲娘待我都好！"

小子骞的父亲听了儿子的话，就信以为真了，并从心底由衷地感激妻子。

世上没有不透风的墙，纸里永远包不住火。继母虐待小子骞的事终于败露了。

一天，彤云密布，北风呼啸，天气格外寒冷。不一会儿，大雪纷飞，原野变成了银色世界。小子骞的父亲想在大雪封山之前拉回一批货来，就和三个儿子一同冒着刺骨的寒风，顶着鹅毛大雪赶着马车向山里走去。

小子骞的父亲让小子骞驾车。阵阵寒风吹过，小子骞冻得直打哆嗦，马的缰绳从冻僵的手里滑落，掉在地上。驾辕的马踩到了缰绳，辕马趔趄了几下，差点儿跌倒。

坐在车上的父子三人前俯后仰，滚在一起。

小子骞的父亲一下子怒不可遏，扬起马鞭，狠劲地抽打小子骞，一边抽打一边还骂道：

"真是个没用的东西！硬是让你继母给娇惯坏了，连个车也驾不了，还能有什么出息！"

几鞭子打下去，小子骞的上衣有几处就像用刀拉开了口子，花絮马上飘起来了。

当时雪下得正大，纷纷扬扬，与芦花絮很难分辨出来。小子骞的父亲也没有发现。

小子骞一声未吭地继续驾着马车赶路。寒风一阵紧似一阵，雪越来越大。小子骞冻得全身颤抖，上下牙不由自主地磕碰着，发出特别难听的声音。

小子骞的父亲又想呵斥小子骞。回头一看，他脑袋嗡的一声，差点跌倒："刚才还穿着厚厚的棉衣，一下子竟变成单衣了，怪不得他直打哆嗦！"

他撩起衣服的口子一看，全明白了！小子骞的棉衣里装的是不能保暖的芦花絮，没有一个人用它来做棉衣。这么冷的天，再穿上这样的衣服，怎么能不全身颤抖呢？

他二话没说，把小子骞搂在怀里，掉转马头直驱家中。

小子骞的父亲坐在家中，想着发生的事情，心里十分内疚，又联想到亡妻对他说的那一番话和殷切期盼，他拍打着自己的脑袋懊悔不已。

稍微定了定神，他就问小子骞的继母：

"子骞的棉衣里絮的是什么东西？"

小子骞的继母一看事情败露，索性撒起泼来，哭诉她如何为这个家省吃俭用，一笸箩两簸箕地说个没完没了。

小子骞的父亲着实气恼，看见妻子毫无认错之意，就提起笔来写了一张休书。

小子骞看到父亲写休书，急忙向父亲跪下，两个弟弟也跟着跪了下来，请求父亲原谅母亲。

小子骞的父亲阴沉着脸，怒气未消，态度一点也没有转变。

小子骞长跪不起，哭泣着对父亲说：

"今天是一个儿子受冻，假如母亲离开这个家，我们三个儿子不是都要受冻的吗？父亲就宽宥母亲吧，她肯定会改！"

小子骞的父亲听完儿子求情的话，觉得儿子说得也有道理，就有点犹豫了。

李氏看见小子骞不仅不嫉恨她，而且还为她向自己的丈夫苦苦哀求，长跪不起。瞬间她为她的劣迹羞惭，觉得无地自容。

既然能知错，也有可能改错，小子骞的父亲也就原谅了李氏。

李氏哭着抱住了小子骞，且哭且说：

"真是娘的好儿子啊，是你给了娘第二次生命！要不娘就只有死路一条！被休后有何面目回去见自己的亲爹娘呢？"

从此以后，李氏对待小子骞如同亲生儿子一般。小子骞更加孝顺父母，关爱弟弟，一家人日子过得和和美美。

闵子骞从师孔子后，学业大有长进，孝名也传扬开来，尽人皆知。

后来，闵子骞走上仕途。鲁君派他做费邑宰。

闵子骞到任后，推行仁政，广施德治，不出一年，费邑就发生翻天覆地的变化，受到了费邑人民热烈拥护。

有一年秋天，秋粮刚刚下来，鲁国权臣季氏的家臣阳虎便来催缴赋税。

闵子骞对阳虎说：

"官税才收缴了一部分，等收齐后我会亲自送到国库里去，就免您鞍马劳顿了！"

阳虎摆了摆手，对闵子骞直截了当地说：

"费邑是季氏的私邑，官税直接交给季氏就行了。"

闵子骞是个直率的人，肚子里藏不住话，便有点惊诧地问道：

"我生在鲁国，长在鲁国，如今我又做费邑宰，怎么从没听说过费邑是私人的邑地呢？"

阳虎认为闵子骞是狗扑耗子多管闲事，便有些不耐烦地对闵子骞说：

"鲁定公继承兄位，也是不合理的，且这是季氏拥戴他的结果。如今国家大权掌握在季氏手中，这费邑还不就是季氏家的吗？"

闵子骞守身自爱，愿为国尽忠，始终不违夙愿。

听了阳虎的一番话，气得肚子都快爆炸了。他自己全心全意地治理费邑，原以为是替国家出力，为国尽忠，没承想干来干去竟是为私人卖命。

闵子骞左思右想，还是想不通。他决定辞去官职。

在递上去的辞呈中，他假托父亲年迈体弱，疾病缠身，要归家侍候老父，以尽孝道。因忠孝不能两全，故辞去费邑宰的职务。

鲁君闻知，急忙派人劝阻。

闵子骞是个主意打定九头牛都拉不回来的人，任来者说破天，就是主意不改。闵子骞对费尽唇舌的来者说：

"请痛痛快快地让我辞掉这个职务，也不要再安排其他职务，同时再不要派人来劝阻。如果再有人来劝说的话，我就离开鲁国到汶水去了！"

闵子骞怕再来人纠缠，于是不等鲁君批准，就匆匆离任，隐居到汶水之滨。

从此，他再也没有出山为官。

闵子骞孝行誉满天下，成为中华民族文化史上的先贤。

过世后，他受到历代统治者的推崇。唐开元年间封闵子骞为"费侯"，宋朝时赠为"琅琊公"，后又改称为"费公"。

亲尝汤药

【原文】

［前汉］文帝，名恒，高祖第三子，初封代王。生母薄太后，帝奉养无怠。母常病，三年，帝目不交睫①，夜不解带，汤药非口亲尝弗进。仁孝闻天下。

诗曰：仁孝临天下，巍巍冠百王。
莫庭事贤母，汤药必亲尝。

亲尝汤药

【注释】

①交睫：合上眼睛。

【译文】

汉文帝刘恒，汉高祖第三子，为薄太后所生。高后八年（公元前180年）即帝位。他以仁孝之名，闻于天下，侍奉母亲从不懈怠。母亲卧病三年，他常常目不交睫，衣不解带；母亲所服的汤药，他亲口尝过后才放心让母亲服用。刘恒孝顺母亲的事，在朝野广为流传。人们都称赞他是一个仁孝之子。

【故事扩展】

高祖刘邦创立汉代基业，刘氏天下从此开始，延续了二百三十一年。

汉代建立时间不长，恃功自傲的韩信、彭越二人，就有造反的企图。皇后吕雉在平定韩信、彭越中，立下了汗马功劳。

之后，吕雉就恃仗平定有功，渐渐地干预起朝政来。虽然刘邦对此大为不满，但考虑到吕氏和他同甘苦、共患难，陪着他一路走来，实在难以下定处置吕后的决心。可不遏制住吕后的个人势力，说不定会毁了刘氏家族的天下。在万般无奈的情况下，只能以家法来规制吕后，于是便在朝中宣布了一条"不是姓刘的以后不能称王"这样的家法。

这样做，从当时看，是有效果的。但刘邦毕竟在一天一天地衰老，管了生前的事却管不了过世以后的事。果然在他驾崩后刘盈（汉惠帝）即位不久，朝政大权就掌握在吕后手里了。

吕氏是一个心狠手毒，不择手段的人，为了宣泄她受人辖制的愤怒和不满，对受到宠幸的东宫戚夫人下了毒手，先是剜去鼻子、耳朵和眼睛，这还不解她心头之恨，又把戚夫人的双手和双脚用刀剁去，然后扔在粪坑里。这样狠毒的人当了政，谁又能敢保大祸不降临到你的头上呢？

最得高祖刘邦宠爱的要数西宫薄妃。她为人谦恭平和，贤惠明达，生的儿子刘恒，勤奋好学，聪明伶俐，生性又仁义孝顺，父皇高祖也特别喜爱，年纪不大，就被封为代王。

凡是被高祖刘邦赏识的人，都被吕氏当成眼中钉，肉中刺。薄妃和儿子自然不会例外。

薄妃得知东宫戚夫人落了个如此悲惨的下场后，心中不免悲戚，同时也意识到大祸将要临头。让吕氏放下屠刀，立地成佛，那可真是比登天还要难！

　　吕氏在对东宫戚夫人下毒手后不久，又露出来了她狰狞的面容，密令她的心腹不留一点痕迹地使薄妃和刘恒母子俩葬身于火海之中。

　　一天晚上，外面黑黢黢的，什么也看不见。薄妃正给儿子讲故事，一宫女慌慌张张地跑了进来，惊恐万状地对母子俩说：

　　"不好了，不好了！咱们西宫失火了！"

　　情急之下，一向镇定从容的薄妃也有点慌乱，拉着刘恒就快速地向外面跑去。

　　宫门早就被人锁住了，宫墙高不可测，真的是插翅难飞。

　　大火迅速蔓延开来。母子俩几乎被熊熊烈火包围了起来。眼看着就要被大火吞噬，宫女猛不丁把梯子扛了过来，急忙扶着母子俩上了梯子，越过高墙逃离了险境。

　　吕雉的惨无人道，使汉惠帝绝望了，原本就体弱多病的汉惠帝一下子卧病不起。太医们悉心医护，穷尽医技，也未能挽救汉惠帝的生命，几天后就一命呜呼了。

　　吕雉乘机称王，而且还把其侄子吕产、吕禄也封了王，军权也由他们掌握，终于达到了窃取政权的目的。

　　人算不如天算。吕雉哪里想得到薄妃和刘恒竟能逃脱她的魔掌，她气急败坏地下令立即搜查，纵然把京城翻个底朝天，也得把她们两个找回来。

　　吕雉的暴行早已激起了上上下下的不满，手下也并没有多少人给她卖命，因此尽管兴师动众，闹得京城鸡犬不宁，还是不见薄妃和代王刘恒的踪影。

　　薄妃和代王刘恒并没有跑出多远，由于黑灯瞎火，磕磕绊绊，两个人的腿都受了伤，相互搀扶着，哪里能走得快呢？

　　可巧，母子俩在逃无可逃的情况下钻进了一个花园。而这个花园正是开

国功臣陈平家的，后被陈平发现，保护了起来，才幸免于难。

吕雉坏事做绝，竟然敢冒天下之大不韪，变刘氏政权为吕氏政权。这时，忠臣们秘密联合，一举粉碎了吕氏政变，彻底击败吕氏势力。

在大臣的推举下，虎口余生的刘恒继承了皇位。

刘恒即位后，依照汉朝的制度，薄妃也被封为皇太后。

汉文帝在未即位时，孝名已在朝野上下传扬开来。

即位后，他不时想起母亲在父皇驾崩之后的种种遭遇和母子俩在火烧西宫后惨痛的经历，愈发觉得母亲抚育自己之不易，因此对母亲更加孝顺。

汉文帝每逢上朝时，总是先到母亲那儿请安，始终如一，从未改变。散朝后也总是先到母亲那儿，除问候外，就是守在母亲身旁一直侍奉。到了晚上，又总是给母亲捶背、洗脚，还要陪母亲说一会儿话，一直侍奉到母亲就寝歇息后，他才一步三回头地离去。

母亲看到汉文帝日渐消瘦，心疼不已。一次，紧紧拉着文帝的手说：

"儿啊，你每天忙国家的事，都怕忙不过来，国家的事可是大事，耽误不得。娘这里有宫女侍候，你就放心好了。有空的话，每天来看一看，忙的话，三天五日来一回就行了。比起国家的事来，这终究是小事！"

文帝又把身体向母亲身边靠拢了一下，然后亲切地对母亲说：

"国家的事是大事，尽孝心也是大事。天子要是不能恪守孝道，破坏了规制，那他怎么能教化民众呢？再说，你生我养我的大恩大德就是我不管国家的事成天报答，也还是报答不完，要是你不让我这样做，我活着愧对天下黎民百姓，要是不在世上我也愧对列祖列宗，难道要我非得背上这样的恶名吗？"

母亲听了这番话，心中涌起一股幸福的热流。

尽管身边有宫女侍候，还有儿子的百般体贴，但由于过去受到的身心摧残过于严重，加之年事已高，抵抗力日益衰减，回到宫中时间不长，就病倒了。

文帝看着母亲苍老的面容，以及神思困倦的病态，心中痛苦万分。心里嘀咕道："苍天要是有眼的话，就把老母亲的病转移到我的身上，有什么苦难都要我来承受！"

文帝还背着人为母亲默默地祈祷。

几天后，依然不见好转。文帝就整天在母亲身边侍奉，一会儿问一问腿疼不疼，一会儿又问一问背痒不痒，只要感到不舒服，就立即派人把太医召来，给母亲诊治。

太医开过药后，文帝把原来煎药的人支出去，自己亲自煎，不让别人插手。他按照太医告诉的煎法一丝不苟地煎着，水放得不多不少，时辰上也几乎一点不差。

待到母亲喝药时，文帝每次都是自己先尝，做到既不热也不凉，稍有一点不合要求，他立马或重新再热，或放在一边凉一凉，绝不让母亲喝烫嘴的或冰凉的药汤。

母亲的病时好时坏，很不稳定，因此文帝就守在病榻旁。

这一守，就是三年。三年里，他没有睡过一个安稳、踏实的觉。母亲哪个地方不舒服，他都清楚，母亲夜间翻过几次身，他都知道。

皇天不负苦心人，不管是文帝用孝心感动了上苍，还是太医们的医术高明，总之经过文帝三年的没日没夜的侍候和调理，太后的病奇迹般地好了。

太后对宫女们感慨地说：

"有这样一个儿子，我这一辈子就知足了！哪一天走了，也没有什么可遗憾的！"

从此以后，太后感到每一天都很快乐，一直活到八十四岁，被誉为寿星。

汉文帝为母治病、亲尝药汤的事迹，不久就传遍了天下，也震动了朝野。

无论是朝廷官员，还是普通百姓，都纷纷效仿汉文帝孝顺父母，爱护亲友，社会风气一下子得到扭转，恪守孝道，善待他人成了社会时尚，出现了上下齐心合力，邻里团结和睦，百姓安居乐业，社会经济繁荣，财力雄厚、兵强马壮、夜不闭户、道不拾遗、欣欣向荣的新气象。

文帝从即位以后，除了推行仁政，还十分重视克己修身，改善民生。

文帝在生活方面崇尚俭约，反对奢侈。他在位二十三年，"宫室苑囿车骑服御无所增益"。他打算建造一个露台，令工匠计算后约需百金，文帝觉得花费太大，对属下说：

"百金，中人十家之产也。"

如此巨大的耗费，又不会给民众带来任何益处，只能加重百姓负担。文帝掂量来掂量去，认为此举有百害而无一利，便作罢。

文帝生活节俭，据说他穿的一件袍子，整整穿了二十年，补了又补，再没有添置新的。

他宠幸的慎夫人也很注意给人留下的影响，生活也很俭朴，据说"衣不曳地，帷帐无文绣"。

就连文帝为自己修造的陵墓，他也要求从简。据说："治霸陵，皆瓦器。"下令不得以金银铜锡为饰。

文帝在临终前，针对当时社会上盛行的厚葬风气，特下口谕薄葬。可谓为扭转社会不良风气竭尽全力，至死不渝。

汉文帝在位期间，用自己的嘉言懿行感动了朝中官员，教化了黎民百姓，从而使官员尽忠，百姓尽力，有力地推进了国富民强的远大目标的实现。

历史上把文帝时期和景帝时期，称之为"文景之治"，既是对文帝政绩的赞誉，也是对他推行仁孝的充分肯定。

于是，文帝便成了帝王中不可多得的重要历史人物。

拾葚供亲

【原文】

［汉］蔡顺，少孤，事母至孝。遭王莽乱，岁荒不给。拾桑葚①，以异器盛之。赤眉贼见而问之，顺曰："黑者奉母，赤者自食。"贼悯其孝，以白米二斗牛蹄一只与之。

诗曰：黑葚奉萱闱②，啼饥泪满衣。

赤眉知孝顺，牛米赠君归。

拾葚供亲

【注释】

①桑葚：桑树的果实。

②萱帏：母亲的住所，指母亲。

【译文】

蔡顺是后汉人，少年丧父，孝顺母亲。当时遭王莽之乱，年景饥荒，粮食不足。蔡顺就拾桑葚供养母亲，并用两个筐子盛着。一天碰见赤眉军问他为什么用两个筐子。他说：黑的熟桑葚是给母亲吃的，红的生桑葚子是我自己吃的。赤眉军怜悯他的孝顺，送给他大米牛蹄等很多食物让他带回家，以表敬意。

【故事扩展】

蔡顺是汝南（今河南一带）东庄蔡岭人。祖祖辈辈都以种地为生，日子过得十分艰难。

到了父亲这一代，已家贫如洗。除了祖父给其父亲留下的一屁股债务外，家中唯一的财产就是两间破房子，三亩薄田。

直到三十多岁，父亲才成了家。父亲倒是为人厚道，也能吃苦，说起种地也是一个能手。母亲也是穷苦人家出身，从小家里就把她当成男孩子一样使唤，因此，无论耕田种地，还是洗衣做饭，样样精通，再加上心眼好，知冷知热，也是父亲的一个好帮手。

虽说日子清苦，但由于都是苦水里泡大的人，倒也没觉得什么。只是每天催要债务的人接二连三，好言好语说上千万，也很难顺顺当当地打发走。父亲整日愁眉不展，唉声叹气，而母亲只能背着父亲悄悄地抹眼泪。

蔡顺是在其父亲三十五岁那年出生的。当时还是多多少少地给父母带来了一点欢乐。但本来日子很苦的一个家，突然间又多了一张吃饭的嘴，轮到谁头上恐怕都得犯愁。

发愁归发愁。蔡顺的父亲照样日出而作，日落而息，辛勤耕耘。但无论怎样辛劳，一年到头还是交不清赋税，缺吃的，少穿的。尽管从年龄上说，蔡顺的父亲还不到五十岁，但从外表上看，背驼了，两腮深陷，脸上七纵八横布满了皱纹，牙齿都快掉光了，嘴也瘪了，看上去不够七十，至少也有六十大几了。

由于苦重，体力透支太多，终于积劳成疾，病倒了。

父亲病情一天一天地恶化，虚汗不止，夜间还经常盗汗，呼吸困难，咳嗽不止，吐出来的痰中带着大块大块的黑紫色血块，脸色惨白，眼睛呆滞。

他自己也知道性命难保，就背着蔡顺向妻子交代了后事。

几乎是刚把后事交代完，蔡顺的父亲就停止了呼吸，一命归天了。

蔡顺和母亲放声痛哭，边擦泪边哭诉，闻者无不涕泪横流。

家中分文没有，东借西凑，草草地把父亲掩埋了。

家中的"顶梁柱"，突然间没了，剩下孤儿寡母，无依无靠，日子更苦，更难熬。

蔡顺和母亲一方面还得想方设法地应对天天上门逼债的人，一方面还得辛勤耕耘那几亩薄田。

看家中只有一母一子，势单力薄，一些泼皮无赖就经常来家里骚扰，砸门窗，逮小鸡。母子俩眼睁睁地看着让人欺负，敢怒不敢言。

等一伙泼皮无赖走后，母子俩抱头痛哭，惨厉的哭声惊动了周围的人们，他们纷纷跑来劝慰。可心中的伤痛，任凭谁来劝慰，也是难以消除的。

等到夜深人静的时候，母亲声声长叹，似乎是自言自语地说："这苦难的日子何时才是尽头啊！"

说完，不由得泪流满面。

蔡顺才十岁多一点，不过自小时候起就比较坚强，让别的孩子们打了，从来不在别人的面前掉泪。他看母亲神情抑郁，恍恍惚惚，心里别提有多着急了。为了安慰母亲，他充大人似的对母亲说："天无绝人之路，娘不用愁。只要我能弄来一口饭，那就是娘的，我一定会想尽办法不让娘挨饿。"

天不遂人愿。接着连旱三年，周围一二百里的人都投亲的投亲，靠友的靠友，离开当地找生路去了。

蔡顺和母亲既无亲可投，又无友可靠，眼看着活不下去了，母亲只好带着蔡顺到几百里地之外讨饭。

到了白天，母子俩就沿村乞讨；夜晚就住在破庙里或人家的院墙背风处，如若走在前不着村后不着店的地方，就来个地做床天当被，在荒郊野外露宿。

乞讨时，遭人冷眼那是常事。遇上好心人，还能既给饭吃又让到家里喝口水，暖和暖和；遇到心肠不太好的人，除了不给吃，还要羞辱你一番。还有更不堪忍受的，就是那些地主老财，不仅一点不给，还要放出凶猛无比的家犬咬他们。母子俩被恶狗咬伤的次数不下十来次。

母子俩为讨到一口饭，得吃那常人没有吃过的苦，得忍那常人无法忍受的痛。夏天，顶着如火的骄阳走；冬天，迎着刺骨的寒风行。手，冻得流脓淌血；脚，磨起串串大泡。一步一摇，两步一晃，艰难前行。

蔡顺母亲年岁大了，身体状况每况愈下。蔡顺时常担心母亲吃不消。

常言道：屋漏偏逢连夜雨。最怕的事情还是发生了：有一天他们住在破庙里，母亲突然发起高烧来，身上热得烫手，讨饭时出来携带的所有破烂行李都盖到了身上，还是一个劲地喊冷。

蔡顺看着母亲痛苦的样子，急得团团转。

过了不一会儿，母亲开始说起胡话来了，一会儿喊神来了，一会儿喊鬼来了。蔡顺本来是个小孩子，从来没有见过这种情况，小时候让大人们讲的有关鬼的故事就吓得魂不附体，如今听见母亲这样喊叫，越发害怕，吓得不敢挪动一步，浑身上下瑟瑟发抖。

等他稍微镇定了一点，跑过去看母亲的时候，发现母亲已昏厥过去了，连微弱的呼吸声也听不到了。

蔡顺一下子傻了。

他猛然记起老人们掐人中的办法，急忙跪下掐住母亲的人中。停了一会儿，母亲长长地出了一口气，才苏醒过来。

但高烧依然不退，母亲还是处在一阵昏迷，一阵清醒的状态。

离这个破庙大约十来里的地方，有一个村庄。他连夜跑到那个村子里，好不容易敲开一个也是贫困人家的门，向家里的老人说明情况，恳求救一救他可怜的母亲。

那位老人慈眉善目，听了蔡顺说的情况，已经判定病人处于危急状态，必须赶快救治，否则性命不保。他把老伴喊起来，并让老伴赶快煮一小盆姜汤，叮嘱里面再放一点辣椒。

按照老人家的嘱咐，蔡顺回到破庙里把姜汤热了热，便趁着热喂给母亲。

在蔡顺精心的护理下，母亲的病一天比一天好转。半个月后才康复，但由于多日高烧不退，耳膜穿孔，近乎聋了，成了残废的人。

之后，又讨了一年多饭。待旱情缓解后，才辗转回到了阔别了五年的家乡。

蔡顺和母亲回到家乡的时候，已经是开始播种的季节。

母子俩急忙拾掇家里那些残破的农具，要抓紧时间把种子播下去。误了农时，无异于坐等挨饿。

每天，村里的人还在酣睡的时候，母子俩已经下地开始劳作了。晚上夕阳落山的时候，他们才从地头往家里走。

皇天不负苦心人。一年下来，收成还算不错。刨去上缴赋税，也还有两个人一年吃的粮食。母亲紧皱的眉头舒展开了，脸上时不时也能露出笑容，尽管两鬓已经斑白了，但看上去还是比前几年又年轻了一些。

这样的日子又过了一些年，蔡顺已经二十好几的人了，到了谈婚论嫁的年龄了。母亲心里急得就像着了火一样，可蔡顺却并不着急。一有人来提亲，母亲就催促儿子去看一看。开始儿子也不说什么，只是不去见面。说得次数多了，蔡顺开口了。他坐在母亲的面前，态度极其温顺地对母亲说：

"娘，从年龄上说，是该娶个媳妇了。但从咱家的条件说，还显然不行。再说现在局势动荡不安，兵荒马乱，流寇横行，盗贼霸道，随时都有生命危险，还能顾得了成家的事吗？我只想让你平平安安过日子，生活得更好一些，别的事我想也不想。"

母亲看儿子的态度这样坚决，自此以后不再提说这档子事了。

刚过了两年相对顺心的日子，让人闹心的事又来了。

又遇上了荒年。地里不仅没有收成，大旱之年后连草都枯死了。粮食吃完了，就只得挖些野菜，采摘些树叶子来充饥。

眼看母亲一天比一天消瘦，身子一天比一天单薄，蔡顺的心在滴血。要是再不想个办法，那老母亲说不定就扛不过去了。

蔡顺打算到深山老林采集果实。待他把母亲安顿好后，才拎着竹篮，拿着竹竿、铲子向目的地进发。

到深山老林一看，不仅野菜多，而且还有一大片桑树林，上面挂满桑甚，地上还落下来饱满硕大的桑甚，蔡顺高兴坏了，在荒时暴月能吃上这东西，就算烧高香了。他拼命地捡啊捡，不一会捡了一大竹篮。捡回家让母亲吃，母亲吃后，不住地说："真香，真好吃！"

多日来，每当母亲吃桑甚的时候，蔡顺总是守候在母亲的身边，看着母亲津津有味地吃着，他心中涌出无限酸楚。

蔡顺心中想着："一个七尺男儿，竟然不能供养母亲，每天只给吃些野菜、野果，有何面目活在这世上。而母亲是多么体贴儿子啊，从不让儿子作难。多伟大的母亲啊！"

不过，他也悄悄地发现，母亲吃的时候专挑黑桑甚吃，而把白桑甚放在另一边。

他问明母亲缘由后，出去捡时，先捡黑桑甚，把它放在一个竹篮里，然后再捡白桑甚，再放在另一个竹篮里。

这样做，自己捡的时候是麻烦一点，而且捡得慢，但可以给母亲省却不少麻烦。他心甘情愿这样做，做的时候也特别高兴。

蔡顺看见旱情不见好转，只好依旧到深山老林捡野果。

一天，正当他蹲下捡桑葚的时候，忽然间从山上跑来一大队人马，紧紧地把他包围了起来。一个看样子像个小头目的人下马大声地问他道：

"你这个竹篮里是什么东西？黑的和白的为什么要分别装在两个篮子里？"

蔡顺虽然从小也没有见过这样的阵势，但他一个顺民，又没有做过什么亏心事，因此也不怎么惧怕，就如实地把因荒年家中无粮，只得到深山老林捡些野果，挖些野菜以供年迈耳聋的母亲充饥的事说了一遍，并向他们解释了黑白桑葚分别装在两个竹篮的原因，然后跪下向那个像小头目的人哀求道：

"官老爷，我老母亲在家焦急地等着我回去，我不回去，她老人家连吃的都没有，请你行行好吧……"

蔡顺的话没有说完，早已泪流满面。那个像小头目的人被蔡顺的一片孝心所感动，不由得落下泪来。悄悄抹泪的他正准备让弟兄们集合，一看弟兄们一个个也泪流不止，有的还抽噎着，竟忘了下令集合。

蔡顺越看越不明白，但官老爷没有说话，他也不敢站起来。

待小头目回过神来看见蔡顺还在那儿跪着，他急忙跑到蔡顺跟前，把他扶了起来，并对蔡顺语气和缓、态度温和地说：

"小兄弟，我们这些弟兄也都是贫苦出身，谁都不会干那些伤天害理的事。"

说罢，下令集合，并指派两个弟兄到山寨拿白米二斗、牛蹄子一只送到蔡顺家中。然后对着弟兄们高声说道：

"我们赤眉军就是替天行道，伸张正义，劫富济贫，扶危帮困的，今天在这里遇到一个尽心侍候年迈老母亲的孝子，不仅不能伤害他，而且还应该很好地相待他。弟兄们要记住，蔡岭是出孝子的地方，从此之后都不准到蔡岭打家劫舍。"

回过头来对蔡顺亲切地说：

"蔡孝子，以后你要是遇到贪官污吏和官军欺辱的事，一定要设法告诉我们，让我们给你做主。"

不一会儿，那两个往蔡顺家里送米、送肉的赤眉军回来了，向小头目禀报。

人马到齐后，赤眉军的弟兄们都与蔡顺拱手告别，然后一溜烟地向山寨飞奔而去。

后来，蔡顺的孝名传扬天下。

又过了不几年，蔡顺盖了房，又置了地，娶妻生子，日子过得越来越好，至此，蔡顺才真的有了一个温馨的家。

为母弃儿

【原文】

[汉] 郭巨①，家贫，有子三岁，母尝减食与之。巨谓妻曰："贫乏不能供母，子又分母之食。盍埋此子？儿可再有，母不可复得。"妻不敢违。巨遂掘坑三尺余，忽见黄金一釜，上云："天赐孝子郭巨，官不得取，民不得夺。"

诗曰：郭巨思供给，埋儿愿母存。

黄金天所赐，光彩照寒门。

【注释】

①郭巨：汉朝人，家贫，在养母与养儿的两难抉择下，选择了弃儿。

【译文】

汉代隆虑（今河南杯县）人郭巨，家境非常贫困。他有一个三岁的男孩，母亲经常把自己的食物分给孙子吃。郭巨对妻子说："家里窘困不能很好地供养母亲，孩子又分享母亲的食物。不如埋掉儿子吧？儿子可以再生，母亲如果没有了是不能复有的。"妻子不敢违拒他，郭巨于是挖坑，当挖到地下三尺

为母弃儿

多时，忽然看见一小坛黄金，坛子上写着字："上天赐给孝子郭巨的，当官的不得巧取，老百姓不许侵夺。"

【故事扩展】

郭巨出生在一个非常贫穷的家庭。在他很小的时候，父亲暴病而亡，临终连一句安顿的话都未留下就匆匆地走了。

孤儿寡母度日难，此话一点不假。寡母领着一个少不更事的孤儿，日子艰难，不言自明。光是闲言碎语，嚼舌，就让你有跳河、投缳的心思，这还不算那些指桑骂槐，打小的、骂老的欺负人的各种事。

郭巨的母亲几乎被口水淹没、吞噬，仅凭着一定要把儿子拉扯大的坚强信念，才能在既没有吃、又没有穿的艰难日子里顽强地生存着。

母亲为把郭巨拉扯成人，吃了多少苦，受了多少罪，连她自己也记不清楚了。一年到头，无论忙闲，都是吞糠咽菜，一年四季，无论冬夏，都是破衣烂衫。因此，还不到三十岁，白头发都快有了半壁江山，脸上的皱纹，和

山水画中的沟沟壑壑相比的话，恐怕也不会逊色多少。

外地陌生人遇到郭巨的母亲问路时已经称呼大娘了。

窘困的日子把郭巨的母亲折磨得已不像人的样子了。即使是铁石心肠的人看到后，也会流泪的。

苦难总有尽头，苦海仍然有边。郭巨的母亲快把眼泪流干了，才总算盼到了儿子长大成人的那一天。

母子俩从此辛勤耕耘，省吃俭用，几年后慢慢地也有了一些积蓄。

穷的时候，连亲戚们也不上你家的门，生怕躲都来不及；稍微日子好过一些，不仅上门的亲戚多了起来，连说媒提亲的人也能把你家的门槛踏平。

媒人来家说，李家庄一户人家有个好姑娘，人样子也不错，贤惠能干，又能吃苦。郭母听后正好门当户对，脾气也相投，非常中意，这门亲事就这样定下来了。

彩礼凑足，由媒人转送过去，谈妥日子，就把李氏娶进了门。

李氏一进郭家门就侍候婆母，端饭送水，样样不落，把婆母当成自己的亲娘；婆母看儿媳如此孝顺，也把儿媳妇当成亲生的闺女。

照顾郭巨，在当时的社会，也是李氏义不容辞的责任。李氏除了精心侍候婆母外，对郭巨也照顾得十分周到。

郭巨看到妻子李氏又要侍候自己的母亲又要照顾自己，十分辛苦，开始心疼起妻子来。

有一天，郭巨背着母亲悄悄地给妻子说：

"你可能不知道，为把我拉扯大，老母亲不知吃了多少苦，遭了多少罪，因此我们俩都要尽心尽力地孝敬老母。你服侍老母已经够辛苦的了，以后再不要像以前那样百般地照顾我，那样你就太辛苦了，我心里也不好受。"

从此，表面上看，李氏还按当时的规矩照顾丈夫郭巨，实际上两个人相敬如宾，同甘共苦。

一家人和和美美，日子过得倒也舒心。

又过了一年，李氏坐了月子，生了个胖小子。

这个小家伙眼睛大大的，脸蛋圆圆的，眉毛浓浓的，鼻梁高高的，谁看了谁喜欢，一家人乐得合不拢嘴。

郭巨的母亲，亲这个小孙子比亲从自己身上掉下来的肉还要多出一百倍。一会儿抱一抱，一会儿亲一亲，几乎没有别人哄的空儿，就连黑夜睡觉醒来看不到小孙子，她都要掉眼泪。

三个人一天围着这个小家伙转，日子过得特别快。

不觉得这个小家伙已经长到两岁了。他已经闻得出饭的香味，不再好好地吮吸乳汁，而是要吃饭了。

这一下子就等于又多了一张吃饭的嘴。

就在这时，天灾人祸突然从天而降。

先是县里换了县令，这个县令比过去的县令更贪。搜刮民脂民膏的手段更多、更毒，巧立了不少名目，使百姓的负担越来越重，已到了不堪重负的地步。

接着就是百年不遇的一次大旱，从春种到秋收，就连一滴雨都没有下过，田园荒芜，颗粒不收。

郭家一下子陷入了灾难之中。一家四口人，不给哪一个人吃饭都不行，何况还有个两岁小孩在那儿嗷嗷待哺。

粮食被官府掠夺一空，只好靠挖野菜，剥树皮，捋树叶过日子。

日子过得真是艰难啊！

郭巨和妻子勒紧裤腰带，想的是省出点来使老母亲免受饥饿之苦。可老母每次总是把她碗里的饭菜拨出好多给小孙子吃。两岁的小孩，他怎能知道人生的艰辛，他又怎能明白父母的心意？祖母给他拨多少，他就吃多少，因此郭巨的老母总是忍饥挨饿。

郭巨和李氏看在眼里，疼在心里，他们不能说也不敢说老母，生怕老母生气，生怕有违孝道。

郭巨老母的身体原本就不怎么硬朗，现在又要把仅够充饥的一点点饭菜分给小孙子吃，她咋能受得了？

不几天，老母就有点扛不住了，面色一天比一天发黄，眼睛一天比一天发花，瘦脊嶙峋，有气无力。

小孙子尽管有祖母的百般呵护，有父母想方设法地照顾，但毕竟粥少僧多，本是一个人都不够吃的饭，四个人分着吃，这能管什么用。别说长身体了，连维持生命都够呛了，因而小孙子也瘦得皮包骨头，一天常睡不醒。

郭巨暗自喟叹：

"养母难啊养母难，世乱时艰难上难。"郭巨一家四口人继续在死亡线上挣扎。

夫妻俩背着母亲和小儿子不知哭了多少次了，可是哭能顶什么用呢？

他们俩整天思谋，可在这家境沦落时，在这世局动荡中，又能有什么治家良方呢？

两个人都陷入了难以言状的痛苦之中。

在无路可走的情况下，郭巨忽然想出了一个办法。

正当他要告诉妻子李氏的时候，李氏也想出了一个办法。

两个人谁都不想先说出自己的办法。无奈之下，说定各人都把各人的办法写在手上。

当摊开手掌时，两个人写下的字竟是一模一样的两个字：我死。

虽然是不谋而合，可两个人都是神色凄惶，满眼泪花。

为此，夫妻二人争执不下，各人都有一定的道理，但都经不起仔细推敲，又在对方的辩驳下站不住脚。

谁也说服不了谁，谁再也没有万全之策，只能是泪眼相对。

两个人每天都是愁眉不展，可在老母面前还得强颜欢笑，唯恐老母有一丝儿不高兴。可这毕竟不是解决的办法。

有一天，郭巨做出了一个惊人的决定：埋儿养母。

郭巨决心已下，但他还是不敢告诉妻子李氏。

躲是躲不掉，拖也是拖不了的。

郭巨忍着巨大的悲痛，背着母亲还是把他的惊人决定告诉了妻子。

待郭巨说完，李氏惊愕得张大了嘴巴。若是别人告诉她，即使把她打死她也是不会相信的。因为她知道丈夫郭巨是个古道热肠、心地善良的人，对外人都能那样善良，难道他会对家人如此残酷吗？

可眼前的事实明摆着，这个决定是她的丈夫亲口说出的，她耳朵也不背，她能不相信这个决定是真的吗？

李氏怔了一阵儿，接着哇的一声，放声大哭起来。

那凄惨的哭声，能使江河呜咽、鸟雀悲啼，可令大地动容、山川变色。

好不容易止住哭声，李氏一看丈夫郭巨也在伤心落泪。

李氏明明知道这个决定，她既无权更改，也是更改不了的。那时候男人的决定或主张，女人连过问一下都是不行的。但她还是想劝一劝丈夫，希望他不要这样绝情，免得背上一个恶名。便哀求般地说：

"他爹，儿子是咱们的亲骨肉，不能呵护他，至少不能摧残他！再说动物都懂得保护自己生下的小东西，我们这样做，不让人唾骂才怪呢！"

郭巨接过话茬，无可奈何地对妻子说：

"这只能怨咱们家穷。供养母亲就已非常困难，咱们儿子不懂事，每顿都要分吃母亲的饭菜，长此下去，母亲还能活下去吗？把儿子埋掉，就没有分吃母亲饭菜的人了，老人家兴许能多活几年。你我还年轻，日后还可以再生养，母亲万一有个三长两短，我们如何面对世人，死后也无法面对列祖列宗。"

妻子李氏一边听着，一边仍在哭泣。

过了两天，郭巨和妻子在母亲面前谎称抱着儿子到他姥姥家，就把儿子抱出了门。

来到了荒郊野外，夫妻俩禁不住放声大哭。

眼看太阳快要下山了，郭巨才拿起铁锹挖坑，妻子在旁边抱着儿子仍在哭泣。

约莫挖了二尺多的时候，郭巨狠劲踩锹，只听咕咚一声，上面一堆土掉了下去，露出来一个窖。

跳下去一看，窖里面有一口小锅。打开锅盖一看，郭巨一下子惊呆了。小锅里面装的全是黄金，上面还有十六个大字：天赐黄金，孝子郭巨，官不得夺，民不得取。

郭巨把这天大的喜事立即告诉了还在哭泣的妻子。

妻子立马破涕为笑，跪下向上苍谢恩。

郭巨夫妻把黄金带回家中，只留下一点作供养母亲之用，其余的都分给了村中家有老人的人家，让他们好好奉养老人。

卖身葬父

【原文】

[汉] 董永①，家贫。父死，卖身贷钱而葬。及去偿工，途遇一妇，求为董妻。俱至主家，令织缣②三百四乃回。一月完成，归至槐阴会所，遂辞永而去。

诗曰：葬父贷孔兄，仙姬陌上逢。

织缣偿债主，孝感动苍穹。

卖身葬父

【注释】

①董永：后汉千乘人。

②缣：细绢。

【译文】

汉朝时，有一个闻名的孝子，姓董名永。他家里非常贫困。他的父亲去世后，董永无钱办丧事，只好以身作价向地主贷款，埋葬父亲。丧事办完后，董永便去地主家做工还钱，在半路上遇一美貌女子，拦住董永要董永娶她为妻。董永想起家贫如洗，还欠地主的钱，就死活不答应。那女子左拦右阻，说她不爱钱财，只爱他人品好。董永无奈，只好带她去地主家帮忙。那女子心灵手巧，织布如飞。她昼夜不停地干活，仅用了一个月的时间，就织了三百尺的细绢，还清了地主的债务。在他们回家的路上，走到一棵槐树下时，那女子便辞别了董永。

【故事扩展】

董永出生在一个世世代代以种田为生的家庭里。父亲是一个老实巴交的农民，为人厚道，勤劳节俭，但由于土地贫瘠，虽日出而作，日落而息，但仍然是连饭都吃不饱，年年受穷。

由于家穷，已经到了成家的时候，依然没有一个媒人来家里提亲。

邻村有一户人家了解到这个小伙子忠厚老实，吃苦耐劳，愿把女儿嫁给这样的人。他给媒人说：

"不要看他现在穷，只要他能扑下身子干，不怕吃苦，将来的日子就赖不了。"

结婚一年左右，妻子生下了一个胖乎乎的儿子，起名董永。

董永小的时候就活泼好动，十分可爱，父母都特别喜欢他，经常因为想抱董永而没有抱上相互生气。

这样的日子仅仅过了三年，董永的母亲在一场突如其来的大病中撇下丈夫和儿子溘然长逝了。

从此，家里冷冷清清，父子相依为命。

好天气，董永的父亲下地劳动，就把他背到田间地头，让他在地里玩耍，碰上刮风下雨，就把董永锁在家里。董永特别听话，到饿的时候把父亲留下的饭吃完，就自己想着法子玩，从来不哭不闹。

董永一天天地长大了，开始懂得心疼父亲了。等到半前晌的时候，董永就拎着一小瓦罐水到地头给父亲送水，遇到刮风下雨天，他就把遮风挡雨的衣物给父亲送去。

村里的人都夸董永是个疼他父亲的好孩子，特别听话的乖孩子。

可世事难料，汉灵帝中平年间，山东青州发生了黄巾起义，渤海发生骚乱，董永随父亲避乱迁徙至汝南（今河南省汝南一带），一路上风餐露宿，栉风沐雨，吃尽苦头，好在保住了性命。

在这里待了不长时间，又因战事频繁，不得不离开这里到处流浪，沿村乞讨，最后流寓安陆（今湖北孝感市）。

来到安陆，人生地不熟，两眼一抹黑，董永的父亲只得给人家干零星的小活，养家糊口。不久，一家大商铺雇一个打更的，董永的父亲被大掌柜的一眼看上，进了商铺，并特许他带小孩进出商铺后院。

董永年龄虽小，但眼里有活。他除了帮助父亲拾掇后院的库房处堆积的废旧物资，还干些杂七杂八的事。有时候还替伙计打扫店铺，有时站在店铺里看伙计们怎样招呼客官，迎来送往。

董永的父亲实实在在地做事，认认真真地完成掌柜们交办的工作。时间不长，大掌柜就特别信任董永的父亲，把许多带有机密性质的事情也交由他去操办。

大掌柜从别人那里了解到了董永父亲的遭遇，顿生恻隐之心，忽发善事之举。他打发伙计把董永的父亲唤来，当面告诉他：

"这几年够你辛苦的了，我得感谢你。一会儿到算账先生那里领上纹银二十两，自己出去开个小店，一者维持生计，二者也得再成个家，不能老是既当爹又当娘。你儿子是块经商的料，让他帮衬着你，肯定错不了。"

董永的父亲领赏后，就和儿子开始经商了。

父子俩开了个小店，门面虽不大，但百姓日用品应有尽有，品种齐全，货真价实。一开张，客官就络绎不绝，买卖还挺兴隆。

客官冲的是董永的童叟不欺、心眼好，而董永看到客官如此照顾他们的生意，往往反奸商之道而行之，买布多个一寸两寸，零头就不要钱了，看到穿着破衣烂衫的，索性连钱都不要了。

董永的父亲想，照这样下去，不但不能挣钱，弄不好还得把本钱也搭进去。他多少次苦口婆心地教诲儿子，看儿子听的时候好像也很用心，可一到做买卖时，还依然如故。

月底算账，还是进来的多，出去的少，除去一切开销，还有一点余头。见此情状，董永的父亲也就不再说啥了。

这买卖做得刚有点起色，突然父亲病倒了。老人家挺有骨气，从未见他有病呻吟过，这一回直喊爹叫娘，汗珠子豆粒般大，滚滚而下。

董永急忙把镇中最有名气的医生请来，望闻问后，一切脉，医生脸色变了，告知董永：

"你父亲得的是绝症，快准备后事吧！"

董永赶紧跪下磕头，哀求医生救一救父亲。医生一脸无奈，安抚了几句匆匆离去。

父亲也知道性命不保，便吩咐变卖家产，送他回老家，必须把他和列祖列宗埋在一起。

镇上的人知道董永遭到不幸，变卖店铺和其他家产，纷纷前来看望，并捐钱捐物。

董永雇了车带着病重的父亲就要上路了，那些客官闻讯急急忙忙地赶来，挥泪与董永告别。

董永忍着悲痛，马不停蹄地向老家前行。

俗话说，福无双至，祸不单行。刚刚走出一百来里，来到一个沟深林密的山谷里，从山上冲下来几个大汉，不由分说就把他父亲扔到地上，抢走所有财物纷纷逃窜。

董永的父亲此时还哪里能受到了这样的惊吓，一阵抽搐，便咽下了最后一口气。

董永心如刀绞，哭声响彻山谷。身无分文的他，只好背着已经含恨离开人世的父亲缓慢地行走在山间小路上。

好不容易看到一个村庄，他拿出吃奶的力气才算把父亲背到了有人烟的地方。

几经周折，找到了一个大户人家。董永向这家穿着绫罗绸缎的主人述说了自己的不幸，哀求予以资助。

俗话说得好，门洞的风，老财的心。这种唯利是图的人咋会悲天悯人，听董永哭诉完后，只说了一句话：我还正为钱犯着愁呢，便关上了大门。

好心的人知道了董永的遭遇，纷纷慷慨解囊，但这无异于杯水车薪，哪够埋葬的费用。

他谢过那些好心人，向他们借来纸笔，写下了一份卖身契，上面写着：

"家父不幸西归，身无分文葬父。若愿帮我葬父，情愿当牛做马。立此契约，永不反悔！"

在场的百姓无不落泪。

董永已哀求过的那家穿着绫罗绸缎的主人，姓裴，是个大财主。他听到这一消息后，欣喜若狂，几乎跳了起来。他怕别人抢在前面，便三步并作两步，气喘吁吁地赶过来了。

裴财主来到董永面前，假惺惺地说：

"我这个人一看见可怜的人，就由不得发起善心来。你先拿上这些纹银，把你父亲埋了，办完丧事就来我家。你只要织上细绢三百匹，我就立即还你自由。你要不讲信用，到时候可不要怪我不客气。"

其实，按织绢的工钱算，裴财主手中的纹银顶多需织二十匹，比社会上借钱的利息已高出十几、二十几倍。

可董永已经全然不顾财主苛刻的条件，只要能把父亲葬到祖上的坟墓，即使再比这苛刻的条件，他也会连眉头皱也不皱地答应下来。因此他立马拿上了裴财主贷给他的钱安葬父亲。

董永了却了父亲的心愿，又守了七日孝，就往裴财主家赶。

走到一棵槐树下，董永遇见一位风姿美貌的少妇。少妇含情脉脉地说：

"你可能还没有娶妻，我是个被丈夫离弃的女人，愿与你永结同心！"

董永知道自己已是卖身为奴的人，这样的事必须禀告主人，自己是做不了主的。因此，他对这位少妇只好直说：

"这件事，我自己不敢做主，须禀告主人。"

少妇呵呵地笑了起来，之后说：

"未当奴仆前，已是忠顺的奴仆。即使这样，我愿与董郎一同前去拜见你的主人。"

董永同这位少妇来到裴财主家，诉说缘由，裴财主欣然为他们的婚姻做主，让他们在一百天内，织出三百匹细绢，即可赎身，做自由的农夫。

从这天起，夫妻俩日夜纺织。饿了，胡乱地吃上一口；困了，就在手摇的纺织机旁打个盹，忙得已不知白天黑夜，累得已腰酸腿疼。终于在一百天的前一天，将三百匹细绢交给裴财主。

裴财主把董永写下的卖身契还给了董永。

翌曰，夫妻二人高高兴兴地离开了裴财主家。

又来到了一百天前相见的槐树下，少妇突然向董永告别。

董永哭着说：

"你为我赎身的恩德，我还没有报答，你怎能抛下我就走呢？"

少妇到这时才告诉董永事情的原委，少妇的泪花在眼眶中直打转，凄切地说：

"你我夫妻一场，我也舍不得离开你。我不是被丈夫离弃的少妇，我是银河旁的织女。是天帝念董郎一片孝心，令我下凡相助。今百日缘满，我必须回去向天帝缴旨。"

说完，织女恋恋不舍地凌空而去。

刻木事亲

【原文】

[汉] 丁兰①幼丧父母，未得奉养，长而念劬劳之恩，刻木为像，事之如生。其妻久而不敬，以针戏刺其指，血出，木像见兰，眼中垂泪。因询得其情，即将妻弃之。

刻木为父母，形容在日身。

寄言诸子女，及早孝双亲。

刻木事亲

【注释】

①丁兰：后汉河内人。少丧母，刻木为像，事之如生。据说有邻人张叔，醉骂木像，以杖击其首，兰还，奋击张叔。吏捕兰，兰辞木像，像为流泪。与此文说的其妻以针刺其指、木像见兰垂泪的说法不同，可见都是传说故事。

【译文】

东汉河内（今河南黄河北）人丁兰，幼年父母双亡，他没有机会奉养行孝，因而经常思念父母的养育之恩。于是用木头刻成双亲的雕像，对待雕像如同活人一样。他的妻子因为日久生烦，对木像便不太恭敬了，用针偷偷地刺木像的手指玩，木像的手指居然有血流出。后来木像见到丁兰后，眼中垂泪。丁兰查问妻子得知实情，就遂将妻子休弃。

【故事扩展】

丁兰，相传是东汉时期河内（今河南黄河北）人。

他父亲为人淳朴憨实，心地善良，是个务农的好把式，他母亲贤惠机敏，平易可亲。虽然只种着二亩瘠地，但由于夫妻俩能吃苦，肯出力，辛勤耕耘，一年下来起码口粮不用发愁，有时碰上好年景，还能有点余粮。

丁兰的父亲除了耕种自己的土地外，一有闲空，不是帮助东家修理农

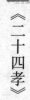

具，就是帮衬西家耕田耙地。因此，村里人一有事，首先想到的就是丁兰的父亲。

等到夫妻俩有了儿子丁兰后，虽说多了一张吃饭的嘴，但日子过得还不是紧巴巴的，比上不足，比下还有点余。

天有不测风云，人有旦夕祸福。丁兰的母亲平时也很结实，连个头疼脑热之类的也很少发生。可忽然得了一种医生也为之称奇的不治之症，药也没少吃，所知道的名医也没少请，结果越治人越没有精神，看过病的医生越多，病情越恶化。

丁兰的父亲看见没有指望了，也就不再找医生了。他心中暗自说："再不要折腾她了，让她安静地离去吧！不然，她要怨恨我的。"

丁兰的母亲在疾病的折磨下，形销骨立，连说话的一点气力都没有了。疼痛袭来时，怕丈夫难受，咬紧牙关强忍着，有时竟把嘴唇咬破，血肉模糊。丈夫看到后背过脸暗自抽泣。

就是这样的坚持，还是没有从死神的魔爪中挣脱出来。没过几天，丁兰的母亲就在难以言说的痛苦中，在千万要把丁兰拉扯成人的断断续续的殷殷叮嘱声中离开了人世。

丁兰只有两岁多。虽然他对死是怎么一回事并不知道，但他看到母亲双目紧闭、脸色苍白的样子，似乎也有一种不祥的感觉。再看母亲连话也不说，拼命喊她都不答应，丁兰着急了，他扑在妈妈身上，皮肤细嫩的两只小手用力地抓住妈妈身上的衣服，一边拉扯，一边哭喊，一声一声不住地喊着：

"妈妈，你醒一醒！妈妈，你睁开眼……"

惨厉的哭声，谁听到了都会随之落泪。

丁兰的母亲走了，撇下父子二人。家里原本就空荡荡的，一下子变得就像空旷的原野，原本热闹的、有生气的家，一下子变得冷冷清清，毫无生气。

从此，父子两人相依为命，艰难度日。

丁兰小时候因缺奶，体质就差，经常闹病，好在有母亲时刻关心、教导，不让他乱跑乱窜，跌伤、碰坏的情况从未发生过。

如今，只有父亲一人打里照外，又当爹又当娘，哪能照顾过来？这样，跌伤、碰坏的情况时有发生。

丁兰的父亲心疼不已，但也无可奈何，总不能把地撂荒了吧，那不等于是要喝西北风了吗？

丁兰长到六七岁的时候，就懂得帮父亲了。凡是他能干的事情，尽量不让父亲干，有时候还能和父亲一起干活，帮父亲锄个草呀，撒个粪呀，多多少少地减轻了父亲的担子。

有一年，老天爷一个劲地折磨人。先是春旱。冬天没有下雪，墒情本来就不好，再加上春天一滴雨都没下过，地根本就种不下去。

眼看着要错过节气，父子俩只好肩挑手拎，把水弄到地里，采用点种的办法，才勉勉强强地把种子播在了地里。

后来老天爷手下留情，夏天还下了几场透雨，庄稼长得绿油油的。丁兰父亲望着滚滚的麦浪，别提有多高兴了。

还没有等到丁兰父亲高兴劲儿过去的时候，忽然天气变了。顿时狂风大作，吹得人都站立不稳。不一阵儿，天空中乌云翻滚，电闪雷鸣。雨点噼里啪啦地掉了下来，瞬间地面变成一片汪洋。

雨意还浓时，小石头块大小的冰雹又从天而降。庄稼随即被拦腰砸断，七零八落的，惨景目不忍睹。

一年一度的指望全部落空了。丁兰的父亲愁得整夜辗转反侧，人一下子苍老了许多。

丁兰刚过了十岁，但看见父亲整天焦愁而自己不能分担时，心里还是十

分难受。

丁兰父亲在一次次的重大打击下，一天比一天瘦弱，稍微做点重活就气喘吁吁，汗流不止。

灾难终于发生了。一天，丁兰的父亲上山打柴。打了一会儿柴，突然觉得头眩目晕，一头栽倒，滚下了山，就再也没有爬起来。

等到人们发现时，已经断了气。

丁兰哭得死去活来，抱着父亲已经僵硬的尸体死活不放，村里的人怎么拉也拉不起来。

丁兰从下午太阳快落山时，一直哭到第二天清晨，泪也哭干了，嗓子也嘶哑了，人瘫软得也站不起来了。

村里人把丁兰和丁兰父亲的尸体抬回了村。在众人的资助下，丁兰才草草地把父亲掩埋在了山头上。

丁兰孑然一身，孤苦伶仃。他有好几次跳河、上吊，都被村里人发现，解救下来。

丁兰在村里好心人的帮助下，耕种着父母留下来的两亩薄田，过着饥一顿、饱一顿的艰难日子。

春天，他学会扶犁、耙地，在别人帮助下播下了种。

夏天，他经常起早摸黑地锄地，问苗。

秋天，他披星戴月地收割庄稼，别人一天能割完的庄稼，丁兰最少也得四五天。人们看见怪可怜的，路过地头时常常帮丁兰收割庄稼。自己不能拉，不会碾，不会扬，村里的人都来帮他。

冬天，寒风凛冽，他也得出去搂柴、拾粪，两手冻得红红的，十个指头都麻木了，有时就跑到牛刚拉出来的粪堆里暖冻僵了的手。

年复一年，月复一月，丁兰在不堪重负思念父母的煎熬中长大成人了。

后来，思念父母之情愈来愈强烈，几近于不由自主：

他看到别的人家儿孙满堂、几代同居、孙绕膝下，他就流泪；

他看到他人给父母烧茶递水、端饭送菜、洗衣晾衫，他就哭泣；

他看到年关前年轻人给父母添置新衣、购买糖果、制作糕点，他就肝肠寸断；

他看到老人们患病后儿女们跑前跑后、煎药熬汤、喂饭喂水，他就涕泗横流。

丁兰实在无法忍受这样近乎残酷的精神折磨，他要想出一个免于思念父母的痛苦的妙计。

他日思夜想，终于想出了一个刻木为像的办法，即把父母生前的形象刻在一块木板上，然后让它在自己心中活过来，不就可以天天见到父母，也可以天天孝敬父母了吗？

他开始回想父母生前的形象，但总是模糊的，怎么也清晰不起来；他开始缅怀父母那苦难的一生，但总是零星的、片段的，怎么也完整不起来。

丁兰为此感到十分苦恼。

有天夜里，他做了一个梦：有一位老人告诉他，他要做的事情，村里的老人都能帮他。

第二天醒来后，梦中老人说的话，他还记得清清楚楚。他只恨自己笨，怎么就没有想起这个办法来。

丁兰开始走东家问大爷，串西家问婶娘，碰见人便问，有影子就访。半个月以后，脑袋里装满了父母亲生前所做过的各种事情和遭遇的各种灾难，眼前呈现出了父母亲真真切切的形象。

他按照眼前呈现出的父母亲的形象刻在一块经过精心设计制作的木板上，摆放到屋内仅有的一个大红柜子上。

从此，丁兰每天早晨、中午、晚上三次在父母亲的像前下跪请安；一日三餐，每顿饭总是先盛上一大碗，放在父母亲的像前，并说：

"爹，娘，趁热赶快吃吧！"

之后，他才拿起碗筷吃饭。

刮风下雨天，丁兰总要用衣服包住父母亲的像，生怕着了寒，淋了雨。

有事情自己解决不了时，他总是跪在父母亲的像前，一个一个地都要问过。他暗自说：

"要是二老不知道我的情况，他们要着急的。必须告诉他们，让他们放心！"

丁兰刻木为像，待亡亲就像活着的那样侍奉的孝行，很快传遍了黄河南北。十里八乡的媒人纷纷给丁兰提亲。

邻村的一个姑娘也见过丁兰，在媒人的说合下嫁给了丁兰。

夫妻俩相敬如宾，和和美美。丁兰把刻木为像、侍奉亡亲的缘由讲给妻子听，并要求她和自己一样对待亡亲。

起初，妻子按照丁兰的要求，每天和丁兰一样尽心尽力地侍奉亡亲，丁兰特别高兴。

时间长了，丁兰的妻子就不大愿意每天那样侍奉亡亲。即使做了，也是马马虎虎，并不虔诚。

有一天，丁兰外出。中午时，他妻子很不情愿地下跪请安后，又把饭端到亡亲的像前。她突发奇想，何不在亡亲身上试一试他们有没有知觉。于是便拿来了做衣裳用的针，用针尖向亡亲的指头刺去。瞬间，殷红的鲜血从亡亲的指尖处流了出来。

傍晚时分，丁兰回来给亡亲请安时，发现父母眼泪不断，非常痛苦的样子。

丁兰有点不解，急忙问其妻子。

丁兰的妻子看见丁兰追问不休，只好照实说了。

丁兰不听则已，一听就火冒三丈，气愤地对妻子说：

"由此看来，咱们俩的缘分到今天也就结束了！和我同床共枕的人必须是对死去的父母极其孝顺的人。"

说罢，写了休书，就把妻子休了。

之后，丁兰还是一如既往地在木像前侍奉亡亲，至死不渝。

涌泉跃鲤

【原文】

[汉] 姜诗①，事母至孝；妻庞氏，奉姑尤谨。母性好饮江水，去舍六七里，妻出汲以奉之。又嗜鱼脍②，夫妇常作。又不能独食，召邻母共食。舍侧忽有涌泉，味如江水，日跃双鲤，取以供。

诗曰：舍侧甘泉出，一朝双鲤鱼。

子能事其母，妇更孝于姑。

涌泉跃鲤

【注释】

①姜诗：后汉广汉人。

②脍：细切的鱼、肉。

【译文】

姜诗，东汉四川广汉人，娶庞氏为妻。夫妻孝顺，其家距长江六七里之

遥，庞氏常到江边取婆婆喜喝的长江水。婆婆爱吃鱼，夫妻就常做鱼给她吃，婆婆不愿意独自吃，他们又请来邻居老婆婆一起吃。一次因风大，庞氏取水晚归，姜诗怀疑她怠慢母亲，将她逐出家门。庞氏寄居在邻居家中，昼夜辛勤纺纱织布，将积蓄所得托邻居送回家中孝敬婆婆。其后，婆婆知道了庞氏被逐之事，令姜诗将其请回。庞氏回家这天，院中忽然喷涌出泉水，口味与长江水相同，每天还有两条鲤鱼跃出。从此，庞氏便用这些供奉婆婆，不必远走江边了。

【故事扩展】

东汉时期在广汉雒县汛乡（今孝泉古镇，位于四川省德阳市旌阳区西北部，距德阳市区二十一公里）居住着姜诗一家人。

姜诗的母亲陈氏，年轻轻地就守了寡，带着儿子姜诗过着吃了上顿没下顿的凄苦生活。不过陈氏为人厚道、善良，左邻右舍看到她的日子过得艰难，时不时地也伸出援助之手，接济一点，因此，也能将就地过下去。

尽管吃了不少苦，但陈氏总算按照丈夫临终时的嘱咐把姜诗拉扯成人，并东挪西借地又给姜诗娶了个媳妇。

姜诗从小就知道家境贫寒，母亲吃的苦、受的罪，没有人能比他更清楚，包括他母亲，因为漫长的岁月早使她把一些没有切肤之痛的事给忘记了，而姜诗却还记忆犹新。因而姜诗从小就特别听母亲的话，从不惹母亲生气。长大以后对寡母更加孝顺。寡母爱吃的，想喝的，除了上天揽月，下海捉鲸，他都要想法子弄来满足母亲的要求。

妻子庞三春贤淑达礼，吃苦耐劳，心灵手巧，孝敬父母，在未嫁人前就有好名声。当嫁到姜家后，听姜诗给她讲婆母前半生的悲惨遭遇后，也决心同姜诗一起共同侍奉老母。

姜诗的母亲在生下姜诗后，养成了一种习惯，每日喝水只喝江中的水，又特别爱吃江中的鲤鱼。

庞三春自打进了姜家的门以后，就把这副担子挑在了肩上，即使一年后生了儿子（小名叫安安，大名叫姜石泉），她仍旧一如既往地挑水打鱼。

江边离姜家有六七里远。庞三春每天都得很早就动身，待打捞上鱼，再挑水回家，至少也需半天时间。她忍饥挨饿地、长年累月地行走在这条路上，无论刮风，还是下雨，人们都能看见庞三春艰难地挑水的身影。

一次，庞三春走到离江边还有一二里的地方，就遇上了狂风暴雨。

狂风夹着暴雨，像一根一根鞭子似的抽打在庞三春瘦弱的身体上。好不容易到了江边，江上波涛汹涌，一排排巨浪拍打着江岸，连个鱼影儿都没有看见，更别说打鱼。

直到下午，雨势未减。庞三春只得空手而归。

姜诗看到妻子既未打来鱼，也未挑来水，就以为是妻子侍候母亲侍候得腻烦了，故意这样做的。因此他既不看妻子一身泥水、灰头土脸那可怜的样子，也不听一听妻子的诉说，就把妻子劈头盖脸地打了一顿，逐出了家门。

当时社会的规矩，女人一旦被丈夫逐出家门，不是一死了之，就是剃度出家，回娘家也是一条不归之路。

死，庞三春也不是没有想过。

她能一死了之吗？

她当时想：即使丈夫真的情断义绝，还有婆母和才三岁多的儿子，他们靠谁来照顾呢？万一有个意外，能心安吗？

她过了一阵儿又想：丈夫平时待她也不错，怎么会一下子就变脸了呢？她非常纳闷。

又停了一会儿，她再一次想：丈夫不知情，冤枉了我，即使我不去和他说长论短，但其码也应该让丈夫知道我是无辜的。孝母之心，天地可鉴！我不能带着一肚子冤枉话离开人间！

她越想越伤心，禁不住流下泪来。

最后她才下了决心：无论怎样艰难，我还没有尽完对婆母的孝心，我还没有把儿子拉扯成人，必须顽强地活下去。

她离开前一阵儿还是她的家，离开这个非常熟悉的村庄，满含泪水，三步一回头，漫无目的地向村外走去。

不知是不是天意，她走着，走着，就走到了尼姑庵，抬头一看，只见上面写着：白云庵。

正要敲门，出来一位尼姑模样的人，她上前施礼，诉说了自己的苦衷并哀求将她留下。

恰巧这位正是白云庵住持，听完了她的哭诉，就答应了她的请求。

庞三春剃度完毕后，就干起了庵中的零碎活，扫地、打柴、洒扫庭院、烧水端茶，一个人忙得不亦乐乎。

白天忙得什么也顾不上想，一到夜深人静的时候，庞三春就想起了婆母，想起了儿子安安，有时候也想起丈夫姜诗来。直想得泪流满面，一夜未眠。

有一次，庵里举行大道场，善男信女来得真不少。庞三春在这里遇到隔壁的王二婶，她急切地向王二婶打问家中的情况，特别是婆母的情况，并托王二婶给婆母带回两尾鱼，几斤肉，这是她省吃俭用省下的。

王二婶悄悄地把庞三春流落在尼姑庵的消息告诉了安安。这时候，安安已经十岁了，到学堂读书已经三年了。

安安缠住王二婶不放，非要王二婶告诉他去白云庵的路线。

第二天，安安逃学了，他要找妈妈去。

母子相认后，抱头痛哭一场。

安安回到家里对父亲说："爹，快把母亲接回来吧！"

姜诗听到儿子说起妻子来，胸中涌起一阵阵酸楚。他当时一气之下把妻子逐出了门，结果不仅使母亲、儿子受了苦，他自己吃的苦头也不少。

姜诗早就后悔当初的粗暴、武断，只是不好说出来，也没有机会说出来。趁儿子提起这个话题，他就顺水推舟地说：

"那我们就一起打听打听你妈的下落吧！"

小安安几天来就巴望着父亲的这句话。待父亲说完，他就一溜烟地连夜跑去告诉了还在愁肠百结的妈妈。

小安安说完，哭泣着求妈妈原谅父亲，求妈妈赶快回家。

庞三春这一回真的动了心，看在婆母日夜盼望媳妇归来的分上，她原谅了过去也曾疼爱过她的丈夫，和儿子一起回了家。

庞三春回到离别将近七年的家。

抬头一看，院落破败得不像样子，房顶上荒草萋萋，院子里杂物横七竖八地躺着，连人下脚的地方都没有。

进屋后，看到婆母明显老了，也瘦了。眼神呆滞，脸色焦黄，丈夫的身体也大不如从前了，心中不由得一阵一阵地疼痛。

一家三代人又重新团聚了，有哭的，有笑的……

第二天，庞三春又早早地起来，拾掇好家后，照例挑着水桶，拿上渔网就要去江边。

婆母闻讯，连鞋都没有顾上穿，就出来拦阻，声音颤抖地说：

"媳妇家，你能回到这个家来，为娘的已经等于烧高香了。娘不喝那水，不吃那鱼，绝对死不了。累坏了你的身子，这个家可咋办呀！"

说着，说着，便抽抽搭搭地哭了起来。

庞三春赶紧放下肩上、手上的扁担、渔网，扶着婆母进了家，并对婆母说：

"好几年没有孝敬你老人家了，这都是儿媳妇的罪过啊！娘不能让人家戳着儿媳妇的脊梁骨骂儿媳妇吧！"

婆母只好让步。

庞三春依然是日复一日、月复一月地挑水打鱼。

姜诗把鱼做好后，知道母亲不吃独食，就把四邻八舍的大娘、大婶们叫到家来，和母亲一同吃着味美香甜的大鲤鱼。

几位老人们一边吃着美味佳肴，一边说笑着，阵阵欢笑声飘荡在小村庄里。

有一天，当人们都已熟睡的时候，姜诗家的房舍东边忽然轰隆隆地响了起来，一家人吓得谁也不敢做声。等响声过后，姜诗壮着胆子往院子里一看，一下子惊呆了：离住房三步远的地方一股泉水正喷涌而出，水清冷冷的，泉水中还有两尾活蹦乱跳的鲤鱼。

姜诗把全家人都招呼出来看这一奇观，一家人乐得真的是合不拢嘴。

姜诗的母亲立即跪在地上，给上苍磕头作揖，并不住地说：

"感谢上苍，救苦救难，寡母孤儿，永世不忘……"

等寡母说完，姜诗赶紧把泉水中的两尾鱼捉回了家。

从此，他们每晚都来这里拎水，再也不用到远在六七里之外的江边挑水了；每晚都有两尾鲤鱼从泉水中跳跃出来，再也不用撒网捕鱼了。

姜诗夫妇孝感天地而致涌泉跃鲤的事不胫而走，越传越远。

怀橘遗亲

【原文】

［后汉］陆绩①，字公纪。年六岁，于九江见袁术。术出橘待之，绩怀

橘三枚。及归拜辞，橘堕地。术曰："陆郎做宾客而怀橘乎？"绩跪答曰："吾母性之所爱，欲归以遗②母。"术大奇③之。

　　孝顺皆天性，人间六岁儿。

　　袖中怀绿橘，遗母事堪奇。

怀橘遗亲

【注释】

　　①陆绩：字公纪，三国时吴国人。博学多识，精通历算，孙权任为奏曹掾，以直道见称。后为太守，著述不废。

　　②遗：给予，馈赠。

　　③奇：引以为奇，看重。

【译文】

　　东汉时，有一位孝子姓陆名绩，字公纪。六岁的时候，父亲带他去九江拜见袁术。袁术拿来橘子招待他。他悄悄把三个橘子揣到怀里，告别跪拜的时候，橘子掉在地上。袁术责问他为什么悄悄地揣了三个橘子。陆绩跪着说："我母亲一向很喜欢吃橘子，我想把它拿回去孝敬母亲。"陆绩年仅六岁就知道孝敬母亲，袁术大为赞美。

【故事扩展】

　　东汉末年时，在镇压黄巾起义的过程中，割据一方的军阀势力不断出现，随之一批批在地方上有势力的家族也已形成，陆氏家族就是其中的

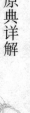

一个。

陆绩的父亲陆康，当时就在庐江做官，虽然对儿子极其疼爱，但由于战乱不断，各地都不太平，出外一般都不带家眷。因此，陆绩和母亲就留在家乡吴郡（治所在今苏州市）。这样，陆绩的母亲就把抚养和教育陆绩的重担挑了起来。

吴郡一带天气特别炎热，为使儿子陆绩不受暑气的熏蒸，母亲常把儿子放在摇篮里，且一边摇，一边给儿子唱起了摇篮曲：

小宝宝，睡得好，

赶快长大上学校；

学虞舜，学唐尧，

为国为民当英豪。

小宝宝，跑得早，

文韬武略样样高；

能耍枪，会使刀，

南征北战立功劳。

小宝宝，心至孝，

天天跪问父母好；

日日祈，夜夜祷，

只盼老人疾病少。

小宝宝，……

陆绩听着听着，就进入了甜美的梦乡。

光阴似箭，日月如梭。不知不觉地就到了陆绩识字读书的年龄，母亲是大家闺秀，识文断字，女红针黹，样样皆通，且认真细心，她要把自己的儿子培养成栋梁之材。

每天五更天，母亲就把还在酣睡的儿子叫醒，教他识字，从"人"

"大""天""夫""夹""丈""尺""寸"到"日""月""山""川""父""母""兄""弟"，母亲一字一字地教，儿子一字一字地读。

一到中午，儿子按照母亲的安排，开始写字。母亲从点、横字的笔画开始教，先易后难，循序渐进。儿子听从母亲的教导，一笔一画认真地练。

到了晚上，母亲就开始给儿子讲"老莱子戏彩娱亲""郯子取鹿乳奉亲""子路为亲百里负米"的故事，让儿子知道孝敬父母是做人最重要的德行的道理。

陆绩从小就聪明好学，也有悟性，因此在了解了孝道之后，就在实际行动中贯穿这一精神，在家里对母亲格外孝顺。

一开始是向母亲早晚请安，后来是吃饭时总是让母亲坐在炕上，由他来端饭舀菜，母亲不吃，他也不吃。如果母亲有个头疼脑热，他就急得不得了，一会儿问哪儿不舒服，一会儿又走到母亲跟前摸一摸母亲的头，再摸一摸自己的头，通过对比来看母亲是否发烧。如果需要请医生诊治，他就急匆匆地一路小跑找医生。之后又是买药又是煎，忙得团团转。

陆绩人虽小，但观察力还挺强的。他能发现母亲什么时候不高兴了，也能知道母亲现在心里正乐着呢。而当母亲不高兴时，他想尽办法非要把母亲逗乐。

陆绩不仅孝敬在他身边的母亲，他对父亲也时常想念。过几天，就要问一问母亲：

"妈，爹什么时候才回来看咱们呢？他不是说过一二个月就来再看我们，这都三个月零八天了，他咋还不回来呢？不是哄咱们吧！"

陆绩母亲听了儿子的话，暗自发笑。心里想，这小东西还真够精的，我都不记得的事，他还放在心里。为了不让儿子有错误的想法，她在儿子说完后，就笑着说：

"是不是又想你爹了？你爹不能按照说的时间回来，肯定是有许多事情缠着他，让他脱不开身。再说现在局势动荡，老百姓生活在水深火热之中，你爹不得帮助百姓渡过难关吗？"

陆绩知道误会了父亲，也就不再吱声了。

可过不了几天，陆绩又向母亲提议：

"妈，是不是得给我爹捎去几件衣服，是不是得给我爹买上几双袜子……"

陆绩的母亲笑着点了点头，心里在说：

"这小东西已把他父亲挂在心上了。"

陆绩在母亲的精心抚育下，渐渐长大了。

陆绩在母亲的谆谆教诲下，学业长进了。

陆绩也成了远近闻名的神童。可陆绩的母亲由于日夜操劳，耗费心血，身体已不如从前了。

她经常感到口干舌燥，浑身乏力，虽然也找过医生，也吃过不少药，但效果不佳。

有一天，陆绩的母亲忽然想吃橘子（平时也爱吃橘子），据人们说，病人想要吃的东西，正是病人身体内所缺乏的，吃了没准儿就能去掉病。

陆绩听说后，就提上一个小篮子到了市场。市面上卖橘子的倒也不少，但究竟哪一个摊主的橘子新鲜、甘甜，吃起来又爽口，他是看不出来的。为了给母亲买到最好的橘子，他从东走到西，从南走到北，又给摊主说了好话千千万，才允许他在买之前先尝一尝。

陆绩先后尝过二十多个摊主卖的橘子，最后选准了一家。

他整整买了一小篮子橘子，一色的黄，个头大，滚圆滚圆的，煞是好看。

陆绩本以为母亲吃了以后一定会很满意，因此兴冲冲地跑回了家。谁知母亲吃了一口，就吐了出来，并且连声说："又酸又涩，不好吃！"

又过了一两年，他和母亲被父亲接到庐江。父亲为使陆绩增长见识，丰富阅历，经常带他到外面接触那些有识之士，有时拜访社会名流，也把陆绩带在身边。

陆绩的父亲陆康和袁术是老交情。两人虽不在一地做官，但经常书来信往，称兄道弟，甚为亲密。

一次，陆康带着年仅六岁的儿子陆绩，到居住在九江的袁术家里做客。

袁术早已耳闻陆康的儿子有才气，就想见一见。袁术看见陆康把儿子也带来了，心里格外高兴。相互谦让一番，才分别就座。

袁术和陆康也很长时间没有见过面，自然是畅叙别情，纵论天下大事。陆绩知道大人们说话，小孩子是不能插嘴的，坐在一旁，聚精会神地听着两位大人们的谈话。

袁术不时地看一看陆绩，一见陆绩举止端肃，目不斜视，静心候教，便生了考一考陆绩的念头。

经过深思熟虑，袁术和陆康打过看一看陆绩的才气的招呼后，便正襟危坐，俨然一个主考官，头转向陆绩，开始发问。袁术一连提了五个问题，陆绩都不假思索地对答如流。

袁术连连夸赞，不住地说："奇才呀，奇才！"

不一阵儿，仆人端上一盘子金橘，招待陆康和陆绩。

陆绩在一番礼让后，才拿起金橘，慢慢剥开用心品尝起来。

这种金橘皮薄、肉多、无籽、汁甜，一入口，感觉就不一样。本来想说一句"好吃"，可怕人家笑话，只好暗自赞叹。

当他正要再拿一个吃的时候，忽然想起了母亲，他想，这种橘子母亲肯定爱吃，于是缩回手，再没有舍得吃。

陆绩在父亲和袁术亲密交谈之际，就乘机把盘子里剩下的三个金橘揣进怀中。

等到父子俩准备告辞的时候，陆绩两臂夹紧，双手抱在胸前，小心翼翼地从椅子上滑下来，随同父亲走到主人面前鞠躬施告别礼。

不料当陆绩双手作揖，毕恭毕敬地弯下腰躬身施礼的时候，三个黄灿灿的橘子突然从他的衣襟里"咚咚咚"地掉了出来，滚落在地上。

袁术见此情景，不可理解，便问："贤侄是名门望族出身，志向又远大。今日做客到我家，为何要怀揣三个金橘呢？"

陆绩见露馅了，慌忙跪下说："愚侄见伯父家的金橘好吃，家母爱吃这样的橘子。要是吃了这样的橘子，家母的病就会好了，敬请伯父体谅！"

袁术听完陆绩的解释，激动不已。心里想，六岁的小孩就能时刻惦念生母，难能可贵呀！接着竖起大拇指，夸赞道："贤侄不仅有才，而且有德，将来必成大器！"

说完，吩咐仆人挑了一篮子个又大味又美的金橘，送给陆绩。

陆绩的母亲吃了陆绩从袁伯父家带回来的金橘，口不干了，舌也不燥了，食欲大增。时间不长，身体就康复了。

此后，陆绩六岁，怀橘遗母的感人事迹被广为传颂。

后来，陆绩在郁林（今广西境内）做了太守。在任期内，他极力提倡孝道，施行仁政，人民安居乐业，社会秩序井然，在朝野声望也很高。

扇枕温衾

【原文】

[后汉] 黄香①，字文强，年九岁失母，思慕惟切，乡人皆称其孝。躬执勤苦，事父尽孝。夏天暑热，扇凉其枕簟；冬天寒冷，以身温其被席。太

守刘护②表而异之。

冬月温衾暖，炎天扇枕凉。

儿童知子职，千古一黄香。

扇枕温衾

【注释】

①黄香：字文强，后汉安陆（今湖北省安陆市）人。九岁失母，事父至孝，年稍长，博通经典，能写文章，京师洛阳号称"天下无双，江夏黄童"。和帝时官至尚书令，勤于政事，忧公如家，喜荐拔人才。后任魏郡太守。

②刘护：明帝时为江夏太守。

【译文】

东汉江夏的黄香，九岁时母亲去世，终日思念感怀，极其感切，乡党们都夸他孝顺。他见父亲劳作辛苦，伺候父亲非常尽心。夏天酷热，他用扇子为父亲扇凉枕席；冬天寒冷，他用身体为父亲温暖被褥。太守刘护大为惊喜，特意表彰了他。

【故事扩展】

东汉时期，在江夏郡（治所在今湖北云梦县东南一带）住着一户姓黄的人家。

这一户人家只有一个年龄在二十五左右的孤苦伶仃的小伙子。这小伙子家境贫寒，虽然世世代代以种地为生，但家中却连个像样的农具都没有，蓬门荜户，家徒四壁。

由于家寒，这小伙子三十岁之前连个上门提亲的媒人影子都未曾见过，直到三十出头，才娶了一个媳妇，也算成家立业了。

这小伙子自从娶了媳妇，更能吃苦了。他是风里来，雨里去，一年到头没有歇息过一天。晨曦微露，他已经开始在地里干活；夜幕降临，他才从田间地头往回走。因为地少，他不得不精耕细作，人家锄两遍，他最少锄三遍，人家耙一回，他起码耙两回。

由于苦重，茶饭不好，年轻轻的一个人，给人的感觉已经苍老了。脸上沟沟壑壑纵横交错，背弓起来了，两手皲裂，皮肤又粗又涩，简直就像松树皮。

妻子是个良家女子，但岁数也二十五六了。在那个时候，这个岁数嫁人的女子是少之又少，除非是瘸胳膊拐腿，斜鼻子歪嘴，也就是五官不正，肢体残缺的人。可要说妻子的相貌，在这周围的十里八村，也敢和那些漂亮女子决一雌雄，她鹅蛋脸，柳叶眉，杏核眼，高鼻梁，一口白牙，脸色白里透红，还有一对非常明显的小酒窝，楚楚动人。妻子性情温和，热情大方，耕田种地，养蚕织布，哪一种都懂，哪一样都会。

既然这样，为何比当时女子嫁人的年龄大了将近十岁时才嫁人呢？原来他妻子家里也是穷苦人家。父亲早逝，母亲一身病，她舍不得离开母亲，怕母亲一个人孤苦伶仃，难以为生。于是拖了一年又一年，一直侍候到母亲寿终正寝，她才谈婚论嫁。

由此看来，这一对夫妻也真的算是门当户对，天造地设。两个人相互体贴，互相照顾，虽说日子艰苦，倒也和和美美。

第二年春天，妻子生了个又大又胖的小儿子，起了个名字叫黄香。这小儿子一天一个样，会笑了，能爬了，扶着人可以走路了，牙牙学语了……把无穷的欢乐带给了这个家。

夫妻俩看着儿子渐渐长大，开始琢磨如何培养儿子，让儿子将来不要像他们一样，斗大的字认不了二升，字认得他们，他们不认得字。两个人一有空，就盘算如何多打粮，多增产，如何养牛养羊、喂猪喂鸡，好有些积蓄，供儿子读书。

小黄香也非常聪明可爱，是那种心里说话的人。甭看平时少言寡语，不多说话，他小心眼里琢磨着的事情多着呢。

平素他就注意观察，看父亲如何喂牛喂羊，看母亲如何喂猪喂鸡。等到父母亲下地干活时，家里喂牲口的事，他就悄悄地担当起来了。家里的这些牲口渐渐地和他有了感情。猪呀，鸡呀，一见到他，就跟在他屁股后面，一直不离；牛呀，羊呀，一看到他，就"哞哞"地、"咩咩"地叫个不休。

小黄香也开始用他能想得到的方式孝敬起父母来了。有点好吃的，父母都舍不得吃，专门给他留着。他拿上好吃的自己不独吃，而是想着法子让父母吃，一会儿捂住父亲的眼，让父亲把嘴张开，把好吃的东西塞到嘴里；一会儿又用小手捏住母亲的鼻子，叫母亲张开嘴，再把好吃的东西填到嘴内。

当小黄香七八岁的时候，就懂得尽自己最大的努力分担父母亲生活的重担，他能把水缸挑满，把房子打扫干净，打扫时够不着的地方就踩上小板凳。

小黄香的父母亲看见小儿子这么懂事，心里甜滋滋的。

就在一家人齐心协力地改变家境窘困的状况已经有了一线希望的时候，厄运突然降临。

黄香的母亲在地里正锄地，忽然腹部疼痛起来。

她忍着疼痛继续锄地，可一阵疼似一阵。头上的汗珠不断沁出，脸一下子变得特别苍白。黄香的父亲见此情状，放下手里的锄头，背上妻子急急地向家里跑去。

黄香看见母亲疼痛难忍的样子，背过脸哭了起来。

黄香在家照顾母亲，父亲急忙去十里地之外的一个集镇上请医生。

等到医生来到家时，母亲疼得已昏厥了过去。

医生号脉后，面带难色地对父亲说：

"在咱们这些小地方是治不了啦，赶快准备后事吧！"

黄香的母亲连一句安顿的话都没有给父子俩留下，就撒手人寰了。

黄香扑到母亲身上，哭得死去活来，泪水湿透了母亲的衣衫。黄香的父亲死拉硬拽才把黄香拉了起来。

黄香的父亲怕小儿子伤心，只得偷偷地哭泣。

黄香自母亲走了以后，一下子变了许多。茶不思，饭不想，父亲把饭端给他，他好像都不知道，饭已经凉了，他都没有动筷子的意思。整天神不守舍的样子，人也瘦了不少。

白天，坐在院子里思念母亲，经常伤心地落泪；夜晚，觉也睡不踏实，经常在呼喊妈妈的哭叫声中惊醒。

他清楚地记得给妈妈上坟的时间，未等父亲动手，他早早地把上坟用的纸钱、香火以及供品都准备好了。每次上坟时都哭得特别伤心，哭诉着对妈妈的思念。

人们见了黄香，都说他真是个孝子。

从母亲去世后，黄香就和父亲相依为命。

黄香发现父亲白头发越来越多，几近花白了，皱纹比从前更多了，更深了，连性情也变了，变得孤独怪僻了。黄香看着父亲悲苦的神情，心里一阵一阵地发痛。他要加倍孝顺父亲，把思念母亲变为孝顺父亲。

自此，黄香就把家里的活几乎全包了。天一亮，黄香就起来打扫屋子，担水做饭。等父亲醒来时，他早已把饭做好。

白天，黄香跟着父亲到地里干活，重活干不了，就干些力所能及的活，在田里拔一拔草，松一松土。

晚上，黄香从来不自己一个人早早地睡觉，要是父亲缝补衣裳，他总是给父亲纫针打结。或者坐在父亲身边，听父亲讲述动人的故事。

江夏这一带，夏天特别热。尤其是盛夏时节，家里就像蒸笼一样，坐上一会儿，就浑身是汗，就连炕上、枕头、席子都像小火炉一样，挨也不敢挨，哪里还敢躺下睡觉呢！

黄香知道，父亲若是晚上休息不好，长期下去，非得累垮不可。于是他顾不得酷热难熬，拿上扇子就在父亲睡的地方扇了起来，他扇啊扇，左手累了，换到右手，右手酸了，再换到左手，一直扇得炕上凉丝丝的，枕头凉飕飕的，才让父亲上炕休息。

数九寒天，大雪纷飞。家里冷得像个冰窖，说笑话的话，恐怕连猴子都拴不住。父子俩冷得直打战，哪敢脱掉衣服钻到被窝里呢！黄香咬着牙，脱光衣服，就钻进父亲的被窝里，一直到用自己的体温把父亲的被窝暖得热烘烘的，他才叫父亲过来睡觉。

一个年仅九岁的小孩竟能如此孝敬已是鳏夫的父亲，人们自然要赞不绝口。时间不久，他的事迹就传遍了全国各地。

江夏太守刘护听到了黄香的孝行后，惊诧不已。之后，便把当时只有十二岁的黄香召在江夏郡衙内，专设"孝子"门署，又特意选派博学多识的老师重点予以培养。

黄香尊敬老师，刻苦学习，不久就学有所成，文章天成，堪称妙手。京师洛阳（今河南洛阳）就流传着这样的民谣：

天下无双，

江夏黄童。

后来，黄香位极人臣，坐上了东汉总揽朝廷一切政令的首脑——尚书令这一把交椅。

行佣供母

【原文】

［后汉］江革，少失父，独与母居。遭乱，负母逃难。数遇贼，或欲劫将去，革辄泣告有老母在，贼不忍杀。转客下邳，贫穷裸跣^①，行佣^②供母；母便身之物，莫不毕给。

诗曰：负母逃危难，穷途贼犯频。

哀求俱得免，佣力以供亲。

【注释】

行佣供母

①裸跣：赤身光脚。

②行佣：受人雇佣。

【译文】

江革，东汉时齐国临淄人，少年丧父，侍奉母亲极为孝顺。战乱中，江革背着母亲逃难，几次遇到匪盗，贼人欲杀死他，江革哭告：老母年迈，无人奉养，贼人见他孝顺，不忍杀他。后来，他迁居江苏下邳，做雇工供养母亲，自己贫穷赤脚，而母亲所需甚丰。

【故事扩展】

江革从小失父，家里只有他和母亲。母子二人相依为命，在苦难中拼命挣扎。

当时正逢王莽新朝，政治腐败，战争频仍，天下大乱，为躲避战乱，村里的人几乎都逃难去了。

江革不能逃，母亲恰好生病，在逃难的路上若有三长两短，他对谁都怕对不住；江革也不怕盗贼，他家里穷得快连锅都揭不开了，要啥没啥，还怕盗贼抢？再说盗贼，他们是抢财主之类有钱的大户，在穷百姓这里能抢到什么呢？

江革的母亲心知肚明，儿子不走，就是因为有她拖累着。为此，母亲多次劝江革，你赶快逃吧，要不咱娘俩都会死无葬身之地。

母亲左说右劝，江革就是不走，他不能把母亲一个人扔下。

好在时间不长，江革母亲的病就有所好转了。这时，风声也越来越紧，江革就只得背着母亲逃难。

大路不敢走，江革就只得走山高坡陡的羊肠小道。一个人空身儿走就够艰难的了，背着老母走，不一会儿，就汗流浃背，近半天才走了不到十里。此时，江革已饥渴难忍，他估计母亲也又渴又饿了，就把母亲放在一个隐蔽的地方，准备到山下找点吃的和喝的。

刚走到一个小山岗子前，突然蹿出来几个手持大刀的家伙，他们一个个横眉立目，个个就像凶神恶煞。江革吓得浑身打哆嗦，一步也走不动了。

这几个家伙并不管江革惊恐失色，其中一个上前就抓住江革的衣领，喝问道：

"你把金银财宝藏到哪里去了？我们早就看清楚了。从实招来，或许能留下你的小命！要不然，叫你立马见阎王！"

江革跪下，哭诉道：

"大老爷，我是背着年迈有病的母亲出来逃难的，我老母守寡三十年，含辛茹苦才把我拉扯大。我到山下给老人找点水，找点吃的。我实在没有能奉献给大老爷的。我死不足惜，可我死了以后，老母的性命也就难保了，请大老爷开恩，手下留情！"

江革的母亲听到盗贼说要儿子的命，立即从隐蔽的地方站了起来，一步一颤地走到几个盗贼前，哭着说：

"大老爷，要杀，你们就把我老太婆杀了吧！"

这几个盗贼一看他们母子穿的都是破衣烂衫，听了孤儿寡母的诉说，动了恻隐之心，眼圈都红了，他们不忍心杀了母子二人，便放过了母子俩。

以后母子二人还遇到过几次盗贼的拦劫，有一次还被劫持到盗贼的山寨里，终因江革泣不成声的哭诉和江革对母亲的一片孝心，使盗贼们无法强迫江革入伙，也不忍心让江革母亲无依无靠。

江革背着老母一路辗转，来到了下邳。

客居他乡，他们母子两人举目无亲，连个落脚的地方都没有，夜晚只能在那些无人居住的连房顶都没有的烂房子里居住，或者露宿荒郊野外。

江革必须给人做工，才有生路。他原来穿的鞋已经破烂不堪，可现在母亲也无法做鞋，自己又无钱买鞋，只得赤着脚到处给人家做工。

今天给人家打水劈柴，明天给人家淘米磨面，后天要给人家放牛牧羊，大后天又可能是喂猪看狗。不论什么活，他都干，不管难易事，他都做。有时这家干完又去那一家干，连轴转，尽管累得腰酸腿疼，有时还两眼直冒金星，为了年迈有病的母亲，他不叫苦不喊累，默默地低头苦干。

江革不舍得穿，不舍得吃，赤着脚给人家做工，可母亲却要吃有吃，要穿有穿，母亲所需的生活物品，应有尽有。他从不用母亲张嘴说需要什么物品，一看到不多了，他就早早地买了回来。

刘秀称帝后，国内局势稳定下来。江革又背着母亲跋山涉水，回到了故乡临淄。

当时，百姓每年必须到县衙"案比"，即每个人都要亲自到县衙与官府登录的画像对照，以核实户籍。

江革的母亲已年迈体衰，自己已不能走着去了。江革想雇个车，又怕牛车、马车颠簸，母亲受不了。于是，江革自己拉车载着母亲去县衙。一路上，他缓步行进，看到路上有石头，他捡起来扔在路旁才继续前行，遇到车辙较深的地方，必须用土填平才肯拉车走过，生怕因车子颠簸而使母亲感到不舒适。

百姓看见江革如此孝敬自己的母亲，非常敬佩，都称他为"江巨孝"。

母亲去世后，江革悲痛欲绝。他在母亲的坟地里搭了个草庐守墓。服丧期满，他仍不肯脱去孝服。

江革孝敬母亲的感人事迹在临淄很快就传了开来。

汉明帝永平初年，他被推举为"孝廉"。

江革走上仕途，既清正廉洁，又敢于弹劾权贵，虽几经波折，但忠心、孝心不改。

闻雷泣墓

【原文】

［魏］王裒①，字伟元。事亲至孝。母存日，性畏雷，既卒，葬于山林，每遇风雨闻雷，即奔墓所，拜泣告曰："裒在此，母勿惧。"隐居教授，读

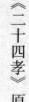

《诗》至"哀哀父母，生我劬劳"，遂三复流涕，后门人至废《蓼莪》②之篇。

慈母怕闻雷，冰魂宿夜台。

阿香时一震，到墓绕千回。

闻雷泣墓

【注释】

①王裒：字伟元，晋城阳营陵（今山东昌乐县东南）人。祖王修，有名魏世。父王仪，以直言被司马昭所杀。裒痛父死于非命，终身教授，不为晋臣。家贫，自耕而食，不受馈赠。

②蓼莪：《诗经·小雅·蓼莪》："蓼蓼者莪，匪莪伊蒿。哀哀父母，生我劬劳。"（莪蒿长得长又高，不料非莪是散蒿。可怜我的父和母，生我养我多辛劳。）

【译文】

战国时魏国有一个名叫王裒的人，侍奉他的母亲特别孝道。他母亲在世的时候，生性胆小，惧怕雷声。母亲去世后，王裒把她埋葬在山林中寂静的地方。一到刮风下雨听到震耳的雷声，王裒就奔跑到母亲的坟墓前跪拜，并且低声哭着告诉道："儿王裒在这里陪着您，母亲不要害怕。"

【故事扩展】

魏国政权到了曹髦即位的时候，实际上已大权旁落，曹髦已成了司马懿、司马昭父子的傀儡。曹髦对司马昭打击皇室力量，迫害忠臣，企图取而代之的狼子野心早已看出，但已无能为力，最终还是被窃国大盗所杀害。后虽立曹奂为皇帝，也只不过是掩人耳目。

这时候，王裒的父亲王仪在朝中任司马一职。他性情耿烈，为人忠厚，文武兼备，忠孝两全，并不理司马昭的茬。

一次，王仪率兵与敌军在东关（今安徽含山西南）开战，由于司马昭从中掣肘，致使战败。

司马昭借题发挥，专门召集文武大臣，要追究战败责任。

众大臣一看不妙，个个噤若寒蝉，都怕招灾惹祸。只有王仪毫不畏惧，一身浩然正气地站出来，眼睛死死地盯着司马昭说：

"依末将看来，大将军应负东关之败的主要责任。"

众大臣听后，都替王仪捏了一把冷汗。

司马昭气急败坏地大声吼道：

"大胆王仪，自己不但不请罪，反而把责任推到我的头上！来人哪，给我把王仪拉出去斩了！"

卫兵拥上来，架着面不改色、心不跳的王仪朝外走，王仪扭回头向着司马昭冷笑。

王仪的儿子叫王裒，字伟元，身高八尺四寸，雄姿英发，声音清亮，谈吐文雅，博学多才，为人厚道，待人热情而有礼貌，是当时不可多得的一个人才，父母对他寄予厚望。

自父亲因刚直惨遭杀害后，他对当朝已心灰意冷，痛恨无比。从此他再也不面向西坐，除表示永远不做司马氏的臣民外，也表示永不忘杀父之仇。

后来司马氏阴谋得逞，伐魏建立了晋朝。在朝野舆论的压力之下，司马氏多次派人征召王裒，都被他回绝了。

王裒不仅是饱学之士，而且还是极其孝敬父母的孝子。

他严格遵守孝制，并在父亲的坟墓地搭了一间草屋，长年在这里守墓。

他每天都要到父亲的墓前痛哭流涕，诉说父亲的忠诚、冤枉，怒斥司马昭的滔天罪行，哭说自己一定要为父报仇雪耻。

他从春哭到夏，又从秋哭到冬，一年四季抱着一棵树在痛哭流涕，泪水流到了柏树根，树叶落了，树枝枯了，人们就把这棵树叫作"孝子树"。

王裒哭得眼泪干了，身子瘦了。直哭得江河同他一起呜咽，直哭得天地同他一起流泪。

王裒为父守墓整整一年。

依照他的想法，还要继续守下去，至少也要守上三年。

可白发苍苍的母亲担心这样下去会使儿子的身体受到伤害，因此一步一颤地拄着拐杖来到了墓地。

母亲对泪迹未干的儿子深情地说：

"裒儿，你父亲假若地下有知，他一定会得到莫大的慰悦。儿啊，快跟老娘回家吧！"

王裒这才想到年迈的老母还需要自己来赡养，光守墓而不侍奉老母还不是不孝吗？因此在坟地叩拜后，就搀扶着腿脚已不灵便的母亲回家了。

随着父亲的惨死，家道中落，等到王裒从墓地守墓回来时，家中已是既无余粮，也无分文。

王裒面对家中窘迫，既未唉声，也未叹气，除了激起他对司马氏的仇恨外，也激发了他重振家业的雄心壮志。

王裒弯下腰开始耕种田地。他把斗笠戴在头上，把草绳缠在身上，脱掉鞋袜跣足走在田间地头。有时扛着锄头，有时拿着镰刀，到什么节令干什么活，从来不误农时。

他白天在田地里干活，肯出力气，和老天爷比试高低，根据天象预测天气的变化，在天灾来临前做好防范，并告知百姓，使肆虐的狂风暴雨无法发威，夜晚回到家里尽力服侍老母，嘘寒问暖，洗脚捶背，即使夜半时分，母亲一呻吟，他准能听得到，赶紧跑来问讯，要不就去请来医生。

王裒除了耕田种地，还要把自己学到的知识传授给求知若渴的农家子弟。他不论贫富，一律不收学子们的学费，而且农忙时学子们还可以帮助家里耕地锄草。

王裒只种够母子二人口粮的地，只养够母子二人穿衣的桑蚕，其余的地全部让给地少的人去种，从来也不积蓄。

王裒从来不允许别人替他在地里干活。有的乡亲和学生看到他又要耕田又要教授十分辛苦，都想帮他一点忙，结果都被他婉言谢绝。

学子们在夜阑人静时，把自家的庄稼运到老师的麦场。王裒一看粮食比先前多了，就把余出来的那一部分放置在另一边。一位旧友托人给他送来钱物，他分文不取，一件不要，通通原封不动地让来人带了回去，并让来人带去一封长达十几页的信，除表示感激外，还表明了自己对此的看法和一贯主张。

一到农闲时节，王裒就给学子们教知识、讲授多种道理。当他讲授《诗经》中的"哀哀父母，生我劬劳"时，总是悲痛难忍，哽噎得说不出话来。从此之后，学子们再也没有在王裒面前读过《诗经》中的"哀哀父母，生我劬劳"这一句，干脆连《蓼莪》也不读了，生怕老师伤心过度。

他的一个弟子被县衙抓去服劳役，请求王裒给县令写封信说说情。王裒对自己的弟子开诚布公地说："你的学问不足以保护自我，我的德性也很浅薄不足以庇荫你，写了也没有什么意义，况且我已经四十年不执笔了。"说完，王裒徒步挑着干粮，让他儿子背着盐、豉和草鞋，送这位服劳役的学子到县衙，随同着王裒来的学子有千余人。安丘县县令以为王裒带着弟子们来拜访自己了，于是穿好官服出来迎接。王裒却走到衙门口，弯腰而后站直，说："我的弟子来县里服役，所以来送别。"然后拉着这个弟子的手挥泪而别。县令立马决定放了这位弟子，此事传开后全县的人都把这件服役的事当作耻辱。

王裒在耕种、教授之余，更加孝顺日渐衰老的母亲，生怕没有机会侍奉老母。

王裒的母亲在他精心而周到的服侍下，心情愉悦地走完了人生最后的一段历程，母殁后，王裒把老母葬于山林，将父母合葬在一起。

王裒的母亲一直就胆小，对雷声更是恐惧得不得了。一见电闪雷鸣，就吓得缩作一团，脸色苍白。

母亲生前，一有电闪，还不等雷声响起的时候，王裒就急急忙忙地跑到母亲的身边，用身体遮挡住母亲的视线，用手捂住母亲的耳朵，不让母亲受到惊吓。

母亲撒手人寰后，只要看见天上乌云翻滚，特别是电闪雷鸣时，他就立马放下手中正在做的事情箭一般地飞奔到母亲的坟茔地，用身体护住坟墓，求告母亲不要惧怕，跪请老天爷不要打闪响雷，吓唬母亲。

有一天，乌云布满了天空，王裒就急忙向茔地跑去。

轰隆隆一声雷响，仿佛地动山摇，爬在母亲坟地上的王裒的耳朵都被震得嗡嗡直响。王裒不顾一切地冲上坟墓，用身体尽力遮挡，并哭喊着说："儿子王裒在此，母亲千万不要惧怕！"王裒的哭喊声在这寂静的山林里传得很远，很远……

哭竹生笋

【原文】

[晋] 孟宗①，少丧父。母老病笃，冬日思笋煮羹食。宗无计可得，乃

往竹林中，抱竹而泣。孝感天地，须臾地裂，出笋数茎。持归作羹奉母。食毕，病愈。

诗曰：泪滴朔风寒，萧萧竹数竿。

须臾冬笋出，天意报平安。

哭竹生笋

【注释】

①孟宗：字恭武，三国时吴国人。

【译文】

晋代江夏人孟宗，少年时父亡。母亲年老病重，冬天里想喝鲜竹笋汤。孟宗找不到笋，无计可施，就跑到竹林里，抱住竹子大哭。他的孝心感动了上苍，不一会儿，忽然地裂开了，只见地上长出几根嫩笋。孟宗赶紧采回去做汤给母亲喝。母亲喝完后，病居然痊愈了。

【故事扩展】

三国时江夏有一个姓孟的大户人家，家道也曾殷实，祖祖辈辈读书识字的人也不少，只因豺狼当道，恶霸横行，都不愿居官为宦，助纣为虐。

这家主人是个饱学之士，满腹经纶，上至远古，下至近代，几乎无所不晓，说起治国之道，口若悬河，谈及政坛之弊，鞭辟入里。只是不愿入世，痛恨当朝奸佞专权，因此一直闲居。妻子出身名门望族，仪容俊秀，举止端庄，且又知书达理。

主人虽因忧国忧民而整日闷闷不乐，但妻子通情达理，不因丈夫闲居，生活日渐困顿而抱天怨地，火上浇油，而是多方开导，更加体贴。因此，俩人还能同舟共济，患难与共。

可愁绪萦怀终究要伤身损体的。日子一久，主人终于积郁成疾，缠绵病榻。

他在安顿完妻子和儿子孟宗之后就溘然长逝了。

孟宗才三岁，身体又单薄，这让母亲愁上加愁。丈夫说走就走了，撇下这孤儿寡母该怎么办呢？

丈夫临终前说的"一定要把宗儿带大，教他好好做人，教他读书识字"这些话至今仍萦绕在耳边。她知道靠自己也无力重振家声，只有把儿子培养成人，使他成为丈夫所希望的栋梁之材，才能挽回颓势，才有希望重新过上幸福的生活。

日子过得十分艰难，孟宗的母亲由于思念丈夫，为生活发愁，免不了经常以泪洗面。

为给生活找出路，她放下架子，扑下身子，白天，经常出外给人家干点零活，贴补家用，夜晚，在昏暗的灯光下，给人家缝衣补裤、纳鞋底子，以买杂品。

日子有了一点转机，孟宗的母亲就腾出手来琢磨教育儿子的大事。

她把深闺中学过的知识重新梳理了一番，谋划教育儿子。

她从孝道入手，一边让儿子读书识字，一边灌输尊老爱幼、孝敬父母的道理，注重由浅入深，循序渐进。

孟宗的母亲满脑子是历朝历代流传下来的孝子贤孙的故事，她几乎天天在茶余饭后给儿子讲一两个故事，在欢乐的笑声中一点一滴地滋润着儿子的心田。

孟宗读书也很用功，爱动脑筋，总要打破砂锅问到底，有时还能当场把自作先生的母亲问得答不上来。虽然一时使母亲陷入尴尬境地，但孟宗母亲的心里还是乐开了花。

尽管母亲在不遗余力地教诲儿子，但面对儿子强烈的求知欲望，以及知识面的不断扩大，她已经感到力不从心了，无法满足儿子对知识愈来愈高的要求，她要把儿子送入学堂。

在学堂里，孟宗更加刻苦学习，又能不耻下问，学习长进很快，入学不久就博得老师的喜爱。教孟宗的先生是李肃，李肃才高八斗，学富五车，威望高，声誉好，对孟宗的吸引力更强。因此，孟宗在羡慕先生李肃的博闻强记之余，就是加倍努力，晚上要常常学到午夜才去就寝。

在母亲的培养下，在先生的教导下，孟宗不仅学业有了很大的长进，而且对孝道有了更为深刻的认识，并开始付诸行动。

他知道心疼母亲，给母亲端水端饭，送茶递水，还帮母亲打水扫院，洗锅刷碗。母亲稍有一点不舒服，他就急得如同热锅上的蚂蚁，坐卧不安，一旦有了病，他更是着急，求医买药、煎药汤，忙得不亦乐乎。

他还知道尊敬师长，逢年过节，他总要让母亲做点好吃的饭菜，不怕山高水长，路途遥远，连蹦带跳地给恩师送去。

皇天不负苦心人，母亲和老师教育儿子的辛苦没有白费，儿子成了当地小有名气的"才子"，也成了一个"小孝子"。

孟宗的先生李肃在教学过程中，发现孟宗是个人才，就极力推荐他。

孟宗后来虽被推荐为贤良方正，可以参加京师的考试。但孟宗却坚守"父母在，不远游"的信念，坚决不去。

地方官为此犯愁，也为之惋惜。

母亲的一番话，才使孟宗改变主意。孟宗的母亲对儿子深情地说：

"儿啊，忠孝自古不能两全，时值国家急需栋梁之材，学以致用报效国家方是正道，不能只顾小家忘了大家！"

孟宗知道，违背母亲的意旨，就是"大逆不道"。因此，只好挥泪告别母亲到京师。

母亲和恩师的心血、汗水化成了孟宗走向政坛的层层阶梯。

孟宗当了县令，他极力提倡孝道，自己又能廉洁从政、恪守其职，对贪官污吏严惩不贷。时间不长，就有了很高的声望。

过了一段时间，孟宗被擢升为监盐池司马，全国盐业的生产、销售等全部由他负责。

从当时来说，盐是国家的重要财政来源之一。因此，监盐池司马这一官职被当时的官宦们认为是肥缺，企图捞取这一职位的人如过江之鲫。同时，责任也十分重大。孟宗走马上任以后，采取了一系列整顿措施，杜绝多种漏洞，消除了大商人、大官僚、大地主相互勾结、牟取暴利，从而影响国家财政收入的弊端，使国家财政收入得以增加。他个人生活节俭，不贪不占，铁面无私，奉公守法，对下属要求严格，若有敢徇私舞弊或克扣食盐者，一律严惩不贷，撤他们的职，罢他们的官。

孟宗光明磊落，也从不惧怕挟嫌报复。一次，孟宗托人买了几斤鲤鱼给母亲带去，有人向朝廷写了奏折，奏孟宗接受贿赂。孟宗坐得端，走得正，心里没有鬼，不怕半夜鬼敲门。他不惊不惧、坦然面对朝廷对此事的查处。经调查，纯属诬告。朝廷为孟宗洗刷了罪名，并惩处了那一帮诬告的人。

孟宗为官很多年，从来都是奉公守法的。一旦知道自己违了法，犯了罪，就立即去投案自首。嘉禾六年，孙权禁官奔丧（特殊时期的诰命），孟宗得知母亲去世，悲痛欲绝、立即奔丧。待安葬老母后，他才想起禁令一事来，便自拘于武昌听候发落。陆逊向孙权陈言孟宗一向的品行，为他请求开恩，才减罪一等。

其实，孟宗的母亲对他的奉公守法也起过很大的作用，促其严格守法，精忠报国。就在孟宗托人带回几斤鲤鱼后，孟宗母亲就担心来路不正而拒收，不仅退了回去，而且附了一封信，信中写道：

"宗儿：

托人所带的鲤鱼已看到，但未收。理由有三：一是所带的鱼是不是别人送给的，有受贿之嫌；二是你实权在握，是不是低价购买的，有权钱交易之嫌；三是不知是不是上贡朝廷的鱼，你从中拿了几条，有假公济私之嫌。如果是这样，你再别回来见我。

你要精忠报国，不做半点贪赃枉法的事！

切切！

母不具名

接到母亲的信后，他认真反省了半天。之后，他工作更负责了，对自己的要求更加严格了。他决心不辜负母亲对他的期望。

孟宗就职期间，白天一心扑在处理公务上，忙得有时忘记了吃饭。可等到处理完公务后，由不得自己就想起了远在故乡的母亲。虽说有儿媳妇的侍奉，但年岁大了，谁能保准不生病呢？

这样的煎熬，孟宗实在受不了啦。于是就告省亲假，待批准后，他就马不停蹄、昼夜兼程地往家赶。

回到家后，他想把没有在家侍候母亲所欠缺下的"功课"全部补上。因此，日夜伺候老母，连外面必要的应酬都一概婉言谢绝。

一天，母亲突然病了，并且说想吃新鲜竹笋。找医生看过后，医生说也只有鲜竹笋才能治好母亲的病。

孟宗安慰了母亲一番后，就心急火燎地往市场上奔去。他走了一天连个鲜笋影子也没有看到。

他仍然不死心，就恭恭敬敬地向一个摊贩打问。这个摊贩把情况向他一说，他才恍然大悟。是啊，寒冬腊月，哪儿有卖鲜笋的呢？

回到家向母亲简单地说了一下市场上的情景，就再也不作声了。母亲仍在炕上呻吟，他急得抓耳挠腮，但仍无良策。

第二天天刚亮，他就去了竹林。他要看一看竹林里有没有新鲜竹笋。他仔细地找啊，看啊，从竹林的东头走到西头，又从北头走到南头，每一根竹竿他都找了，也看了，就是连竹笋的影子都没有找到。落日西下，周围已模糊不清，他才拖着疲惫不堪的身子往家走去。

空手而归的他进家一看，母亲的病情似乎比昨日又严重了。

他二话没说，掉头走出了家门，他要到竹林里采鲜竹笋。已是二更天了，外面黑黢黢的，他打着灯笼到了竹林。

在竹林里，他也记不清找了多少遍了，反正是脚上已大泡连着小泡，衣服也撕得一条条、一缕缕的，身上刺了无数个口子，依然没有找到新鲜竹笋。

孟宗已无计可施了，最后只好向天地祈祷了。他双腿跪下，祷求神佑，并说道：

"天神爷，地神爷，可怜可怜我那老母吧！她不舍得吃，也不舍得穿，为我吃了那么多的苦！如今她有病了，就得吃上鲜笋才有望痊愈，求你们赏给一点吧！……"

未等祷告完毕，孟宗的眼泪已簌簌地落了下来，滴在了竹子的根蒂上，渐渐地，竹子附近的冰雪融化了，泥土开始松软了，土地裂开了细小的口子，不一会儿，竹子下边竟长出了数茎鲜笋。

孟宗急忙采收下来，飞奔回家。

孟宗的老母自打吃了用鲜竹笋煮成的油食粥，病真的好了起来。

孟宗抱竹泣笋救母的事迹传遍了天下，朝廷上下惊叹不已。

不久，孟宗就因此接连升迁。永安五年冬，迁右御史大夫，宝鼎三年，任司空。

卧冰求鲤

【原文】

[晋]王祥^①，字休徵。早丧母，继母朱氏不慈，于父前数谮^②之，由是失爱于父。母欲食生鱼，时值冰冻，祥解衣卧冰求之，冰忽自裂，双鲤跃出，持归供母。

继母人间有，王祥天下无。

至今河水上，一片卧冰模。

【注释】

①王祥：字休徵，山东临沂人。孝顺继母，有卧冰求鲤的故事。三国时曾任魏国徐州别驾，政化大行，后任太尉。司马炎称帝后拜为太保。

②谮：说人坏话，诬陷别人。

卧冰求鲤

【译文】

晋代琅琊人王祥，表字休征。生母早丧，继母朱氏对他不慈爱，多次在父亲面前说坏话污蔑他，因此使他也失去了父爱。继母有次想吃新鲜活鲤鱼，当时适值天寒地冻，冰封河面。王祥却解开衣服趴在冰上寻找鲤鱼。冰面忽然自行融化了，两条鲤鱼跳了出来，王祥就逮了鱼回家供奉继母。

【故事扩展】

王祥一出生，父母就把希望寄托在他的身上，因而十分疼爱他。特别是母亲，只要小王祥一哭一闹，立即就把他抱在怀里，不是抖，就是颠，再不就是挠他的痒痒，几乎不让他哭一声。

小王祥也特重感情，别看他还不会说话，他能知道谁更亲他，因此他总让母亲抱，很少让父亲抱。不过对父亲虽然不像依偎着母亲那样的亲昵，也时不时用柔嫩的小手抚摸着父亲的脸庞或抓他的胡子。夫妻俩逗弄着小儿子，日子过得也挺快。

谁能料到，小王祥三岁那一年，他的母亲暴病身亡，撇下了王祥和他父亲。

父亲把对母亲的思念变成了更多关心小王祥的实际行动，生怕孩子受苦、受罪，出外背着，回家抱着，想吃什么就赶紧给小王祥做什么。

小王祥这样快乐的日子没过上半年，苦难就降临到了他的头上。

王祥的父亲经不住亲戚朋友的劝说，给王祥娶回了一个继母。

这个继母姓朱，是个笑里藏刀、阴险毒辣的女人。当着王祥父亲的面对王祥关心备至，可一等到王祥的父亲出门不在时，就开始下毒手，不仅要骂，还要毒打，有时故意找茬，然后罚王祥头上顶着土坯下跪。

一年以后王祥的继母生下了一个儿子，起名叫王览。

从王览生下那天起，王祥的苦难就更深重了。继母把她亲生的儿子当成宝贝，整天亲个没完没了，而把王祥恨得咬牙切齿，恨不得一口把小王祥吃掉。她让才四五岁的小王祥整天干活，不是喊扫地，就是吼着让烧火，动辄一顿毒打，旧伤未好，又添新伤。

继母三天两头在王祥父亲面前说小王祥的坏话，今天说打小弟弟啦，明天说顶撞了她啦，后天又说骂了父亲啦。时间长了，父亲竟然相信了。从此不再疼爱王祥了。

王祥的继母如此虐待小王祥，又编造谎言，恶语中伤，离间父子关系，但王祥对后娘依然非常孝顺，逆来顺受，一点怨言都没有。

小王祥很体贴父亲，不想让父亲为难。因此，从来不向父亲诉说后娘虐待自己的事。

在王祥十岁的时候，父亲忽然得了一场重病。虽然请来不少有点名气的医生诊治，但一点效果都没有见到。

王祥在床前日夜侍候，夜间一直连衣服都不脱，闭目假寐，没睡过一个囫囵觉。买回药来都是他亲自动手煎的，尝了药汤的温度觉得合适时，他才喂父亲。

尽管这样精心周到地侍候，父亲的病情依然不见好转，而是愈来愈严重。

眼见得一天不如一天，父亲也知道来日不多了，就把小王祥的后娘唤到面前，泪流满面地说：

"王祥是个苦命的孩子，我是照顾不了他啦，全托给你了！你就替我把他照顾好，我在九泉之下也会感激你的！"

王祥的后娘拼命挤出两点眼泪，假惺惺地对丈夫说：

"夫君，你的儿子就是我的儿子，我一定待他比对王览还要好，若有半点儿不好，天打五雷轰！"

父亲又把王祥和王览也叫了过来，说了一些诸如孝敬父母、兄弟两个相互关照之类的话后，就一命归天了。

小王祥的父亲在世时，他的继母还多少有点顾忌。等到父亲去世后，小王祥的继母便不顾一切地甚至可以说是疯狂地虐待起小王祥来。

家里的一切杂活全都由王祥来做，像打扫庭院，舂米磨面，打柴烧火，挑水担土之类的不用说也是小王祥的，就连喂养牲口，清扫马厩牛棚，甚至连大人都憷头的垫土起圈这类活计也全部由王祥承担。吃的量少质次，比猪狗食也强不了多少，穿的破衣烂衫，三九天还穿着单衣薄裤。

就是如此无情地折磨仍然解不了小王祥继母的心头之恨。

小王祥是十里八村的人们公认的孝子，在当地渐渐地有了一定的名声。小王祥继母非常嫉妒，就想暗地里用毒酒害死小王祥。这事被小王祥的弟弟王览发现了，便去直接取出毒酒，就要自己喝下去。王祥怀疑其中有毒，便去抢夺，不让弟弟喝。王祥继母知道阴谋败露，急忙夺过来。这才使阴谋破产。

自此之后，王览就处处护着哥哥，凡是母亲单独送给哥哥王祥的饭菜，他一定要先尝一下。

继母害怕自己的儿子死掉，才打消了毒死王祥的恶念。

王祥并没有因为继母对他如此无情而有一丝一毫怨恨，反而更加勤谨，什么活都抢着干，从不推迁，不想让继母生气。

弟弟王览对母亲有点看不惯，背着母亲向哥哥王祥宣泄对母亲的不满。王祥听后，正言厉色地对弟弟说：

"小弟，千万不能这样对待母亲。母亲是我们的恩人，她要不管我们，我们能长大成人吗？即使打骂我们，也是希望我们更有出息。我们要遵照父亲的教诲，天天孝敬母亲，长大精忠报国，这才是我们应该努力去做的！"

从此，弟兄俩既一心一意地孝敬母亲，又无微不至地相互关怀。

王祥的继母不知是从养生的角度考虑，还是天性如此，一直喜好吃新鲜的鱼，最好是刚从江河里打捞上来的鱼。

王祥也经常到市场上给继母买鱼，回来给鱼剖肚掏肠，收拾得干干净净，小心翼翼地给母亲放到指定的地方。

继母的身体毕竟不如从前了。尽管王祥和弟弟王览几乎天天在身边服侍，仍然还经常说腿疼啦、腰酸啦，有时还呻吟不休。

一天，继母突然有了病，躺在炕上直喊叫，并嚷嚷着要吃新鲜鲤鱼。

王祥急忙放下手中的活，一口气跑到了市场。到那里一看，他傻眼了，偌大的一个市场竟然连一个卖鱼的人也没有，更不用说新鲜的鱼了。

他怏怏不乐地在街市上走着，忽然想起向这里的商贾打听一下，看什么地方能买到新鲜鲤鱼。假如有，即使远在天边，他也要给病中想吃新鲜鲤鱼的母亲买回来。

他很有礼貌地向商贾打听，走了十几个摊点，都摇头说不知道。好不容易找到一个胡须花白的老商贾，一打听，这位老者哈哈大笑了起来，笑得王祥不知所措。老者笑完后慢言慢语地对王祥说：

"这个时节别说平民百姓买不到、吃不上新鲜鲤鱼，就连皇帝老儿也买不到，吃不上！要想吃，除非到水晶宫去找龙王爷！"

听了老商贾一番话后，王祥才如梦方醒。说话者无意，可对听话的人来说，有时倒是等于给一时犯糊涂的人指出了方向。

王祥想：看来只有去冰雪覆盖的江河上乞求龙王爷了。

到了河边，河上白茫茫一片，单是雪就有一尺多厚。他用冻得已红肿的手拼命地把河面上的雪拨开，腾出了一小块地方，虔诚地下跪乞求龙王爷。他边哭边说：

"龙王爷，可怜可怜我那病中的母亲吧！她想吃新鲜鲤鱼，他的儿子无法得到，只能乞求您赏赐了！"

北风呼啸，寒气逼人。王祥穿着单衣薄裤，浑身直打哆嗦，连嘴唇都变成紫的了。

过了一会儿，他想要是能够从这里打开个冰窟窿，钻到水里去，说不定就能捉住几尾鲤鱼，可手头没有破冰的工具。王祥想来想去觉得只有躺在冰冷的冰面上，用自己的身体把冰融化。于是王祥不顾一切地把衣服脱掉，躺在了河面上。

北风依旧怒吼着，它卷起厚厚的积雪，重重地击打着王祥赤裸的快要冻僵了的身体。王祥已经有点迷迷糊糊了，忽然觉得脊背处有一股暖流涌出，掉过身来一看，冰面上真的有一个比桶还粗的冰窟窿。

江水缓慢地在下面流淌着，王祥眼睛一眨不眨地盯着流动的江水，忽然眼前一亮，两尾鲤鱼结伴游到冰窟窿前，腾跃到了江面上。

王祥上前赶快捉住，拎着两尾鲤鱼浑身打战地回到了家。

继母自从吃了鲤鱼后，病情渐渐地好转了起来。

又有一天，王祥正在外面干活，弟弟王览突然跑来对哥哥王祥说："哥，娘让你去给她捉黄雀，她想吃烤熟的黄雀。"

王祥放下手中的活计，急忙和弟弟一同回到了家。

王祥问明母亲后，回到自己住处的房子找捕黄雀的网。他一边找一边嘴里在乞求：

"上天保佑，我娘要吃黄雀肉，求您让我能逮上几只吧！"

话音刚落，几只黄雀就从窗外飞了进来，落在王祥的肩头上。王祥逮住，急忙放到炉子里烤，然后把烤得香喷喷的黄雀肉双手端给了继母。

即使是违背自然规律的事情，继母让王祥做，王祥也是毫无怨言地去做。

王祥家门前有一棵苹果树，在果实成熟时，王祥母亲下令王祥守着这棵树，不能让一个苹果落在地上。于是，王祥就日夜守在树旁，观察已成熟了的，他就爬上树，把苹果摘了下来。遇到刮风下雨，他就抱着树哭泣乞求，求风神不要刮风，雨神不要下雨，以便使苹果不受风雨的摧残而落在地上。在王祥的一再乞求下，果然一个苹果也没有掉在地上。

王祥的孝心感动天地的事，在十里八村传开了，人们都说他是人世间少有的大孝子。

王祥的孝心也使继母深受感动，她在王祥面前一边哭、一边承认了自己的错误，态度大有转变。从此，他们过上了老爱小、小孝老的和和美美的日子。

后来王祥和王览都成了父亲所希望的栋梁之材，王祥位居三公，兄弟二人在朝中都享有很高的威望。

扼虎救父

【原文】

［晋］杨香①，年十四岁，随父丰往田获粟。父为虎曳去。时香手无寸铁，惟知有父而不知有身，踊跃向前，扼②持虎颈。虎亦靡然而逝，父因得免于害。

诗曰：深山逢白额，努力搏腥风。

父子但无恙，脱离馋口中。

扼虎救父

【注释】

①杨香：晋代人。

②扼：掐住。

孝经诠解

《二十四孝》原典详解

【译文】

晋朝时，有一位叫杨香的孝女，十四岁的时候就经常跟着父亲去田里收割庄稼。有一天，突然一只老虎把她的父亲衔去。当时杨香手无寸铁，但她深深地知道必须去救自己的父亲，于是不顾自身的危险，立即爬上虎背，紧紧扼住老虎的脖子，老虎竟颓然放下杨父跑掉了。她的父亲也就脱离虎口，保全了性命。

【故事扩展】

晋代，在河内（今河南沁阳市）杨家村住着一户非常贫穷的人家。户主叫杨丰，世世代代以耕田种地为生，地虽不多、产量也不高，但他箭法好，农闲时经常到深山老林打猎，既可卖兽皮贴补家用，又可吃些野味，弥补口粮不足。再加上妻子杨刘氏勤劳节俭，持家有方，日子也还能对付过去。

杨刘氏进杨家的门不到一年，就生下了一个谁见谁亲、谁看谁爱的女儿，起名叫杨香。

夫妻俩对女儿都十分疼爱。白天争着抱，夜里抢着搂。杨丰一从地里回来，放下农具，就急急忙忙进家看自己的女儿，一会儿轻轻地拍一拍屁股，一会儿慢慢地摸一摸脸蛋，他笑在脸上，喜在心上。妻子看见丈夫这样疼爱女儿，心里自然也非常高兴，但她却不想让丈夫看到自己喜不自胜的样子，故意板着脸，不去看丈夫和女儿。其实，她比丈夫更爱女儿，因为女儿是她的心尖儿。她要和丈夫一起努力把自己的女儿培养成一个有出息的人。

于是，她经常主动地和丈夫谈起女儿的未来，和丈夫共同为女儿描绘未来美好的蓝图。

俗话说，人在家中坐，祸从天上来。杨香母亲的身体虽不能说强健，但平时也没有多少毛病。这个家里里外外的事几乎全靠她料理。农忙时，她还得和丈夫一样下地劳作。可不知怎么回事，一下子得了一种头痛的病，头就像裂开似的，疼得直呼爹喊娘，杨香和父亲神色慌张，一时没了主意，只顾在家中想办法，等到想起请医生时，已经过了将近一天的时间。

杨香的父亲倒是把医生从三十里以外的地方接到了家中，可医生说错过了治疗的时机，即使把神医请来也是无力回天了。

医生走了，留下的话无论是谁都不愿接受的，但谁也没办法。

杨香的母亲也知道自己是要离开人世了，就对丈夫杨丰说：

"孩子他爹，咱们的日子刚有了希望，我就要离开你们了。我是多么舍不得离开你和小香香啊！……你一定要想法把小香香拉扯大，看来只得让你受苦了……"

妻子声音越来越低，丈夫担心听不到她安顿的事情，便把耳朵靠近她的嘴边，可只见嘴唇翕动，听不见声音。稍稍过了一会儿，妻子就永远地闭上了眼睛。

杨丰一边摇晃着妻子的身体、一边哭泣着，泪水滴落在妻子的衣服上，已湿了很大一片。小杨香趴在母亲身上号啕大哭。

妻子走了，父女俩在凄风苦雨中过着令人心酸的日子。杨丰要既当爹又当妈。小杨香才三岁，自己还不能料理自己。

杨丰白天到地里干活时，走在路上不是背着杨香，就是抱着杨香。到田间地头再放下，让她自己玩。杨丰虽然在农田里干活，但心里老惦记着小杨香，既怕碰坏了，又怕丢掉了。因此干活常常失误，不是锄头碰伤了秧苗，就是留下了杂草。但是杨香还是经常受伤，不是今天手上碰破了，就是明天头上撞起了一个大疙瘩。

晚间，除了哄着杨香睡觉外，杨丰还得在油灯下缝缝补补做衣服。针一次次纫上又脱落，手指一次次被扎出血来。尽管这样，他还得做下去。他不

做，又有谁能替他做呢？

左邻右舍的人看着杨丰生活得十分艰难，心里边也不好受，都劝他再娶一个妻子。他这些年不是没有想过这事，左考虑右琢磨，觉得娶一个人品端正的又能好好待女儿杨香的后妻，那当然好了，可问题是谁能保准，要是万一娶上一个泼妇或心肠歹毒的，那可真的要了命。

一年又一年地熬了过来。女儿慢慢地长大了，她非常聪明伶俐，嘴也甜，成天"爹，爹"地不离口，一会儿问你一个小问题，一会儿又让父亲给她讲故事。杨丰即使遇上不顺心的事，让小女儿这么一"闹腾"，也早就忘得干干净净的了。

杨香在和父亲的朝夕相处中，早就知道父亲的辛苦。太小的时候，她是无能为力。即便是心里想着为父亲担当点什么，她也做不了。稍大一点儿，就开始为父亲分担一些了。家里的活像烧个火呀，抱个柴呀，喂个鸡呀之类的，只要她能想到的又能做了的事情，几乎不用父亲说，就自觉主动地干了。再大一点的时候，她便给父亲做饭、送水，家里的活像洗洗涮涮一类的，就不要父亲动手，也不用再操心了。

人们都夸杨香，孝女的名声也在外了。

杨香到十岁的时候，个头已经不小了，比将近七尺（当时的尺比现在的尺长度要小）的父亲矮一头，但由于家庭生活一直较差，光长个子不长肉，身体还很瘦弱，体态不如同年的女孩子那样丰满。但杨香并不因自己身体瘦弱而拈轻怕重，相反，抢着干重活、苦活、脏活、累活。她并不懂得什么通过劳动磨炼意志、强身健体，只知道尽量减轻父亲的负担、增加家里的收入，因为她心里始终惦记着父亲，她觉得父亲太辛苦了，为自己付出的太多，而自己给父亲的回报却很少。从今往后，她要好好地孝敬可怜的父亲。

每天，她比父亲起得早，睡得晚，把家里的各种活干完以后，就和父亲一道下田耕种。

别看她才十来岁，心特别地细：她怕汗水流到父亲的眼里，模糊了视线，就给父亲身上装了一块干净的白布；她怕父亲手上磨起血泡，专门为父亲缝了一副并不怎么好看的手套……

杨香和父亲一样一年四季地在地里忙活着。在似火的骄阳下，脸晒黑了；在凛冽的寒风中，手脚皲裂了；在飞扬的尘土中，弄得灰头土脸；在瓢泼的大雨中，就像个落汤鸡。

尽管吃了很多苦，但杨香觉得只要能为父亲分忧解愁，就是最幸福的。

她辛勤地劳作着，她因能为父亲分担一点苦难而快乐地生活着。

杨香确实是长大了，不仅懂得让父亲尽量少受苦，少受罪，而且还知道要想方设法让父亲生活得幸福一些，千方百计地给父亲带去欢乐。

在田间地头，杨香割来一些竹条，给父亲编织成凉帽，免使父亲暴晒。

回到家里，杨香烧好洗脚水，让父亲烫一烫脚，消除疲乏。

春天，杨香煮茶给父亲喝；夏天，点燃艾蒿，熏走蚊子，使父亲免受蚊子叮咬之苦，并用扇子给父亲扇来凉风；秋天，她到山上采来药材，给父亲做药膳，用以滋补身体；冬天，她不到天黑就给父亲烧炕，让父亲在暖烘烘的炕上休息。

就在杨香十四岁那年秋天的一个下午，杨香在地里跟父亲割谷子。

太阳悬在西边的天空上，万里无云，天空晴朗，一丝风都没有。父女俩个个汗水淋漓，忙着割谷子。忽然，一声虎啸，从东边树林里，蹿出一只凶猛的老虎，它张着血盆大口，怒吼着向杨丰父女俩扑了过来

杨丰虽然在冬季里踏着厚厚的积雪，在森林里也打过猎，也曾听到过虎啸，但从未在近距离碰到过猛虎，他惊愕不已。杨香因年龄小，又是女流之辈，因此父亲也未曾带她打过猎，对猛虎连一点印象都没有。今天突然看到如此凶猛的老虎，更是惊惧万分。

这只老虎个子大，从外表上看也很雄壮，只是肚子瘪瘪的，看样子已经

多日未进食了，但那凶相还是很吓人的。只见它纵身一跃，就已经到了父女俩面前。

老虎爪子落地时，一股强劲的风随之而来，爪子陷进地里足有两寸，尘土旋即卷起。之后，那又粗又大的尾巴猛烈地击打着地面，像是巨大的木棍敲打铁器，发出"嘭嘭"的声音，闻者无不惊骇。接着树叶簌簌落地，树梢也摇晃不止。这种情况下，即使是吃了熊心豹子胆的人，恐怕也要浑身颤抖的。

杨丰和女儿哪里见过这阵势，被吓得魂不守舍，险些瘫在谷地里。

这只饿虎早已垂涎三尺，舌头在其嘴里不停地打转，它真的是迫不及待了。这时它用肥大的前爪把杨丰扑倒在地，如同老鹰抓小鸡一般，整个身子已压在了杨丰的身上，便张开血盆大口，咬住了杨丰的胳膊。

杨丰的胳膊被老虎尖利的牙齿咬出了几个深深的洞，血流如注，他疼得立刻叫了起来。

杨香猛然间听到父亲的尖叫声，才从惊恐中摆脱出来。她一看父亲已被这只可恶的饿虎咬住，马上意识到父亲的性命已处于危急状态，不采取行动，后果将不堪设想。

正当老虎叼起父亲要离开的时候，杨香一个箭步冲了过去，一抬腿乘势骑在老虎的背上。老虎叼着杨丰纵身又跃了几次，企图把杨香甩下身来。杨香两手紧紧抓住虎毛，两腿如同钳子一般死死地夹住老虎的肚皮，任它怎么跳跃，杨香岿然不动地骑在老虎的背上。

老虎已气喘吁吁，杨香乘机用胳膊把老虎脖子夹住，两手虎口对虎口，紧紧一握，老虎的脖颈就完全在杨香两手围成的圈子里。这时，杨香心里只有父亲，从心中涌动出一股超乎平常的力量，灌注到两个胳膊上、手上，她牙一咬，用力一挤。此时连杨香自己也奇怪，手上的力气不知比平时增加了多少倍，竟一下子就把老虎卡得快要出不上气来，它急忙张开嘴，父亲已跌落在地上。

杨香用一只手扼住老虎的脖颈，腾出另一只手赶紧从地上抓起一把沙土来，往老虎的两只眼睛上一撒，她借机从老虎背上跳了下来。

老虎两眼被沙土一下子蒙住了，它像一头疯了的牛一样狂奔而去。

杨香等到老虎逃走后，她赶紧跑到父亲的身边，看父亲的伤势如何。

父亲好像从噩梦中惊醒，知道自己还活在人世上，便问女儿为什么一只饿急了的老虎没有把他吃掉。

女儿杨香一五一十地给父亲说明了事情的过程和结果。

几天后，父亲伤口愈合了。

十四岁的杨香赤手空拳从虎口中救出父亲的故事，不久就在全国各地传了开来。

恣蚊饱血

【原文】

［晋］吴猛①，年八岁，事亲至孝。家贫，榻无帷帐。每夏夜，蚊多攒肤，恣渠膏血之饱。虽多，不驱之，恐去己而噬其亲也。

诗曰：夏夜无帷帐，蚊多不敢挥。

恣渠②膏血饱，免使入亲帏。

【注释】

①吴猛：字世云，晋代人。

②恣渠：放任蚊虫。

恣蚊饱血

【译文】

吴猛是晋朝濮阳人，八岁时事亲至孝。因为家贫没有蚊帐，蚊子叮咬父亲使父亲不能安睡。每到夏天夜里，吴猛就赤身坐在父亲床前，任凭蚊子叮咬，蚊子再多也不驱赶，唯恐蚊子被赶走后去咬父亲。

【故事扩展】

晋代濮阳（今河南）吴家村，是一个有上千人居住在这里的，人口比较集中的村庄，村子最东头住着一户非常贫穷的人家，房子低矮且破败不堪，连房顶上的烟囱都七倒八塌。主人姓吴，名叫吴强。人如其名，彪形大汉，体魄强壮，膂力过人，论力气，全村人能与之比肩的为数不多。可在那个世道，吴强空有这身力气，依然过着十分艰难的日子。

那个时候，正是东汉末年，政治腐败，群雄割据，军阀混战，硝烟弥漫，百姓背井离乡，流离失所，真的是国无宁日，民无宁日。即使到了三国鼎立时期，黎民百姓依然生活在水深火热之中。

百姓盼星星，盼月亮，盼到了西晋统一中国，实指望从此能遇上太平盛世，过上几天舒心日子。

谁能料到，西晋的统治集团更腐败、更无能，只顾钩心斗角，争权夺利，根本不管百姓的死活。从晋惠帝司马衷口中说出的下面这两句话，即可看出统治者的愚蠢和无能：

司马衷在雨后听到青蛙呱呱的叫声后，他问左右大臣："青蛙是为自己的事在呱呱呢，还是为公事呱呱？"

大臣们上奏因严重的天灾致使百姓家中无粮饿肚子时，皇帝的金口玉言是：那他们为什么不吃肉呢？

碰上这样昏庸无能的统治者，百姓何时才能转运呢？

果然，接着就是长达十六年之久的"八王之乱"，紧紧相随的又是"五胡乱华"，百姓苦上加苦，叫苦不迭。

吴强遭逢乱世，虽一直未曾远离家乡，但也是度日如年，拼命挣钱。后来遇上一位良家女子，走在一起，才算有了一个真正意义上的家。妻子贤惠明达，能够任劳任怨、勤俭持家，又对丈夫体贴入微，关怀备至，因此吴强在这方面倒也心满意足。尽管日子过得艰难，但一看到妻子，还是不由得露出欣喜的笑容。

过了一年，他们俩有了一个传宗接代的宝贝儿子。这小宝贝是属羊的，他们觉得从属相上看，将来一定很和善。吴强想，在这世道里"人善被人欺"，不能太和善，应该勇猛一点，于是就给儿子起了个吴猛的名字。

本来种着几亩地，一家三口人还能勉强过下去。可当地的土豪劣绅和官府勾结，把吴强家的几亩地霸占去了。

从此，吴强只能给地主家当长工，而妻子也只好到地主家做杂活儿。

这个地主家里所有的人，无论大小，都十分凶狠。吴强力气又大，又不惜力，每天干的活确实不少，可地主还嫌干得少，动辄就要扣工钱。那时候，天下乌鸦一般黑，哪个地主不是贪得无厌，想着法子剥削受苦人。吴强只得忍气吞声，明知地主克扣工钱，也只能揣着明白装糊涂。

地主家有个小儿子，才十一二岁。不知是天生的，还是跟他地主老子学的，见人连个正眼都不给，一脸凶相。吴强知道这个小家伙不好惹，从地里回来，尽量躲着。

俗话说，有灾就有祸，是祸躲不过。吴强几乎天天躲着这个小灾星，到头来还是躲不掉。这个小灾星看着吴强身高力大，就时刻盘算着欺负一下吴强。有一天，吴强在马厩里喂马，让这个小灾星看见了。他悄悄地跟进来，在吴强低头打扫马厩的时候，这个小灾星用棍子在马的屁股上狠狠地捅了一下，那马也好尥蹶子，一下就踢在了吴强的胳膊上，疼得他立马头上冒出冷汗，脸色骤然变得苍白。

当他发现是这个小灾星搞的恶作剧，心里边恨得直想扇他两个耳光子，可转而一想，这可使不得，那样不就惹下大祸了吗？但是还是没有控制住自己的情绪，用眼狠狠地瞪了这个小灾星一眼。

这一眼可是真的惹下了祸。那个小灾星一会儿就把他们家养的看家狗领来了，唆使着咬吴强。

那只看家狗又肥又壮，个头也不小，不知咬伤过多少穷人，连出外觅食的大灰狼都被它咬伤，吓得落荒而逃。

还没等吴强站起来，那条狗就扑了上来。衣服被撕破了，身上有好几处被咬伤。情急之下，吴强也懵住了，早把"打狗看主人"这句千古流传下来的话忘到九霄云外了，拿起铁锹照准狗头打了下去。吴强用的力气也不小，那狗随着一声惨烈的嗥叫，夹着尾巴逃走了。

那个小灾星告知了他老子。他老子一听，火冒三丈，气急败坏地把那些护院的打手召集在一起，对吴强动了刑。雨点般的棍棒打在了吴强的身上，一会儿便皮开肉绽，浑身是血，连地上都流下一大摊血，左腿也被打折了。妻子得知后，哭成个泪人儿。急忙搀扶着丈夫（脊背上还背着不满两岁的吴猛）回家。

村里的人们看到吴强浑身是血，惨不忍睹的样子，个个掩面而泣。

吴强躺在家里，左腿动也不敢动，一动就撕心裂肺地疼个不止。

妻子又要侍候病人，又要照顾吴猛。财源断了，吃什么喝什么呢？只得抱着吴猛，扔下病人沿村乞讨。

在两三年的乞讨生涯中，吴猛和母亲究竟走了多少路，吃了多少苦，遭了多少罪，受了多少难，实在是记也记不清了。

吴猛跟着母亲也受罪了。有时饿得嗷嗷叫，有时冻得浑身抖，手脚冻得生疮了，嘴唇干得裂了口。谁看见了都说可怜！

不幸的事发生了。在沿村乞讨中，有一天吴猛的母亲病了。她努力挣扎才算回到了家，这一病就再也没爬起来，缠绵病榻十几天，便留下腿还没好利索的丈夫和一个不满两岁的儿子，命归黄泉了。

吴强为过早去世的妻子而整日暗自悲泣，儿子吴猛整日对他喊着要妈妈，吴强陷入了无穷无尽的愁苦之中。

慢慢地，他折了的左腿愈合了，只是留下了后遗症：左腿瘸了。

吴强既当爹又当娘的日子更不好过，一会儿要给儿子熬面糊糊，一会儿又要给他洗又脏又臭的衣服，过一会儿要给儿子把尿，再过一会儿还要给儿子擦屁股，整天忙得团团转。

吴猛长到四五岁了，开始懂事了，开始懂得心疼父亲了。凡是他自己能干了的事情，再也不用父亲干了。他还想办法帮着父亲干点事，扫一扫床，叠一叠被，烧一烧火，倒一倒灰，尽量让父亲多休息一会儿。

把吴猛父亲腿打折的那家地主得知村里百姓都骂他丧尽天良，迫于名声不好的压力，给了吴强几亩薄田，名义上说吴强活儿干得好，干得多，奖赏给几亩田，其实是打折腿赔给吴强的。

吴强没工夫和那个地主再争辩什么，而且哪里是穷人说理的地方。因此，只管种地，不问是与非，他也明明知道问不出个是非来。

吴强又有了自己的耕地。他起早摸黑，披星戴月地在田里干活。不误农时，精耕细作，盼望多打粮食，让儿子能过上比他好的生活。

吴猛已经知道替父亲考虑一些事了。天凉的时候，把衣服给父亲找出来，让父亲多带一件衣服，以免着凉；天热的时候，早早就把水罐儿拿出来，装好水，让父亲带上，以免上火。有时候，父亲想不到的一些小事，他都替父亲想到了。

怪不得村里人们说："吴强的儿子小猛人小，可挺有心眼儿。"

就在吴猛八岁的那一年夏天，天气闷热闷热的，家里就像蒸笼，而且蚊子也特别多。

一到父亲睡觉的时候，蚊子就开始行动了，从外面不断地飞往家里，躲在阴暗的角落里。等到父亲迷迷糊糊的时候，它们一个一个地，争先恐后地飞往父亲身边，试探性地飞上一圈，一旦发现人已熟睡，便蜂拥而上，叮咬得父亲睡不上一个安稳觉，一会儿抓一抓这里，过一会儿又抓一抓那里，他看着父亲不能安然入睡的痛苦模样，心里特别地不好受。

后来他为此想了不少办法，用艾蒿熏蚊子啦，用扇子和衣服往家外面轰蚊子啦。但只能在较小的空间或短时间内起一点作用，要使蚊子不再叮咬，就得挂上蚊帐，可家穷，无力置买。

吴猛明白了：不让蚊子叮咬是难以做到的，但能不能做到蚊子不去叮咬父亲呢？

他后来发现，蚊子只要吸足了血，不用轰，不用撵，就飞走了。假如让蚊子在自己身上吸足了血，它就不会再叮咬父亲了。

之后，吴猛一到夜晚，就几乎是赤身裸体地，除了一块遮羞布，既不盖被子，也不盖单子直挺挺地躺在床上，等着蚊子来叮咬自己。

不一会儿，蚊子果然一个一个地都飞到了他的身边，连试探动作都简化掉了，直接落在吴猛的身上，贪婪地吮吸着吴猛身上的血。

疼痛是难忍的，瘙痒更难忍。但当吴猛想到父亲不再被叮咬，可以安然睡觉时，一种幸福的感觉便涌上心头。

一晚上，吴猛连个盹都没有打过，更没有动弹一下，任凭蚊子叮咬，任凭它张开尖尖的嘴肆虐地吮吸着自己身上的血。他虽然清醒着，但他也不知有多少只蚊子飞来，又有多少只吸足了血的蚊子飞去。只知道自己身上大疙瘩连着小疙瘩地已经遍布全身，只知道牙关咬紧过多少次，只知道嘴唇被咬破过多少次，只知道拳头握紧过多少次……

一个夏天，他用忍受蚊子贪婪地吸血引起的疼痛和出奇的瘙痒的办法，换来了父亲的酣睡。

他瘦了，但他笑了。

吴猛恣蚊饱血的事，传遍了大河南北。那些年少的听了羡叹不已，而年长的听了汗颜无地。

后来吴猛任过西安令，据说还做过道士。历代皇帝都对吴猛大加赞赏，到了宋朝政和二年（1112 年），徽宗封其为真人。

尝粪心忧

【原文】

［南齐］庾黔娄，为孱陵令。到县未旬日，忽心惊汗流，即弃官归。时父疾始二日，医曰："欲知瘥剧①，但尝粪苦则佳。"黔娄尝之甜，心甚忧之。至夕，稽颡北辰，求以身代父死。

诗曰：到县未旬日，椿庭②遗疾深。

愿将身代死，北望起忧心。

【注释】

①瘥剧：病好和病重。

②椿庭：父亲的代称。

尝粪心忧

【译文】

黔娄，南齐高尚之士。曾任
屏陵县令。赴任不到十天，忽然
心惊流汗，预知家里有事，即弃
官返回探亲。到家父亲刚病两天。医生说：要想知道病情吉凶，只有尝病人
粪便的味道。味道苦是好现象。黔娄尝了父亲的粪便，觉得是甜的，心中十
分忧虑。就夜里拜北斗祈求以自身代父去死。

【故事扩展】

南齐时有个叫庾易的人，为人憨厚，脾气温和，遇事不急，随遇而安。

他把名利看得很淡，常说哪些东西是生不能带来、死也不能带走的，有
了也不要贪得无厌，没有也能淡然处之。一辈子以种地为生，有时也做一点
小买卖，所以日子过得既不宽裕，也并不怎么紧张。妻子性情温和，待人宽
厚，从来不曾与左邻右舍发生过口角，连面红耳赤的事也未出现过。人们都
说庾易的妻子是一个贤妻良母。

两口子举案齐眉，相敬如宾，日子过得和和美美。

俗话说，人生不如意事常八九。他们两口子很早就想要个孩子，以便儿
女绕膝下，享天伦之乐。可盼了好几年，妻子依然没有身孕。

夫妻俩倒也没有为此事着急、烦恼过，可邻里们却替两口子着急了。有
的劝趁年轻抱养一个，虽然不是亲生的，毕竟可免"不孝有三，无后为大"
的罪名，且老有赡养之人；有的说从哥弟家过继一个更好，再怎么说也是庾
家的人，传宗接代没啥问题；……不一而足。

庾易并没有动过心。他私下和妻子开玩笑地说：

"公鸡都能下蛋，难道母鸡就不能下蛋了吗？"

妻子笑着拍了丈夫一把，故作生气地样子，羞涩地说：

"老没正经！平常看你温文尔雅，要是说起疯话来，也蛮出格的！"

两人一笑了之，再也没有提起过这件事来。

也许是有心栽花花不发，无意插柳柳成荫。过了两年，庾易的妻子竟在不经意间有了喜。两人自然万分欣喜。

天有不测风云，人有旦夕祸福。庾易的妻子临产了，接生婆来后一看，是逆产。接生婆想尽了办法，小孩的命保住了，但是母亲终因产后大出血而无法止血，生下儿子不一会儿便谢世了。

丈夫痛不欲生，本来曾海誓山盟，一定要相伴相随，白头偕老，她却"背约毁誓"，把他撇下，自己先到了极乐世界。

庾易看着刚生下的小男孩犯难了，孩子哭得一刻不停，他抱起来急得在地上团团转。

天下还是好心人多。邻居们听到孩子的哭声，一个个都跑过来看望，女人们知道孩子一定是饿了，可她们都不是正在给孩子哺乳的女人，也没有什么好办法。其中一个女人忽然对其他女人说：

"后街上王大娘家的孙子不是刚过了满月，咱们给他庾叔叔说说去。"

几个女人出去不大一会儿，领来了王大娘家的媳妇。

这个年轻媳妇二话没说，急急地把庾易手中还在哭着的小男孩抱过去。她还有点害羞，背着庾易给孩子喂奶。

庾易的小儿子哭了半天，也哭乏了，吃饱后就睡着了。

那些女人和刚来给庾易小儿子喂奶的年轻妇女向庾易说了些告别的话，其中一个女人告诉庾易：以后每天由她伴着那位年轻妇女来给他的儿子喂奶。要知道，那个时候，是不允许一个女人单独进一个没有妻子的男人家的。

听完这个女人的话，庾易感动得热泪盈眶，立马顿首谢恩。

小儿子喂奶的事算是有了着落，可拉屎、撒尿的事还得庾易自己做。尽管他过一会儿就看一看儿子是不是尿下了，是不是拉下了，还仍然免不了儿子大腿上到处是屎尿的这种情况，他粗手笨脚，往往是给儿子擦完屎后，他的手上也到处是屎，确实是屎一把尿一把。

由于两个孩子分吃那个年轻女人的奶，导致庾易小儿子常常处于半饥半饱状态，就这样凑合到五六个月份上，小儿子能吃米面糊糊了。

喂小孩米面糊糊，既不能太热，也不能太凉。热了，容易烫着孩子的嘴，烫起泡来，凉了，容易凉坏了孩子的肚子，拉稀跑肚。这样，就得冷了再热，热了再凉，折腾得庾易手忙脚乱，一天下来，腰酸腿疼，疲惫不堪。

庾易总算熬出了头，儿子能走啦，但又黑又瘦。你想一想，又是没娘的孩子，又是吃别人的奶且吃不饱的孩子，咋能吃得白白胖胖。

庾易根据小儿子的身体状况，给他起了个庾黔娄的名字。黔，黑色也。娄，虚弱也。

庾黔娄长到三岁的时候，庾易就开始教儿子读书识字了，经常给儿子讲一些孝顺父母的故事，讲一些轻财重义的故事。小儿子忽闪着大眼睛、身子一动不动地听着父亲讲故事，故事梗概他都记下了。

一点一滴的灌输，小儿子的思想深处慢慢地发生着不易察觉的微小变化。

他不像别人家的孩子，有了吃的独吃。他拿上吃的，总要分给其他小孩吃。要是哪个小孩急需什么东西，他总要回家问父亲有没有，从不吝啬。

等到六七岁时，庾易就把儿子送到了学堂。

庾黔娄在学堂里读书，是最用功的一个。他孜孜不倦，发愤忘食，不仅赢得了教书先生的好评，学业上也有了长足的进步。

功夫不负苦心人。庾黔娄人小志气大，参加应考时，金榜题名。

不几日，皇上的诏令下达，封庾黔娄为孱阳县令。

庾黔娄接到诏令后，与老父作别，便走马上任了。

一到任，庾黔娄先颁布政令，贴出安民告示，接着筹款整治河道，修路搭桥，扶危济困，发展生产。不几天的工夫，庾黔娄的新政就得到普通民众的一致拥护，大家都说这回来了个庾清官。

尽管离开父亲才几天，但庾黔娄一把公事处理完，就想起了孤身一人的老父来。老父既当爹又当娘的情景，一幕幕地呈现在他的眼前，他不由得潸然泪下。

一连几天，庾黔娄因思念父亲而辗转反侧、彻夜难眠，白天办理公事时常常精神恍惚，仿佛看见老父正佝偻着身子向他走来。

大约是到任后的第九天，庾黔娄正在处理公事，忽然一下子像有一只小鹿猛烈地撞击着他的心头，汗珠从额头簌簌地往下流。他知道，父子是连心的，说不准父亲遇到了什么难事。

庾黔娄便要辞官，拿出笔墨，立马写了辞职书，禀报上司。衙门里的人听说后，都劝他不要辞掉官职，即使家里有事，可以打发个衙役先到家里看一看，再不行，也完全可以请假回去。弄个一官半职不容易，何必非要辞职呢？他谢绝了同僚的好意，毅然决然地立即启程。

庾黔娄昼夜兼程，风餐露宿，不到两天就赶到了家。

果如庾黔娄所料，他年迈的父亲真的生病了。老父前两天忽然开始拉稀，一天最少拉十几次。现已浑身无力，脸色苍白，连说话的声音都微弱得快让人听不清了。

庾黔娄一看父亲已成这模样，不顾一路的劳顿立即去请当地最好的医生。

医生来了，把庾黔娄父亲的脉一切，就面有难色对庾黔娄说：

"县令大人，要我说，令尊已病入膏肓，即使扁鹊在世也无济于事了。"

医生说完，就要离开。庾黔娄当即给医生跪下，并央告道：

"先生，请你行行好吧，无论如何要把我这受苦受难的父亲的病治好！"

庾黔娄的这番话，打动了医生的心。过了一会儿，医生对庾黔娄真诚地说：

"现在还有一种办法来验证令尊的病能否医治。只要把病人的粪便尝一下，若是苦的味道，还有一线希望。"

庾黔娄二话没说跑出去尝了父亲的粪便，不是苦的，而是甜的。庾黔娄垂头丧气地回来了。

把医生送出家门，庾黔娄心里更加难受，为父亲的病忧心如焚。

夜晚，他向着北斗七星磕头祈求，希望能以他的生命换取父亲的安然脱险。他不断地祈祷，不断地磕头，额头碰肿了，额头磕破了，鲜血染红了那一块土地。

人们都被庾黔娄的孝心感动了，表示今后一定要像庾黔娄那样孝敬老人。

乳姑不怠

【原文】

[唐] 崔山南①，曾祖母长孙夫人，年高无齿。祖母唐夫人，每日栉洗，升堂乳其姑。姑不粒食，数年而康。一日病，长幼咸集，乃宣言曰："无以报新妇恩，愿子孙妇如新妇孝敬足矣。"

诗曰：孝敬崔家妇，乳姑晨盥梳。

此恩无以报，愿得子孙如。

【注释】

①崔山南：唐崔琯，字从津，举进士，性方正。

中华传世藏书

孝经诠解

《二十四孝》原典详解

【译文】

崔山南，名琯，唐代博陵（今属河北）人，官至山南西道节度使，人称"山南"。当年，崔山南的曾祖母长孙夫人，年事已高，牙齿脱落，祖母唐夫人十

乳姑不怠

分孝顺，每天盥洗后，都上堂用自己的乳汁喂养婆婆，如此数年，长孙夫人不再吃其他饭食，身体依然健康。长孙夫人病重时，将全家大小召集在一起，说："我无以报答新妇之恩，但愿新妇的子孙媳妇也像她孝敬我一样孝敬她。"

【故事扩展】

唐代博陵（今河北）的崔姓是当时唐朝五大姓氏之一。崔家是大族，在当地挺有威望，世代为宦，家境富裕，单从高高的金碧辉煌的门楼和几处琉璃瓦房的四合院，就能略知一二。

俗话说得好，大有大的难处，小有小的难处。同一姓氏的人多了，并不一定都齐心合力，也有挑拨离间的，也有幸灾乐祸的，也有背后诅咒的，还有落井下石的，不一而足，因此妯娌间发生龃龉并不鲜见，就连口角打斗之

类，也是司空见惯的。

长孙夫人就生活在这样的一个家族里，丈夫是崔家这一大家族中最平和善良的一个人，可惜好人命不长，在儿子才三岁的时候他就鹤驭了，留下了孤儿寡母。

应该说，崔家的家产不少，做到衣食无忧是没有多少问题的。可生活在这样的一个大家族里，每天发生的事，仅和你相关的，恐怕都难以计数，尤其是家中的顶梁柱不在了，光是趁风扬土、借机捣乱的事就让你一筹莫展。

长孙夫人性格温柔，且又能体谅人，是地道的贤妻良母。俗话说，马善被人骑，人善被人欺。家族内部同样如此。不只是妯娌们挑战、搅局不好对付，就连那些侄儿、侄女们合起伙来欺负他的小儿子，她也得败下阵来。

有一次，三岁的小儿子走出家院，只走了几步，就被几个本家的哥哥们打了一顿，你说气人不气人？可对方却还胡搅蛮缠，说她的小儿子骂了他们，并蛮横地把小儿子拉在长孙夫人面前，要她的小儿子认错、赔不是。

天下哪里有这样的道理！长孙夫人知道斗不过人家，只好由她替儿子向几个小侄儿赔了不是，才算了事。

长孙夫人回到家里，抱着儿子就是一场痛哭，一直哭到太阳落山，星辰满天。

妯娌们更是花样翻新、"奇招"迭出。今天指桑骂槐，明天恶毒诅咒。要不就是背后嚼舌头，拨弄是非，矛头直指长孙夫人。

长孙夫人只能是打掉牙往肚里咽，忍气吞声。长年不让儿子跨出家门半步，儿子几乎成了狱中的囚犯。只有等到夜深人静时，才把儿子领到院子里走一走。

等到儿子熟睡后，她就趴在枕头上向死去的丈夫哭诉着，求他保佑母子平安。

儿子是在泪水中泡大的，长孙夫人是在眼泪的河流里漂流过来的。

长孙夫人就是凭着非凡的意志和一定把儿子拉扯成人的坚定信念，含辛茹苦地把儿子养大了。

儿子是长大了，可长孙夫人也老了。三十几岁的人额头上堆满了深深的皱纹，那是风霜的印记，脸上沟壑纵横，那是泪水的"劳绩"。

她牙全都掉光了，两腮陷了进去，看上去俨然是一位老太婆了。

那个时候，一般人也就活到四五十岁，能活到六十岁，就算高寿了。

长孙夫人后来变卖了些家产，总算给儿子成了个家，既实现了自己的夙愿，也能给九泉之下的丈夫有个交代，同时也给企图毁伤她名誉的那些品性恶劣的人予以有力的回击。

长孙夫人的儿子自幼聪慧，又肯用功，尽管未进学堂，但在母亲的教诲下，也是博闻多识，方圆百里之内的青年学子能与其匹敌的为数也不多。

娶了个妻子，姓唐，称之为唐夫人。唐夫人也是知书达理之辈，且心地善良，心灵手巧。她从丈夫那里得知婆母（当时妻子称丈夫的母亲为姑，称丈夫的父亲为嫜）拉扯其丈夫所遭受的苦难，心里很不是滋味。一年之后，妻子为崔家续了香火，生下个儿子。

从此，她和丈夫精心侍奉婆母，送水端饭，梳头洗脸，折褥叠被、捶背敲腿，凡是能使婆母感到舒心的事，他们俩都争着干、抢着干。

一次，婆母肚子着了凉，忽然拉起稀来。由于腿脚已不太灵便，紧着小跑，还是拉在了裤子上，沾在了大腿上。媳妇唐夫人除了急忙把裤子洗掉外，还要给婆母擦洗大腿上的污垢，婆母有点不好意思。唐夫人对婆母和颜悦色地说：

"您拉扯儿子时，不是照样屎一把尿一把的，从湿的地方挪到干的地方，吃了多少苦。就按照回报的说法，我们也该这样做，更不要说那是永远报答不了的恩情。"

一席话，说得婆母激动地流下热泪。

唐夫人是个细心人。她发现婆母吃饭不能细细咀嚼，往往是囫囵吞枣似的咽了下去，因而经常打饱嗝，这说明老人家消化不好。正因为这样，婆母一天比一天瘦，脸色发黄，她十分着急。

背过婆母，唐夫人和丈夫商量过很多次，根据当时的条件，最终也没有想出什么好办法来。有一天她在给一岁多的儿子喂奶时，突然想到：要是把儿子的奶断掉，不就可以把自己的乳汁喂给无齿的婆母吗？

经过儿子和儿媳妇唐夫人的多次劝说，婆母才勉强答应。

每天，唐夫人约莫婆母起身后，她就登上正房前台阶上的平台，然后进入婆母的房间给老人喂奶，数年如一日，从未间断。婆母在这几年间，再也没有吃饭，可以说是粒米未进。但是身体却渐渐地恢复了健康，脸色红润了，走起路来两腿也有劲了，活像十年前的婆母。

岁月不饶人，再好的身体也经不起漫长岁月的折磨，婆母又病倒了，这次病来势凶猛，婆母感到不妙。有一天把全家人召集在一起，宣布了她的遗言：

"媳妇（唐夫人）待我亲如自己的生身母亲，我是无法报答了，你们要像她待我那样孝敬这位新妇，我就可以瞑目了。"

长孙夫人走了，而唐夫人孝敬婆母的事迹却流传千古。

涤亲溺器

【原文】

[宋] 黄庭坚①，字鲁直，号山谷，元祐②中为太史③。性至孝，身虽贵显，奉母尽诚。每夕为亲涤溺器，无一刻不供子职。

诗曰：贵显闻天下，平生孝事亲。

亲身涤溺器，婢妾岂无人。

涤亲溺器

中华传世藏书

孝经诠解

《二十四孝》原典详解

【注释】

①黄庭坚：字鲁直，自号山谷道人，北宋洪州分宁（今江西省修水县）人。曾举进士，知鄂州、太平州。著名诗人，世称苏黄。又是书法家。

②元祐：北宋哲宗赵煦年号。

③太史：官名，宋有太史局，掌天文历法等事。

【译文】

宋朝黄庭坚，字鲁直，号山谷。元祐年间为太史。性情至孝，身虽显贵，奉母尽诚。每天晚上亲自为母亲洗涤便器，没有一天不尽儿子的义务。当时他做了官，身边能使唤的人很多，可是他坚持亲自洗涤便器，可见其他奉亲之事也不肯随便委人。

【故事扩展】

黄庭坚，字鲁直，自号山谷道人，晚号涪翁，又称豫章黄先生，洪州分宁（今江西修水）人。

他出生于一个家学渊博的世家。在父母的熏陶下，从小他就喜欢诗词，

酷爱书法。

父母对他寄予厚望,对他的要求也十分严格。无论是背诵诗词,还是练习书法,都要认真考核,亲自指点。

黄庭坚从小就聪慧过人,一目十行,过目成诵,又涉猎广泛,兴趣浓厚。

在广泛的涉猎中,他渐渐地知道了父母养育子女的艰辛和良苦用心,他也明白了知恩、报恩的道理。他决心不辜负父母的期望,一定要刻苦学习,成为国家有用之才,以此来报答父母的养育之恩。

从此,他五更起,半夜睡,不用父亲叫,不让母亲喊,孜孜以求,发愤忘食。背书背得口干舌燥,练字练得腕酸指痛。不管是盛夏酷暑,还是寒冬腊月,他始终如一地坚持读书练字。

功到自然成,铁杵磨成针。黄庭坚果然卓尔不群,就连他的满腹经纶的舅舅李常也赞不绝口,说黄庭坚的进步是一日千里,在他见过的童子中,黄庭坚是头一个,将来肯定是个齐家治国平天下的人物。

后来又经名师指点,黄庭坚进步更快。"学问文章,天成性得",书法自成一家。

黄庭坚在二十二岁那一年,进京参加科举考试,一举成功,金榜题名。

黄庭坚中了进士,宋英宗诏书一到,不容许耽搁,立即就走马上任。他历任叶县尉,教授北京国子监,校书郎,《神宗实录》检讨官,迁著作佐郎,擢起居舍人,之后任秘书丞,提点明道宫,兼国史编修官等。

不仅如此,黄庭坚在文学上成就也很高,与张耒、晁补之、秦观同为"苏门四学士",诗文与苏轼齐名,世称"苏黄",并开创了文学史上著名的"江西诗派"。书法上,他擅长行书、草书,与苏轼、米芾、蔡襄并称"宋四家"。

黄庭坚虽然官居高位,但他清楚地知道,没有父母的养育和教诲,没有名师的指点，他不会少年得志，功成名就。因此，他一有空闲就想起了恩师，就想起了母亲（此时黄庭坚的父亲已经去世），并想该如何报答他们的恩情。

公事办完回到家中，他还像以前那样亲自给母亲送水端饭，把母亲的房子打扫得一干二净。还像以前一样打来洗脚水，为母亲烫脚、洗脚；还像以前那样冬天生炉子，夏天扇扇子，为母亲驱寒降暑；还像以前一样当母亲有点小毛病时请医煎药，衣带不解地夜夜侍奉，……

黄庭坚的母亲看到儿子这样辛苦，又要办理朝政，又要侍候我一个老太婆，一旦精神不济，出了差错，让我这脸往哪儿搁？

一天，等儿子忙活完以后，母亲便把庭坚招呼过来，把儿子的手拉住语重心长地说：

"庭坚，你现在是朝廷命官，要整天陪着皇上，担子已经够重的了。娘帮不上你一点忙，还要拖累你，万一有个不是，你让娘怎么活？再说让人传出去，也有失体面。从今往后，这些琐事，就让下人干就行了。你有空过来跟娘说说话，娘就心满意足了。"

黄庭坚坐在母亲的身边，又把母亲的手握住，对母亲笑着说：

"娘，儿子侍候母亲，这是天经地义的事。要是当了大官，就不侍候父母，他提倡孝道，谁去响应呢？朝廷那边的事，娘就不用操心了，我会尽心尽力的，绝对不会给娘丢脸！"

过了一段时间，母亲忽然行动不太方便了，不能到茅厕去净手了。黄庭坚知道后，怕母亲在下人面前为难，又怕下人不知轻重，让母亲受苦，就亲自给母亲递便盆，倒便盆，之后再把便盆刷洗干净。

白天，黄庭坚还要上朝。因此，他只能在每天夜里倒便盆，刷洗便盆。

母亲不让儿子端屎掇尿，更不让儿子刷洗便盆，并对儿子很不客气地说：

"自古以来，端屎掇尿的活都是女人们干的，哪能让一个大男人干这种活？何况你又是朝廷重臣，传出去，你让我这个为娘的怎么去见人呢？"

黄庭坚看着母亲涨得通红的脸，语调平缓地对母亲说：

"娘，哪一个人不是他娘屎一把尿一把拉扯大的，那要比端屎掇尿更为艰难。俗话说，养儿防老，都是老了才需要侍候，普天下都是这个理，谁敢说给老娘端屎掇尿是丢人现眼的事？你让儿子侍候，该是理直气壮才对。"

儿子的一番话，说得母亲再也不吱声了。

黄庭坚数年如一日地为母亲端屎掇尿，刷洗便盆的感人事迹，慢慢地流传开来，朝野上下为之惊叹。

皇上闻悉后，在上朝时面对文武大臣，对黄庭坚的孝行夸赞不已。

弃官寻母

【原文】

［宋］朱寿昌①，年七岁，生母刘氏为嫡母所妒，出嫁。母子不相见者五十年。神宗朝，弃官入秦，与家人诀，誓不见母不复还。后行次同州，得之，时母年七十余矣。

诗曰：七岁生离母，参商五十年。

一朝相见面，喜气动皇天。

【注释】

①朱寿昌：字康叔，北宋天长人。官至司农少卿。

【译文】

朱寿昌，宋朝天长人，字康叔，年七岁时，生母刘氏为嫡母所嫉妒，后来生母外出嫁人。母子五十年没有相见。神宗时，寿昌在朝居官，决心寻母，曾刺血

弃官寻母

写《金刚经》，弃官入秦，发誓不见母亲永不复还。后来行之陕州，遇到母亲和二弟，欢聚而归。当时母亲已经七十多了。

【故事扩展】

朱寿昌，字康叔，北宋天长同仁乡秦栏人。他的父亲朱巽是宋仁宗年间的工部侍郎，寿昌庶出，其母刘氏出身微贱。

生母刘氏秉性贤淑，又知书达理。在刚被纳为妾时，与寿昌的嫡母之间的关系还算融洽，常以姐妹相称。

一年之后，刘氏为朱巽生了一个传宗接代的宝贝儿子，朱巽十分欢喜，起了个"寿昌"又吉利又好听的名字。

寿昌自幼就聪明伶俐，招人喜欢。朱巽一回到家中，就抱起儿子，哄逗个没完没了，同时也开始偏爱起刘氏来。

寿昌的嫡母是个面善心恶的人，口蜜腹剑，笑里藏刀，可谓"笑面虎"。从表面上看，在刘氏生下寿昌后，她的态度也没有多大变化，依然是与寿昌的生母姐妹相称。当她看到丈夫偏爱刘氏而对自己态度冷漠时，便妒火中烧。

从此，她就在丈夫面前用三寸不烂之舌，使出浑身解数，造谣诬蔑，甚

至不惜用人身攻击之手段，诋毁寿昌的生母刘氏，朱巽虽位高权重，却生性懦弱，又是人们俗话说的那种黄米耳朵，平素就对寿昌嫡母言听计从，要是在他面前说得多了，他更是坚信不疑。寿昌的嫡母深知丈夫朱巽的弱点，因此她敢在朱巽面前不断编造谎言，说刘氏在她面前流露出对朱巽的不满，还说背后诅咒自己，企图夺取家中的财务大权，取而代之等等。

渐渐地，朱巽与刘氏的关系疏远了。

在寿昌长到七岁那一年，寿昌的嫡母给丈夫提出了一个再纳妾的条件，那就是必须把刘氏逐出家门。

寿昌的父亲私欲膨胀，哪里管母子分离的痛苦。在寿昌嫡母的一手操纵下，便把刘氏逐出了家门。

寿昌的母亲在大门外放声痛哭，寿昌在家里号啕大哭。

周围的人们听到后，无不落泪。

刘氏被逐出家门，从此母子分离长达五十年。

寿昌每天每夜，每时每刻都思念被逐出家门的可怜的母亲。

在学堂读书时，先生一讲到孝，寿昌就泪流满面，悲痛万分。

看到别人家的孩子依偎在母亲身边撒娇时，寿昌就想起了不知流落在何方的生母，就从心底里呼唤母亲："娘啊，你在哪里？快托人告诉孩儿，让孩儿去看你……"

当别人家的孩子换上新衣服时，寿昌就想起了生母曾在灯下为自己缝制衣服的情景，由不得暗自悲泣，泪眼模糊。

雪花飘飞时，寿昌就想到了母亲有没有御寒的衣服，会不会受冻呢？

寿昌在日思夜想与期盼之中渐渐长大了。

寿昌长成之后，以父荫为官，仕途顺遂。只是常常因思念母亲而神思不定，梦寐萦怀，连吃饭时，他都不准仆人们给他准备酒肉，只要一说起母亲，就常常泪流不止。

寿昌在位期间，托人多方打听，但都是泥牛入海无消息。为此，他烧香拜佛，依照佛法，灼背烧顶，又刺血书写《金刚经》。

到了宋神宗熙宁初年，寿昌听人说生母流落在陕西一带，迫嫁农夫，他立即递交辞呈，辞官寻母。

同家人告别时，他向妻子发誓道：

"见不到生母，我绝不回还！"

寿昌就此只身一人踏上了千里寻母的路程。

走了十几天，在杳无人迹的荒野，寿昌被强盗洗劫一空。无奈之下，只得一路乞讨，饥一顿，饱一顿，有时不得不挖野菜，采摘野果充饥，渴了能喝上干净的井水，那是万幸，大多数时候是喝那池沼里又臭又脏的水。

不知流了多少汗，也不知受了多少罪，衣服挂烂了，鞋底磨穿了，绕过了九十九条河，又翻过了九十九道岭，才终于来到陕西。

八百里秦川，茫茫人海，要寻找一个流落在这里已五十年的老人，谈何容易！

他一路走，一路问，不管是向大爷叔叔打听，还是向大娘婶婶探问，不是摇头不知道，就是劝他回家。

寿昌决心已定，即使再走千山，过万水，吃千般苦，受万般罪，也一定要找到魂牵梦绕的、分离五十年的可怜的母亲。

他每到一个村庄，都要向人们哭诉离开母亲的痛苦，向人们描述母亲的模样，述说母亲的口音，只说得口也干了，舌也燥了，嗓子也嘶哑了，喉咙也冒火了，可仍然是杳无音信，连一点线索都找不到。

寿昌凭着感觉，相信母亲还活在人世上，相信母亲也在渴盼着与儿子相逢。退一万步说，即使母亲不幸去世，他也要找到母亲的尸骨，背回去与父亲合葬。

精诚所至，金石为开。也不知是天意，还是偶然。当寿昌来到同州这个地方向一位老农一打听，恰巧这位老人就是和生母住在同一个村庄的人，便在老人的引领下，来到了生母所在的村庄。

寿昌的母亲已经七十多岁了，老眼昏花，且两眼呆滞无神，这是五十年煎熬所造成的。

寿昌还依稀记得母亲当年的模样，只是老了。他进门就跪在地上连声喊着娘，并声泪俱下地说：

"我是寿昌，我……是……寿……昌。"

寿昌的母亲哪里能认出自己的儿子，分离时仅仅七岁，五十年不见，儿子也已成了老头子了。这时候，无论是谁，恐怕也不会认出来的。

儿子虽然也已两鬓斑白，但毕竟是她熟悉的乡音。听着儿子的哭诉，寿昌的母亲也止不住地流泪。她赶紧让家里人把儿子扶了起来。

母子相认，抱头痛哭一场。

原来母亲自从被逐出家门后，就流落到了陕西，嫁给了姓党的农夫，为其生下二子一女，生活自然苦不堪言。

最后，朱寿昌把生母现在的家人一同接到自己的家中，两家人在一起生活得都很快乐。

有人把朱寿昌弃官寻母之事上奏给了宋神宗，宋神宗大为赞赏，下令官复原职。

朱寿昌上任后，大力推行孝道，深得民心。后官至司农少卿、朝议大夫、中散大夫，年七十而卒。

朱寿昌弃官寻母的事迹，不久就传遍了大江南北，黄河上下。

名公巨卿为此竞相撰文写诗。苏轼写下了这样的诗句："嗟君七岁知念母，怜君壮大心愈若，不受白日升青天，爱君五十长新服，儿啼却得偿当年……感君离合我酸辛，此事今无古或闻……"

是的，朱寿昌的孝心确实既可感动天地，也可感动皇帝及百姓，更可以感化那些千古被唾骂的逆子！